电子元器件的安装与拆卸

主　编　梁　勇　　王术良　　孙德升
副主编　王建林　　赵永军　　梁英琦　　侯溪萍
参　编　戚建爱　　孙厚红　　孙念茂　　孙华明　　王灵凌
　　　　王爱东　　姜　辉　　邵仁洪　　王金衔　　张　铁
　　　　崔建伟　　王旭阳　　王建珍　　宋秀梅　　肖玉洁
　　　　侯燕丽　　田艳霞　　王清秀　　高建伟　　王英伏
　　　　王文洁　　崔海波　　杜　冰　　仲晓东　　姜英平
　　　　刘　波　　姜春燕　　袁振果　　慈建富　　林永健
　　　　杨　涛　　于文英　　吕师川　　吕秀亭　　盛海燕
　　　　于　芹　　陈传红　　于海通　　刘淑芹　　谭桂红
　　　　王海荣　　傅海莉　　林丽娜　　颜潇潇　　于　瀚

机械工业出版社

本书以电子产品生产岗位上一个顶岗实习新员工的独特视角，以岗位常见技术操作规范、工艺要领和素质要求为出发点，通过大量高清图片、大量操作范例的展示和讲解，引导电子技术类专业学生、电子爱好者和初学者通过动手实践快速掌握电子元器件的识别和检测技能，快速掌握元器件安装和拆卸工具的识别、使用要点、操作规范、质量检测和维护保养，逐步熟练掌握电子元器件安装和拆卸技能，快速适应电子类行业各个技术岗位要求。

本书是一本非常有使用价值的参考书，可作为电子工程技术人员、电子爱好者的工具参考书，也可以作为技工院校的实习实训和技能大赛教学参考书。

图书在版编目（CIP）数据

电子元器件的安装与拆卸/梁勇，王术良，孙德升主编. —北京：机械工业出版社，2019.12
ISBN 978-7-111-65011-9

Ⅰ.①电⋯ Ⅱ.①梁⋯ ②王⋯ ③孙⋯ Ⅲ.①电子元器件－装配（机械）
Ⅳ.①TN60

中国版本图书馆 CIP 数据核字（2020）第 039868 号

机械工业出版社（北京市百万庄大街22号　邮政编码100037）
策划编辑：罗　莉　责任编辑：罗　莉
责任校对：杜雨霏　封面设计：陈　沛
责任印制：张　博
北京铭成印刷有限公司印刷
2020 年 7 月第 1 版第 1 次印刷
184mm×260mm・18.75 印张・564 千字
0001—2500 册
标准书号：ISBN 978-7-111-65011-9
定价：99.00 元

电话服务　　　　　　　　　网络服务
客服电话：010-88361066　　机 工 官 网：www.cmpbook.com
　　　　　010-88379833　　机 工 官 博：weibo.com/cmp1952
　　　　　010-68326294　　金 书 网：www.golden-book.com
封底无防伪标均为盗版　机工教育服务网：www.cmpedu.com

前　言

　　现代世界，电子产品已经渗透到人们生活的方方面面，小到手机、笔记本计算机，大到航母、航天，甚至大数据、云计算和智能社会，都被这神奇的电子产品互联互通了起来，换言之，这些电子产品组成了人类社会的"神经系统"，电子工业也随之成为制造强国的重要标志，电子企业从业人员的素质也成了企业成败的决定因素。

　　本书以"以行业需求为导向，以能力为本位"的先进教育理论为指导，根据国家有关技工类、中职类规划教材的编写要求和学生实际情况编写而成。全书以电子企业的生产过程和岗位分布为出发点，全面介绍了每个岗位对上岗人员提出的技能和素质要求。然后以典型的项目引领、任务驱动的方式，详细介绍上岗前要达到的基本技能提升的内容和方法，具体包括：电子企业生产流程和企业文化，生产线上的岗位所常用的电子测量仪器仪表的使用，常用电子元器件的识别、检验和安装方法，电子元器件的安装和拆卸工具的认识和使用，电子产品安装后的质量检验与维修的程序和方法。这些都是电子行业的主流技能要求，希望能够引导岗前人员快速提升职业技能从容上岗，也希望能够助推电子类专业大赛选手和学子能够快速提升大赛成绩和技能水平。

　　本书是典型的项目引领、任务驱动型新教材，每个实训项目以多个小任务的形式展开，帮助学生在真实的情景中，在动手做的过程中来感知、体验和领悟知识，掌握技能，从而提高学习的兴趣，充分体现以学生为主体、学生自主探索的任务思想。全书图文并茂，直观易懂，除了采用全彩图模式，还有视频资源库，针对性和可操作性强。做到教材内容和 1＋X 等职业标准、岗位要求的有机衔接，突出"做中学、做中教，教学做合一，理论实践一体化"的特点，真正地使教材达到"学以致用"的目的。

　　本书由威海市文登技师学院梁勇、孙德升和淄博技师学院王术良合力主持编写，由于编写时间仓促，编者水平有限，书中错误和不妥之处在所难免，恳请读者批评指正，在此对本书参考文献的作者表示诚挚的谢意。

编者

目 录

项目二　检测仪器仪表的使用 \\ 47

V

项目三　常用电子元器件的识别与检测 \\ 96

VIII

项目一 电子企业生产流程介绍

【项目目标】
- 掌握电子企业贴片生产线生产流程，了解生产线上各个岗位上的技能要求。
- 掌握电子企业插件生产线生产流程，了解生产线上各个岗位上的技能要求。
- 掌握电子企业总装和检测生产线流程，了解生产线上各个岗位上的技能要求。
- 掌握电子企业"13S"管理等企业文化的含义，培养职业素养和良好习惯。

任务 1　电子贴片生产线生产流程介绍

【任务目标】
- 掌握电子企业贴片生产线生产流程。
- 理解电子企业贴片生产线生产流程中各个岗位作用、技能要求。

【任务重点】　掌握电子企业贴片生产线生产流程，理解生产线上各个岗位上的技能要求。

【任务难点】　理解电子企业贴片生产线生产流程中各个岗位作用、技能要求。

【参考学时】　6 学时

一、任务导入

现代世界，电子产品已经渗透到人们生活的方方面面，小到手机、笔记本计算机，大到航母、航天飞机，甚至大数据、云计算和智能社会，都被这神奇的电子产品互联互通了起来，那么这神奇的电子产品是怎样制造出来的呢？现在，我们来到一个计算机主板生产车间，如图 1-1-1、图 1-1-2 所示，以一个顶岗实习的新员工的身份实地学习现代电子产品的全自动化生产过程，真切地感受每个岗位的重要作用和要求，并深切地领悟企业文化的精髓。

图 1-1-1　电子产品全自动化生产车间全景图

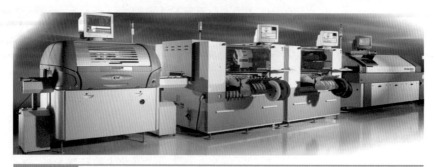

图 1-1-2　电子产品全自动化生产车间一角

二、任务实施

（一）电子产品生产流程简介

电子产品按照所用零部件的外观将它们分为三大类：一是体积小的贴片（片式）元器件，贴片元器件又称表面组装元器件（SMC 或 SMD）；二是体积大的插脚元器件；三是固定用的塑料件、连接线和其他附件。按照电子产品从低到高、从小到大的装配原则，对应的生产工艺流程大致分为贴片元器件装配生产线（SMT）、插脚元器件装配生产线和最后的总装检测生产线。本书从一个跟岗实习学生的视角，学习和了解电子产品生产企业的生产流程和岗位要求，增强学习的针对性和主动性。

（二）常用中英文缩写对照（见表 1-1-1）

表 1-1-1　常用中英文缩写对照

英文缩写	中文对照	英文缩写	中文对照	英文缩写	中文对照
AOI	自动光学检测	IEC	国际电工委员会	PCBA	印制电路成品板
ASM	插接元器件	IPQC	质检员	PWB	印制线路板
CAD	计算机辅助设计	ISO	国际标准化组织	PTH	插脚元器件
CAM	计算机辅助制造	LSI	大规模集成电路	SMA	表面安装组件
CAT	计算机辅助测试	LCR	阻容感测量	SMB	表面安装板
FPC	柔性印制电路	MOI	作业指导书	SMD	表面安装器件
IC	集成电路	PCT	功能测试	SMT	表面安装技术
ICT	在线测试	PCB	印制电路空板	TEST	测试

（三）线路板的识别

1　印制电路板

1）PCB：PCB（Printed Circuit Board）称为"印制电路板（空板）"，如图 1-1-3 所示。PCB 是重要的电子部件，是电子元器件的支撑体，也是电子元器件线路连接的提供者。设备中的电子元器件都是镶在大小各异的 PCB 上。由于它是采用电子印刷技术制作的，故被称为"印制"电路板。由环氧玻璃树脂材料制成，按其信号层数的不同分为 4、6、8 层板，以 4、6 层板最为常见，芯片等贴片元器件就贴在 PCB 上。

2）PCBA：是英文 Printed Circuit Board Assembly 的简称，是 PCB 空板经过 SMT 上件，再经过 DIP 插件的整个制作过程，PCBA 可以理解为成品线路板，即线路板上的工序都完成之后才能算 PC-BA，如图 1-1-4 所示。

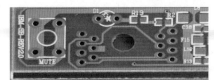
a) 防氧化双面板

b) 镀银双面板

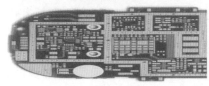
c) 镀金双面板

d) 双（多）层板

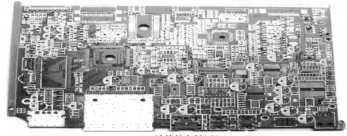
e) 计算机主板PCB

图 1-1-3　印制电路板（空板）

a) 计算机主板局部 (贴片元器件部分)

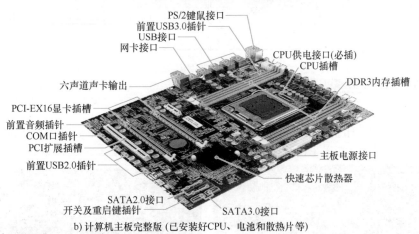

PS/2键鼠接口
前置USB3.0插针
USB接口
网卡接口
CPU供电接口(必插)
CPU插槽
六声道声卡输出
DDR3内存插槽
PCI-EX16显卡插槽
前置音频插针
COM口插针
PCI扩展插槽
主板电源接口
前置USB2.0插针
快速芯片散热器
SATA2.0接口
开关及重启键插针
SATA3.0接口

b) 计算机主板完整版 (已安装好CPU、电池和散热片等)

图 1-1-4　印制电路板（成品板）

3

2　印制电路板的功能

1）提供各种电子元器件固定、装配的机械支撑。

2）实现各种电子元器件之间的布线、电气连接和电绝缘。

3）提供所要求的电气特性，如特性阻抗等。

4）为自动焊锡提供阻焊图形，为元器件插装、检查、维修提供识别字符和图形。

3　印制电路板的组成及常用术语

一块完整的 PCB 是由焊盘、过孔、安装孔、定位孔、印制线、元器件面、焊接面、阻焊层和丝印层等组成。

1）焊盘。对覆铜箔进行处理而得到的元器件连接点，是用来焊接元器件引脚的金属部分。

2）过孔。在双面 PCB 上将上下两层印制线连接起来且内部充满或涂有金属的小孔。

3）安装孔。用于固定大型元器件和 PCB 的小孔。

4）定位孔。用于 PCB 加工和检测定位的小孔，可用安装孔代替。

5）印制线。将覆铜板上的铜箔按要求经过蚀刻处理而留下的网状细小的线路，提供元器件电路连接。

6）元器件面。PCB 上用来安装元器件的一面，单面 PCB 为无印制线的一面，双面 PCB 为印有元器件图形标记的一面。

7）焊接面。PCB 上用来焊接元器件引脚的一面。

8）阻焊层。PCB 上的绿色或棕色层面，是绝缘的防护层。

9）丝印层。PCB 上采用丝印的方法印出文字与符号（白色）的层面。

4　印制电路板上字母标志（见表1-1-2）

表 1-1-2　印制电路板上常见字母标志

PCB 上字母标志	元器件名称	PCB 上字母标志	元器件名称
R	电阻	U	集成电路 IC
C	电容	X 或 Y	晶体振荡器
L	电感	F	熔丝
T	变压器	S 或 SW	开关
D 或 CR	二极管	J 或 P	连接器
Q	晶体管	B 或 BJT	电池

5　印制电路板的分类

1）按成品软硬区分：硬板、软板、软硬结合板。

① 硬板。又叫刚性印制电路板，如图 1-1-5 所示，是指由不易变形的刚性基材制成的 PCB，在使用时处于平展状态，一般电子设备中使用的都是刚性 PCB。

图 1-1-5　硬板

② 软板。是指用可以扭曲变形和伸缩的基材制成的 PCB，在使用时可以根据安装要求将其弯曲，如图 1-1-6 所示。用于特殊场合，如某些手机和笔记本计算机上的连接线部分。

③ 软硬结合板。如图 1-1-7 所示。

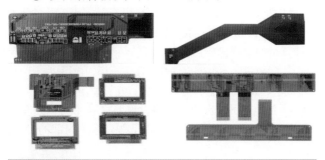

图 1-1-6	软板

图 1-1-7	联想笔记本上的软硬结合板

2）以结构分：单面板、双面板、多层板。

① 单面板。在最基本的 PCB 上，元器件集中在其中一面，导线则集中在另一面上。因为导线只出现在其中一面，所以称这种 PCB 为单面板，如图 1-1-8 所示。单面板元器件面只印上没有电气特性的元器件型号和参数等，以便于元器件的安装、调试和维修，单面板由于只有一面敷铜面，因此无须过孔（过孔的概念见双面板）、制作简单、成本低廉，功能较为简单。单面板在设计线路上有许多严格的限制（因为只有一面，布线间不能交叉必须绕独自的路径），只有早期和简单电路才使用这类板子。

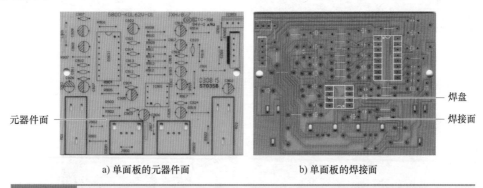

a) 单面板的元器件面　　　　　　　b) 单面板的焊接面

图 1-1-8	单面板

② 双面板。这种电路板的两面都有布线，如图 1-1-9 所示。不过要用上两面的导线，必须要在两面间有适当的电路连接才行。这种电路间的"桥梁"叫作导孔（也叫过孔）。导孔是在 PCB 上充满或涂上金属的小洞，它可以与两面的导线相连接，注意与元器件的插孔区分开。因为双面板的面积比单面板大了一倍，布线可以互相交错（可以绕到另一面），因此更适合用在比单面板更复杂的电路上。

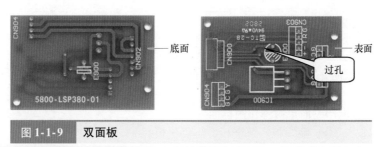

图 1-1-9	双面板

5

③ 多层板。

a）多层板的特点。为了增加可以布线的面积，多层板用上了更多单或双面的布线板。多层板使用数片双面板，并在每层板间放进一层绝缘层后黏牢（压合）。板子的层数代表独立布线层的层数，通常层数都是偶数，并且包含最外侧的两层，多层板及其局部焊接面如图1-1-10所示。大部分的主机板都是4~8层的结构，不过技术上可以做到近100层的PCB。大型的超级计算机大多使用相当多层的主机板，不过因为这类计算机已经可以用许多普通计算机的集群代替，超多层板已经渐渐不被使用了。因为PCB中的各层都紧密地结合，一般不太容易看出实际数目，不过如果仔细观察主机板，也可以看出来。

b）多层板的导孔。导孔，如果应用在双面板上，那么一定都是打穿整个板子。在多层板当中，如果只想连接其中一些线路，导孔可能会浪费一些其他层的线路空间。埋孔和盲孔技术可以避免这个问题。盲孔是将几层内部PCB与表面PCB连接，不需穿透整个板子。埋孔则只连接内部的PCB，所以光是从表面是看不出来的，如图1-1-11所示。

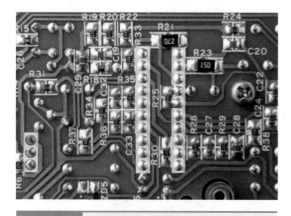

| 图1-1-10 | 多层板及其局部焊接面 |

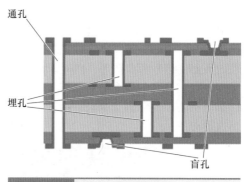

| 图1-1-11 | 盲、埋孔示意图 |

c）多层板的功能层。在多层板PCB中，整层都直接连接上地线与电源。将各层分类为信号层（又可再分多层）、电源层或是地线层。如果PCB上的零件需要不同的电源供应，通常这类PCB会有两层以上的电源与地线层。计算机主板多为多层板，如图1-1-12所示。

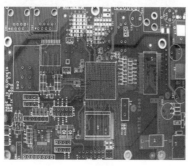

a）6层镀金板

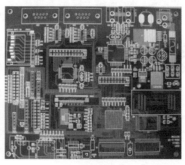

b）8层化学镍金板

| 图1-1-12 | 计算机多层主板 |

d）PCB的阻焊层及丝印层。PCB上的绿色或是棕色，是阻焊漆的颜色。此层是绝缘的防护层，可以保护铜线，也可以防止零件被焊到不正确的地方。在阻焊层上另外会印制上一层丝网印制面。通常在这上面会印上文字与符号（大多是白色的或者黑色的），以标示出各零件在板子上的位置，如图1-1-13所示。丝网印制面也被称作图标面。

3）依表面处理方式分：喷锡板、镀金板、防氧化板。

① 喷锡板如图1-1-14所示。

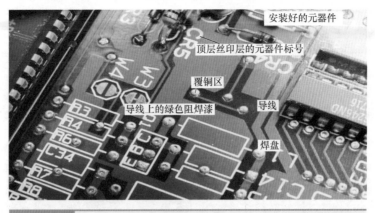

图 1-1-13　PCB 的阻焊层及丝印层

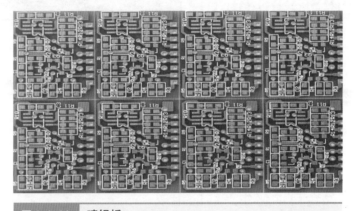

图 1-1-14　喷锡板

② 镀金板如图 1-1-15 所示。

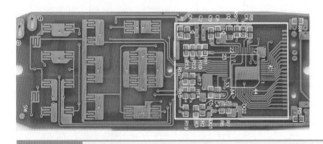

图 1-1-15　镀金板

③ 防氧化板如图 1-1-16 所示。

4）按基材分：纤维板、聚酯板。

① 纤维板。颜色成淡黄色或奶黄色，表面成细网状纤维，如图 1-1-17 所示，此板强度好，耐热性能好，不易变形，因此工业电源中应用较多。单层板一般用纤维板材料制作而成。

② 聚酯板。颜色成绿色且略透明，此板性能好，一般用于制做双面和多层板，如图 1-1-18 所示，但价格较贵，我国目前生产的电子设备基本上使用聚酯板。双层板、多层板一般用聚酯板材料制作而成，其中多层板由多层线路叠加而成，在确认多层板时，对着光处可看出 PCB 中间有深绿色线路，如图 1-1-18b 所示。

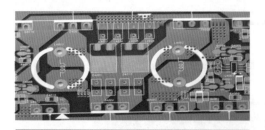

图 1-1-16　防氧化板

图 1-1-17　纤维板

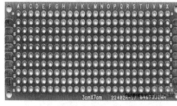

a) 实验室用的多层板（万能板）

b) 聚酯板颜色成深绿色且略透明

图 1-1-18　聚酯板

8

6　PCB 的使用注意事项

1）PCB 在使用和固定过程中要考虑应力作用，不能使 PCB 变形而使细导线断裂，这对多层板更是致命的。

2）在焊接过程中要选择合适的焊接工具，控制焊接温度和时间，避免焊盘和导线烫坏脱落。

（四）电子产品全自动化生产线的组成

1　计算机主板生产主要流程图（见图 1-1-19）

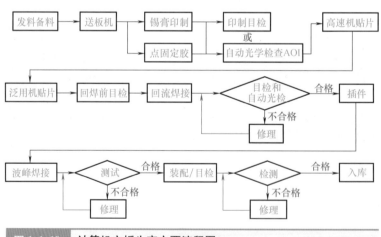

图 1-1-19　计算机主板生产主要流程图

2　计算机主板生产流程组成部分

如图 1-1-19 所示流程图，根据计算机主板生产阶段的不同，把生产线按照生产工艺的先后分成对应的三大部分：贴片元器件安装生产线，从图 1-1-19 所示的"发料备料"到"目检和自动光检"部分，对应的是锡膏、回流焊工艺；插接元器件安装生产线，从图 1-1-19 所示的"插件"到

"测试"部分，对应的是插接件、波峰焊工艺；整机装配和检测生产线，从图1-1-19所示的"装配/目检"到"入库"部分。本任务仅介绍贴片元器件安装生产线，即SMT生产线。

（五）表面安装技术（SMT）的应用

贴片元器件又称表面组装元器件（SMC或SMD），是一种无引脚或引脚很短的片式微小型电子元器件。SMT作为新一代电子装联技术，被广泛地应用于航空、航天、通信、计算机、医疗电子、汽车、办公自动化、家用电器等各个领域的电子产品装联中。它是将电子元器件直接安装在印制电路板的表面，主要特征是元器件无引脚或短引脚，元器件主体与焊点均处在印制电路板的同一侧面或者两面。表面组装技术SMT具有组装密度高、可靠性高、抗振能力强的特点，电子产品体积减小了60%以上，重量减轻了70%，降低成本达50%以上，生产效率提高了40%以上，是目前电子组装行业里最流行的一种技术和工艺。

（六）SMT生产线的分类

1）按照生产线的规模大小可分为大型、中型和小型生产线。

2）按照自动化程度分为全自动生产线和半自动生产线。

全自动生产线是指整条生产线设备都是全自动设备，通过自动上板机、中间有各种设备连接线和卸板机将所有生产设备连成一条自动线，其中贴片元器件安装焊接车间如图1-1-20所示。

半自动生产线是指主要生产设备没有连接起来或没有完全连接起来，例如印刷机是半自动的，需要人工印制或人工装卸印制板。

图1-1-20　贴片元器件安装焊接车间

（七）SMT生产线各个环节

1　生产前的预处理（前置作业）

把各种元器件从仓库里领出来（取件），并按照产品装配的技术标准进行分类、质检、烘干、烧录、锡膏准备、贴条码标签等装配前的预处理。

1）取件：库房取件按照相关的物流标准，做到快速、高效和零差错，其中贴片元器件点数设备如图1-1-21a所示。

a) SMT卷装料点数机

b) LCR量测设备

图1-1-21　库房点检设备

2）质检：一般来讲，首次购买的器件或量少且又极其关键的器件均采取全检。其他经过使用验证质量有保证的则采取抽检，被抽检的元器件主要是电阻、电容及其他配件，常用仪器如图1-1-21b所示。同时，还要对PCB进行检验，检验的重点一般放在检验PCB线路厚度及钻孔径上，这个检验当然不是用肉眼就能直接观察的，必须借助仪器来检测。通过这样的检验，控制了产品品质的源头，不合格物料决不允许流入生产部门，所以这一步也是生产前相当重要的一环。

3）PCB烘十：电路板必须放在干燥的环境下保存，避免因为受潮而引起焊盘氧化，造成焊接不良。如果有受潮现象，在使用时必须放在烤箱里以80~100℃的温度烘烤8h才能使用，否则会因为线路板里的水分在过炉时蒸发而引起焊锡迸溅，造成锡珠。

如来料非真空包装，需烘烤后上线生产，常用烘烤设备如图1-1-22所示。如果元器件在拆包装后没在规定时间内用完，需放置于防潮箱内保存，常用防潮设备如图1-1-23所示。

图 1-1-22 烘烤元器件用烤箱

图 1-1-23 元器件储存设备（防潮箱）

4）烧录：是指使用刻录器把程序、总线等数据刻录（也称烧录）到特制的芯片，烧录又叫复制，可以多次重复和修改，所用设备如图1-1-24所示。

已烧录芯片
待烧录的芯片
烧录座
模组
烧录器
芯片吸取器

打点标识用记号笔

a) 烧录器及烧录芯片

b) 芯片拾取器

图 1-1-24 烧录器及烧录芯片

5）锡膏准备：锡膏是焊锡粉末和助焊剂混合物，形如膏状。锡膏有保质期，必须存放于冰箱中，如图1-1-25所示。

a) 低温无铅环保锡膏

b) 存放锡膏冷藏箱

图 1-1-25 锡膏及其储存

6）贴标签：是SFIS管理系统（生产现场管控系统）的一个方面，利用条码标签来确保每一个生产工序被确实执行，并可做到实时生产数据管理分析，每一个生产工序质量与责任追踪与反馈，这是一条企业质量管理之路，如图1-1-26所示。

7）劳保防护：计算机主板上的很多部件安装都要经过无尘生产线，清除飞尘污染和静电损伤，常见无尘生产线和防护用品如图1-1-27所示。

a) 条码打印机　　　　　　　　b) 贴标签

图 1-1-26　　贴条码标签

a) 无尘生产线一角　　　　　　　b) 无尘车间一角

11

防尘帽要戴正、耳朵要裹在帽子里，头发、刘海不可外露

肩上无落发

肩上无灰尘

穿防静电服时拉链、纽扣要扣好，领口、袖子不得有污渍

袖口要扣紧

指甲要经常修剪

防尘鞋要穿好，不可当拖鞋穿，鞋面要求干净、清洁

防尘鞋套要求系在裤子外

c) 无尘服穿着方式

图 1-1-27　　常见无尘生产线和防护用品

2　送板

自动进板机和工作图如图 1-1-28 所示。

PCB正在被推出料架，推向印刷机

a) 自动进板机侧面图　　　b) 自动进板机工作图

图 1-1-28　　自动进板机正在工作

3 锡膏印刷（刮锡膏）

锡膏印刷工艺环节是整个 SMT 流程的重要工序之一，焊锡膏的印刷涉及到三项基本内容——焊锡膏、模板和印刷机，三者之间合理组合，对高质量地实现焊锡膏的定量分配是非常重要的。这一关的质量不过关，就会造成后面工序的大量不良。因此，抓好印刷质量管理是做 SMT 加工、保证品质的关键。

1) 锡膏：是一种略带黏性的半液态状物质，它的主要成分是微粒状的焊锡和助焊剂。当这些锡膏均匀地涂覆在焊盘上以后，贴片式元器件就能够被轻易地附着在上面。

① 锡膏的成分。包含金属粉末、溶剂、助焊剂、抗垂流剂、活性剂；按重量分，金属粉末占85%～92%，按体积分金属粉末占50%；锡膏中锡粉颗粒与助焊剂的体积之比约为1:1，重量之比约为9:1；助焊剂在焊接中的主要作用是去除氧化物、破坏融锡表面张力、防止再度氧化。

② 锡膏种类。分为有铅锡膏和无铅锡膏两种。

目前，锡-银-铜是一种用于 SMT 装配应用的常用合金。这些合金的回流温度范围为217～221℃，峰值温度为235～255℃，可对大多数无铅表面（如锡、银、镍镀金及裸铜）达到良好的可焊性。

③ 锡膏的使用方法。在使用前必须从储存柜里拿出来，放在常温下进行回温，回温时间为4h。目的是让冷藏的锡膏温度恢复常温，以利印刷。如果不回温则在 PCB 进入再回流焊机后易产生不良锡珠。回温后的锡膏在使用时要进行搅拌，搅拌分为机器搅拌和手工搅拌。机器搅拌时间为15min，手工搅拌时间为30min，以搅拌刀勾取的锡膏可以成一条线流下而不断为最佳。添加锡膏时以印刷机刮刀移动时锡膏滚动不超过刮刀的2/3为原则，过少印刷不均匀，会出现少锡现象；过多会因短时间用不完，造成锡膏暴露在空气中时间太长而吸收水分，引起焊接不良。锡膏回温、搅拌过程和所用设备如图 1-1-29 所示。

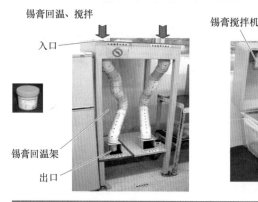

图 1-1-29 锡膏回温、搅拌过程和所用设备

2) 钢网（网板）：印刷效果的好坏和焊接质量的好坏，取决于钢网的开口设计。钢网开口设计不好就会造成印刷少锡、短路等，回流焊接时会出现锡珠、立碑等现象。

钢网常见的制作方法包括：化学蚀刻、激光切割、电铸，目前激光切割用的比较广泛。计算机主板的钢网如图 1-1-30 所示。

印刷有手印和机器印刷两种，如果是手印，要注意调整好钢网，确保印刷没有偏移。同时要注意定时清洁钢网，一般印刷 50 片左右清洁一次，如果有细间距元器件则应调整为 30 片清洁一次。印刷时注意手不可触摸电路板正面焊盘位置，避免手上的汗渍污染焊盘，最好戴手套作业。如果是机器印刷要注意定时检查印刷效果并随时添加锡膏，确保印刷出来的都是良品。

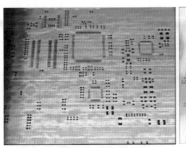

a) 计算机主板正面钢网

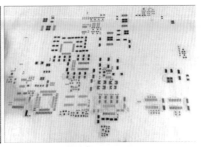

b) 计算机主板反面钢网

图 1-1-30 计算机主板的钢网

3）印刷机（丝印机、刮锡机）：

① 印刷机作用。是利用和焊盘一一对应的钢网，把锡膏涂覆在对应的焊盘上，为安装贴片元器件和再回流焊接打下基础。按照操作工艺的不同，印刷机可分为手工、半自动和全自动三种。

② 手工印刷机。适用于科研开发等少量印制电路板的制作，设备和工艺如图 1-1-31 所示。

13

a) 手工印刷机

b) 刮刀

c) 手工印刷机操作工艺1

d) 手工印刷机操作工艺2

图 1-1-31 手工印刷设备及操作工艺

③ 半自动印刷机。适用于小规模小批量印制电路板的制作，设备和工艺如图 1-1-32 所示。操作半自动印刷机时，先为印刷机安装钢网，再把 PCB 安装在印刷机的进料基板上。安装 PCB 的过程可以通过监视器来观察，其固定位置要求达到一定的精度，以确保钢网上的孔与 PCB 上的焊盘位置相同。定位完成后，进料基板会在机械臂的带动下传送到印刷机的钢网下，这时钢网上的涂料臂会在钢网上来回移动，锡膏就透过钢网上的孔涂覆在了 PCB 的特定焊盘上。钢网非常坚固，是可以重复使用的，刮完一张 PCB 后，再送入另一张，进行相同的操作。操作员会检验每一块经过印刷机处理后的 PCB，看锡膏是否涂覆均匀、饱满、是否偏移等。检验合格后才可进入下一道工序——上贴片机。

④ 全自动印刷机。工作时，传送系统把印制电路板送到工作台面上，并精确定位在网板下面，进行锡膏印刷后，由传送系统送出，这时，电路板的焊盘上已经被印上了锡膏。全自动印刷机及印刷效果如图 1-1-33 所示。

a) 半自动印刷机

b) 半自动印刷机操作工艺

图 1-1-32   半自动印刷机及操作工艺

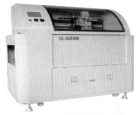

a) 全自动印刷机

b) 印刷好锡膏的计算机主板PCB

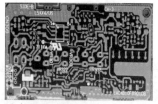

c) 印刷好锡膏的PCB局部放大图

d) 印刷好的计算机主板摆放图

图 1-1-33   全自动印刷机及印刷效果

⑤ 点胶固定。如果是双面贴片，可将红胶印刷到 PCB 另一面的固定位置上，其作用是将需要安装在另一面的元器件先粘在电路板上，使还没有焊接的元器件不会从电路板上掉下来，便于采用波峰焊设备进行焊接。所用设备为点胶机，点胶机是一种通用电子生产设备，具有结构紧凑、操作方便、性能稳定、经济实用等优点，是集运动控制技术和点胶控制技术于一体的机电一体化产品，已广泛应用于电子元器件制造、电路板组装、电子电器产品生产、集成电路封装等行业，按其工艺流程分为手动、半自动和全自动三种，部分点胶设备及工艺如图 1-1-34 所示。

a) 管装红胶

b) 手动点胶机

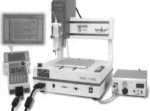

c) 半自动点胶机

图 1-1-34   点胶设备及其工艺

我们知道，在新型材料方面，焊膏和红胶都是融变性质流体，其中引起的缺陷占 SMT 总缺陷的 60%，岗位工作人员只有训练掌握这些材料知识才能保证 SMT 质量。SMT 还涉及多种装联工艺，如印刷工艺、点胶工艺、贴放工艺、固化工艺，只要其中任一环节工艺参数漂移，就会导致不良品产生，SMT 工艺人员必须具有丰富的工艺知识，随时监视工艺状况，预测发展动向，保证工艺质量。

4 贴片（上贴片机）

SMT 生产中的贴片技术通常是指用一定的方式将片式元器件准确地贴到 PCB 指定的位置上，显然它是指吸取/拾取与放置两个动作。近 30 年来，贴片机已由早期的低速度（1 ~ 1.5s/片）和低精度（机械对中）发展到高速（0.08s/片）和高精度（光学对中）。贴片机（贴装机）是片式元器件自动安装装置，是一种由微型计算机控制的对片式元器件实现自动检选、贴放的高度精密设备。贴片机是表面安装工艺的关键设备，其中多采用激光对中校正系统，特别是高精度全自动贴片机是由计算机、光学、精密机械、滚珠丝杆、直线导轨、线性电动机、谐波驱动器以及真空系统和各种传感器构成的机电一体化的高科技装备，是 SMT 生产线中最昂贵的设备之一，能达到高水平的工艺要求。

1）贴片元器件（SMD）的包装形式：

① 管装。把贴片元器件包装在窄塑料管里。

② 卷装（盘状编带包装）。大部分贴片式元器件（如片阻、片容、贴片封装的芯片等）被整齐地缠绕在原料盘上，这些原料盘看上去就像缩小了的电影胶片盘，数万只零件可以放在一个夹子里，取放都很方便，如图 1-1-35 所示。

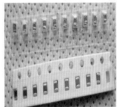

a) 局部放大图　　b) 整体包装图

图 1-1-35　片式元器件的卷装

图 1-1-36　集成电路的托盘包装

③ 托盘包装。PQFP（塑料方形扁平封装）、BGA（焊球阵列封装）封装的芯片则被固定在特制的原料盒内，如图 1-1-36 所示。

2）贴片机的作用：相当于机器人，把元器件从包装中取出，贴放到印制板相应的位置并粘贴在焊盘上，黏接剂就是锡膏。其效果图如图 1-1-37 所示。

3）贴片机的分类：

① 按速度可分为低速机、中速机和高速机。

② 按功能分为高速机和泛用机。

4）贴片机的用途：

① 高速机用于贴装小型元器件，适合贴装矩形或圆柱形的片式元器件，如图 1-1-38 所示。

图 1-1-37　贴片机效果图

② 低速高精度贴片机。适合贴装 SOP（标准作业程序）集成电路、小型封装芯片载体及无引线陶瓷封装芯片载体等，如图 1-1-39 所示。

15

a) 高速机整体图

b) 高速机的45°旋转贴装头

c) 高速机上的进料器

d) 送料架

图 1-1-38 贴装小型元器件的高速机

a) 低速高精度贴片机整体图

b) 低速高精度贴片机贴装头

料盘保护胶带　取料处

c) 收取胶带装置

d) 进料器

e) 送料架

图 1-1-39 低速高精度贴片机

③ 多功能贴片机（泛用机）。既可贴装常规片式元器件，又可贴装各种芯片载体，一般贴装大尺寸零件，精度较高速机高，如图 1-1-40 所示。

a) 贴装芯片载体

b) 贴装常规片式元器件

图 1-1-40 多功能贴片机（泛用机）

5）贴片机中的核心部件——飞行视觉对中系统：高精密度 BGA 及 QFP（方形扁平封装）集成电路的视觉对中系统外形如图 1-1-41 所示。该系统具有线路板识别摄像机和元器件识别摄像机，采用彩色显示器，实现人机对话，也称为光学视觉系统，能够纠正片式元器件与相应焊盘图形间的角度误差和定位误差，以提高贴装精度。此类贴片机的贴装精度达 ±0.04mm，贴装件接脚间距为 0.3mm，贴装时间为 0.1~0.2s/件。

a) 红外线对中系统

b) 激光对中系统

图 1-1-41　视觉对中系统

6）发展方向：近年来，各类自动化贴装机正朝着高速、高精度和多功能方向发展。采用多贴装头、多吸嘴以及高分辨率视觉系统等先进技术，使贴装速度和贴装精度大大提高。

7）贴片机的贴片工作过程：SMT 贴片机根据电路板的设计文件编程后工作，它通过控制机械手把电路板各部分所需要的电子元器件精确地贴装在正确的位置上。小型贴片元器件采用纸制盘状编带包装，通常每盘有几千个元器件，每台贴片机正面、背面和侧面可以安装多个料盘，同时贴装多达几十种元器件。

料盘被装在工料架上，机械手依次从料盘或编带中拾取元器件贴在正确的位置上。元器件由于焊锡膏的黏合力不会移动。如果电路板比较复杂，元器件的种类比较多，可以有几台贴片机组成流水作业方式。

集成电路一般由芯片托盘包装，机械手从托盘中拾取集成电路，通过光学定位，把芯片准确贴装在电路板上。

贴片机通过吸嘴从料架上取元器件，中低速贴片机只有一个吸嘴，而高速机则有多个吸嘴。根据安装元器件的不同，操作员可以为贴片机安装多种不同规格的吸嘴，如图 1-1-42 所示。当贴片机工作时，吸嘴会产生真空，并在预先编制的程序控制下让机械臂带动吸嘴移动到待安装的原料进料口，电子元器件会在真空的作用下吸附到吸嘴上。这时机械臂再次带动吸嘴到达特定焊盘的上方，最后将元器件压放

图 1-1-42　贴片机的专用吸嘴

到焊盘上。由于焊盘上涂有锡膏，所以元器件会被粘贴在上面。但是由于现在的锡膏仍然是半液体状的，所以元器件并未真正焊接在 PCB 上。在一条贴片线上往往有多台（一般为两台）贴片机在同时工作，仔细观察，会发现它们安装的元器件不一样。第一台贴片机一般贴一些小型的片阻、片容等，而第二台贴片机则进行大型芯片的贴装。这是由于根据贴装元器件大小的不同，贴片机需要安装不同规格的吸嘴，为了提高生产效率，往往把小型的元器件安排在一台贴片机上安装，而把较大的元器件交给另一台贴片机安装。元器件贴装完成后，仍然需要经过检验这一关。检验员要看是否有贴歪或漏贴等情况。

8）贴片机的上料工作过程：如图 1-1-43 所示，按贴片式元器件的类型不同，进料的位置不同，进料的机构——送料器也不同，如图 1-1-44 所示。原料盘一般安装在贴片机正面和侧面的

17

料架上，一台贴片机可以同时安装多个原料盘。而像 BGA 封装的大型芯片则从贴片机的背面进料。

a) 料架　　　　b) 装上飞达　　　　c) 安装完成　　　　d) 装上设备

图 1-1-43　贴片机的上料工作过程

a) 带式送料　　　　　　　　　　b) 托盘送料

图 1-1-44　元器件送料器

按照离线编程或在线编程编制的拾片程序表，将各种元器件安装到贴装机的料站上。元器件正确、位置准确、压力（贴片高度）合适，是保证贴装质量的三个要素。为了确保贴片质量和设备运行，每个岗位要有人值班，如图 1-1-45 所示。但随着智能化生产线的普及，企业用工越来越少，对工作人员的素质要求越来越高。

9）检验：通过自动光学质检，如图 1-1-46 所示，检验合格则进入下一道工序-再流焊。

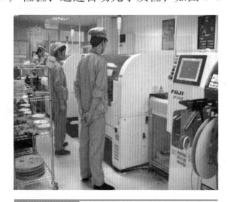

图 1-1-45　岗位值守　　　　　　　　**图 1-1-46　自动光学质检**

5　再流焊接

1）再流焊接的含义：再流焊也叫回流焊，它的作用就是使锡膏变为锡点，从而使元器件牢牢地焊接在 PCB 上。靠热气流对焊点的作用，胶状的锡膏在一定的高温气流下进行物理反应达到 SMD 的焊接；因为是气体在焊机内循环流动产生高温达到焊接目的，所以叫"再流焊"。再流焊的核心环节是利用外部热源加热，使焊料熔化而再次流动浸润，完成印制电路板的焊接过程。再流焊是精密焊接，热应力小，适用于全表面贴装元器件的焊接。

2）再流焊接设备：再流焊炉是焊接表面贴装元器件的设备，如图 1-1-47 所示。再流焊炉主要有计算机控制系统、红外加热与热风加热系统（红外炉、热风炉、红外加热风炉、蒸汽焊炉）、

PCB 传动装置、内循环制冷及助焊剂回收系统、氮气流量控制及氮气分析系统等。目前最流行的是全热风炉以及红外加热风炉。

3）再流焊接的工作过程：再流焊接机的内部采用内循环式加热系统，并分为多个温区，其温度曲线如图 1-1-48a 所示。电路板安装在再流焊机的传送导轨上，通过一条温度隧道，加温过程一般可以分为：预热、加热、焊接和降温等几部分。由石英玻璃管或石英陶瓷

图 1-1-47　再流焊接设备

板提供红外线热源，计算机控制风扇电动机形成不同温度的热风微循环。优化的变流速加热结构能在发热管处产生高速热气流，并在 PCB 处产生低速大流量的高温气流，从而确保元器件受热均匀、不移位。

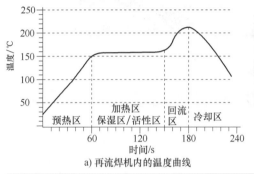

a) 再流焊机内的温度曲线

b) 主板在机内运动预热

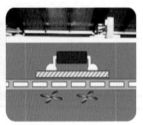

c) 焊接

图 1-1-48　再流焊接的工作过程

当印制板进入再流焊机时，得到充分的预热，如图 1-1-48b 所示，焊锡膏中的助焊剂润湿焊盘、元器件端头和引脚；接着，温度迅速上升，使焊锡膏达到熔化状态，液态焊锡对印制版的焊盘、元器件端头和引脚润湿、扩散、回流混合形成焊锡接点，如图 1-1-48c 所示。最后对印制板进行冷却，使焊点凝固，完成焊接。再流焊机的内部温度是被严格设定的，各温区内的温度可以通过计算机预设，均匀、准确。

由于再流焊接机内有大量的热气流，如果炉内温度没有控制到最佳状态，就很容易将元器件吹离正常的焊接点，所以在这道工序结束时同样会经过严格的检验。此外，再流焊后除锡渣，如图 1-1-49 所示。如果合格，即可送到"插件线"进行插接式元器件的安装。

图 1-1-49　再流焊后除锡渣

6　检验与维修

从再流焊机出来的计算机主板必须进行检测，并把检测到的故障及时处理好，方能进入后面的生产线。

1）PCBA（装配印制电路板）外观检查：如图 1-1-50 所示。

2）IPQC（制程质量控制员）抽检：IPQC 的作用贯穿整个生产流程的始终：

生产前，IPQC 对生产线做稽核，检查生产准备情况；

生产中，IPQC 检查整个生产过程，发现所有异常现象并提出处理；

生产后，IPQC 抽查生产线已检查的半成品或成品，如果合格率太低将整批退回重修，并追查原因，及时修补。

19

作业指导书：确认元器件标示，方向

检验罩板：快速检验元器件是否有多打或漏打

a) 外观检查岗位 1

b) 外观检查岗位 2

c) 利用检验罩板快速检验

d) 借助放大镜检验

图 1-1-50　装好贴片元器件的计算机主板外观检查

3）维修：在贴片线上经各工段检验不合格的产品会在这里进行集中维修，如图 1-1-51 所示。一般大部分的问题会出在再流焊接部分。特别是一些 PQFP 封装的芯片由于引脚很密，很容易发生连焊等情况。维修操作都是由人工来完成的，不过操作人员在焊接时的熟练程度令人惊叹。他们在芯片的引脚处涂上助焊剂，再用电烙铁在上面一划就成了。很难用肉眼分辨出这是用机器焊接的还是人工焊接的。通过贴片线的加工，计算机主板的生产就算完成了一小半。

a) 故障板

b) 故障板的维修1

c) 故障板的维修2

图 1-1-51　故障板的维修

7　清洗

经过焊接之后的印制电路板还要用乙醇、去离子水或者其他有机溶剂进行清洗，但很难解决安全防火、能源消耗和污染排放等问题。现在，很多厂家采用免清洗助焊剂进行焊接，从而省去了清洗的步骤，更加环保。不过，对于修理后的印制电路板还是需要清洗，如图 1-1-52 所示。

图 1-1-52　印制电路板的清洗

（八）课堂训练

1）如果你的岗位是贴片机维护岗位，你觉得你的岗位都需要哪些知识和技能？需要哪些素养？如何在你的岗位上管理好你的设备？以小组为单位讨论，并进行交流。

2）如果你的岗位是再流焊机维护岗位，你觉得你的岗位都需要哪些知识和技能？需要哪些素养？如何在你的岗位上管理好你的设备？以小组为单位讨论，并进行交流。

3）如果你的岗位是一名贴片生产线总管，你觉得你所管辖的岗位都需要哪些知识和技能？需要哪些素养？以小组为单位讨论，并进行交流。

三、任务小结

1）PCB 在使用和固定过程中要考虑应力作用，不要使 PCB 变形而使细导线断裂，这对多层板更是致命的。

2）用印刷机在需要焊接贴片式元器件的焊盘上涂上锡膏，贴片机会把待装的元器件粘贴在这些焊盘上，通过再流焊的加热，焊盘上的锡膏会变成锡点，冷却后即可把元器件牢牢地固定在焊盘上。这个过程包含众多的岗位，每个岗位员工都应熟练掌握本岗位的技术要求和管理要求，发挥最大效能。

21

四、课后任务

1）查找家电设备的 PCB，识别其类型，比较线路设计的好坏，整理好并作交流。

2）借助网络，学习一下 PCB 是如何设计出来的？其步骤如何？整理并交流。

3）贴片生产线包括哪些生产流程？每个流程包括哪些岗位？每个岗位需要哪些专业知识和技能？

4）在贴片生产线中需要注意哪些劳动防护？借助网络归纳整理以备交流。

5）借助网络，对比计算机主板贴片生产线，参考如图 1-1-53 所示实物图，整理笔记本计算机贴片生产线的工艺流程。

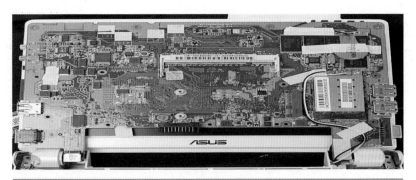

图 1-1-53 笔记本计算机线路板实物图

任务 2　电子插件生产线生产流程介绍

【任务目标】
- 掌握电子企业插件生产线生产流程。
- 理解电子企业插件生产线生产流程中各个岗位作用、技能要点。
- 了解电子企业插件生产线生产流程中各种设备作用。

【任务重点】　掌握电子企业插件生产线生产流程。

【任务难点】 理解电子企业插件生产线生产流程中各个岗位作用、技能要点。

【参考学时】 2学时

一、任务导入

从贴片线上下来的计算机主板只安装了贴片式元器件，还有大量的插接式元器件需要在插件生产线上进行安装，同样，插件生产线装备了各式各样的全自动插件机和机械手（机器人），如图1-2-1所示。

a) 异形件插件机　　　　　　　　　　b) 通用件插件机

c) 全自动插件机　　　　　　　　　　d) 插件机机械手

图 1-2-1　全自动插件机和机械手

二、任务实施

（一）插接元器件手工安装生产线和岗位分布

1 插脚元器件安装前预处理

1）插脚元器件剪脚、折脚：插脚元器件上板前必须进行引脚处理，太长的要剪切，如图1-2-2所示，不太长的可以经过波峰焊焊接后再用波峰焊机上的设备处理掉。

有时候把剪脚、折脚、整形一次性完成，如图1-2-3所示轴向元器件的预处理。

2）浸锡预处理：对于电路板上的连接导线，可以用浸焊处理，所用设备和工艺如图1-2-4所示。浸焊是把已完成导线剪切拧紧、元器件安装的印制电路板浸入熔化状态的钎料液中，一次完成印制电路板上的焊接操作过程和浸焊效果如图1-2-4a、b所示。浸锡炉是在一般锡锅的基础上加焊锡滚动装置和温度调节装置构成的，是浸焊专用设备，如图1-2-4c所示。浸锡炉既可用于对元器件引脚、

电解电容极性：
长引脚为正极
短引脚为负极

待加工

完成品

图 1-2-2　自动剪脚机正在给电解电容器剪脚

导线端头、焊片等进行浸锡，也适用于小批量印制电路板的焊接。由于锡锅内的钎料不停地滚动，增强了浸锡效果，如图 1-2-4d 所示。

a) 二极管剪脚前的包装　　　b) 二极管剪脚过程中　　　c) 二极管剪脚并整形

图 1-2-3　自动剪脚机正在给整流二极管剪脚、折脚、整形作业

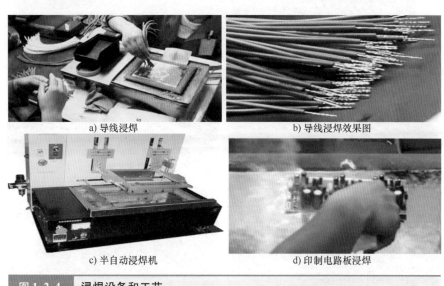

a) 导线浸焊　　　　　　　　b) 导线浸焊效果图

c) 半自动浸焊机　　　　　　d) 印制电路板浸焊

图 1-2-4　浸焊设备和工艺

3）整形：元器件引脚整形是指根据元器件在印制板上的安装形式，对元器件的引脚进行整形，使之符合在印制板上的安装孔位。元器件引脚整形有利于提高装配质量和生产效率，使安装到印制板上的元器件美观，整形设备和效果如图 1-2-5 所示。

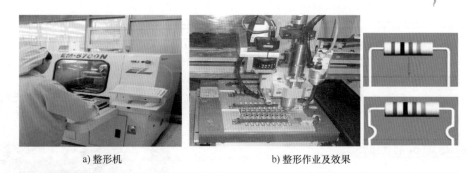

a) 整形机　　　　　　　　　b) 整形作业及效果

图 1-2-5　整形设备及整形效果图

2　岗位分布

计算机主板生产有些部分必须靠人工方式来安装插接式元器件，用来弥补采用自动插件机加工的不足，如 IDE（电子集成驱动）插座、CPU 插座等。凡是在各条线上与元器件直接接触的工人都

23

会在手腕上戴防静电腕带，当然在插接元器件生产线上也不例外。工作台上有一根通往大地的地线，静电环就与之相连。插接元器件手工安装生产线和岗位分布如图1-2-6所示。

a) 插接元器件手工安装生产线

b) 元器件插接岗位 1

c) 元器件插接岗位 2

d) 元器件插接岗位 3

e) 元器件插接岗位 4

图 1-2-6　插接元器件手工安装生产线和岗位分布

3　质控点

这条线上大约有十几名工人，每位工人根据作业指导书负责 PCB 上一部分插接式元器件的安装。不用担心元器件装错或漏装，因为除了每位工人负责安装的元器件数量较少以外，所有即将进入下一道工序的产品还需要经过检验和复检，这种检验工段被称为质控点，如图 1-2-7 所示。

4　过波峰焊机前的防护

安装在 PCB 上的插接元器件会在下一道工序中通过波峰焊接机进行焊接，但有时候并不是所有的元器件都要经过波峰焊接机的锡炉，所以要用耐高温胶纸把这些焊盘粘住。除

图 1-2-7　进波峰焊机之前质控点

此以外，还要在某些容易移位的元器件上方固定载具，预留待过锡炉插件元器件区，保护 PCBA 背面贴片元器件，以防止在过波峰焊时引起不应有的移位和损伤，胶纸涂覆和载具安装如图 1-2-8 所示。

| a) 用胶纸粘住焊盘 | b) 用固定栓安装载具 | c) 载具存放区 |

图 1-2-8　胶纸涂覆和载具安装

5　波峰焊

1）波峰焊含义：波峰焊是将熔融的液态钎料，借助机械或电磁泵的作用，在钎料槽液面形成特定形状的钎料波峰（单峰、双峰、Ω峰等），将插装了元器件的印制电路板置于传送链上，以某一特定的角度、一定的浸入深度和一定的速度穿过钎料波峰而实现逐点焊接的过程。波峰焊是自动焊接中较为理想的焊接方法，近年来发展较快，目前已成为印制电路板的主要焊接方法，特别适用于大批量生产。

2）助焊剂系统：助焊剂系统有多种，包括喷雾式、喷流式和发泡式。目前一般使用喷雾式助焊系统，如图 1-2-9 所示，采用免清洗助焊剂，这是因为免清洗助焊剂中固体含量极少，不挥发物含量只有 1/20～1/5。所以必须采用喷雾式助焊系统涂覆助焊剂，同时在焊接系统中加防氧化系统，保证在 PCB 上得到一层均匀细密很薄的助焊剂涂层，这样才不会因第一个波的擦洗作用和助焊剂的挥发，造成助焊剂量不足，而导致钎料桥接和拉尖。喷雾式有两种方式，一是采用超声波击打助焊剂，使其颗粒变小，再喷涂到 PCB 上；二是采用微细喷嘴在一定空气压力下喷雾助焊剂。这种喷涂均匀、粒度小、易于控制，喷雾高度/宽度可自动调节，是今后发展的主流。

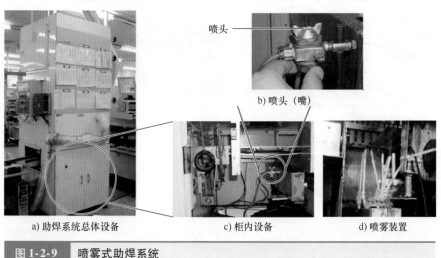

喷头

b) 喷头（嘴）

| a) 助焊系统总体设备 | c) 柜内设备 | d) 喷雾装置 |

图 1-2-9　喷雾式助焊系统

（二）波峰焊接系统

1　常见焊接设备

在上一道工序中，工人只是把元器件插装在 PCB 上，所以还需要进行焊接。焊接这些引脚的设备就是波峰焊接机。

　　表面安装使用的波峰焊接机是在传统波峰焊接机的基础上进行改进，以适应高密度组装的需要。主要改进在波峰上，有双峰、Ω峰、喷射式峰和气泡峰等新型波峰，焊接系统一般采用双波峰，形成湍流波，以提高渗透性。全自动波峰焊机如图 1-2-10 所示。

图 1-2-10　全自动（触摸屏）波峰焊机

2　波峰焊机的组成

　　波峰焊机的组成系统如图 1-2-11 所示，包括控制系统、传送系统、预热系统、焊接系统和冷却系统。

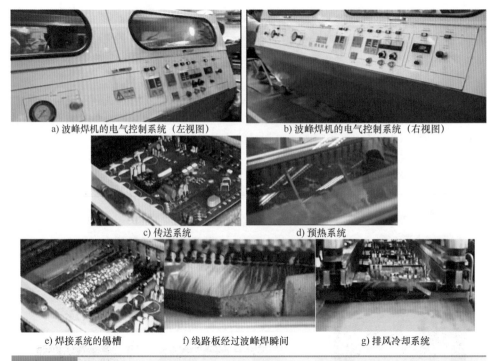

a) 波峰焊机的电气控制系统（左视图）　　b) 波峰焊机的电气控制系统（右视图）
c) 传送系统　　d) 预热系统
e) 焊接系统的锡槽　　f) 线路板经过波峰焊瞬间　　g) 排风冷却系统

图 1-2-11　波峰焊机的组成系统

（三）焊接过程

　　计算机主板半成品通过传送带进入波峰焊接机的进料口，这时转由焊接机的运输爪牵动 PCB 向前行进。波峰焊接机的内部由多个区段组成，主要有预处理、预热和锡炉，如图 1-2-12 所示。

　　1）在预处理区段，PCB 会经过喷雾式助焊系统，助焊剂就喷涂在 PCB 的背面，如图 1-2-12a 所示。

　　2）在预热区段，PCB 从常温逐渐干燥和加热到 240℃。因为 PCB 在进入波峰焊机之前与机外温度相同，如果立即进入到锡炉段，就会有很大的温度变化，扭曲变形的情况也就随即而生了，甚至还会使 PCB 的内层电路受到损坏，如图 1-2-12b 所示。

　　3）在焊接区段，这里有一个核心器件——锡炉。锡炉内装满了高温液态锡，受到张力作用的影响，锡波微微高出容器的外沿。锡炉最关键的技术要求就是要让锡波平稳如镜，所以锡炉并不是一个简简单单的容器。在锡炉的旁边有一个电动机，它会不断地而且非常均匀地把锡抽上来，在进入锡炉之前还会通过一张网进行过滤。由于液态锡长时间大面积地暴露在空气中，而且温度非常高，所以为了防止氧化，锡波的表面还覆盖了一层高温油，从而让它与空气隔离，锡炉中的锡波形成过程如图 1-2-12e 所示。PCB 已在波峰焊接机的前段喷上了助焊剂，增强了焊锡的活性，当 PCB 通过锡炉上方时，有焊盘的位置就变成了锡点，同时还会听到吱吱的焊接声音，这是助焊剂在加热并遇到焊锡时产生挥发的声音。

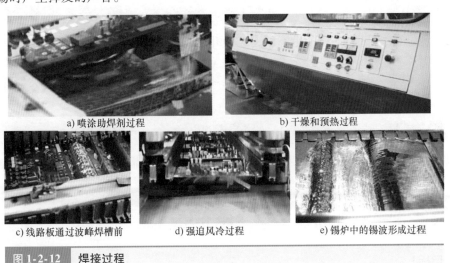

a) 喷涂助焊剂过程　　　　　　　　b) 干燥和预热过程

c) 线路板通过波峰焊槽前　　d) 强迫风冷过程　　e) 锡炉中的锡波形成过程

图 1-2-12　焊接过程

4）强迫风冷过程如图 1-2-12d 所示。

5）根据制造要求的不同，过波峰焊之后有可能还要经过一道工序，这就是过剪脚机。那些对元器件进行过预先加工（剪脚）的产品可直接到下一道工序；而有些制造要求则没有对元器件进行预先加工，在经过波峰焊焊接后还要用剪脚机把过长的引脚剪掉。剪脚机内安装有能高速旋转刀片，当加工完成的 PCB 从上面通过时，过长的引脚就会被剪掉。

6）大家或许已经发现了一个规律，生产线中的每一道工序完成之后都有相应的质检点，从本道工序出来的计算机主板自然也少不了要进行检验。检验的内容包括：对较长的引脚进行人工剪切；对一些有瑕疵的焊点进行补焊。如果检验合格就可进入"清洗"工序了。

7）清洗。并不是所有从波峰焊接机出来的计算机主板都要经过清洗，这得由使用的助焊剂类型来决定。对于免洗式助焊剂，由于它不会在 PCB 上留下残余物，就不需要进行清洗。对于普通助焊剂，一定要进行清洗。清洗工序中要用到清洗机，清洗机又分为化学清洗机和水离子清洗机。化学清洗机使用的是三氯乙烷或三氯乙烯，它们会对环境造成破坏，所以一般都不采用化学清洗。水离子清洗机采用的是蒸馏水或纯净水，设备投资较高，但是对环境却是无害的。一般的生产部门都采用水离子清洗机。计算机主板经过清洗后，就会去除掉在前几道工序中附着的助焊剂残余物。清洗机内还有一个烘干部分，所以从清洗机出来的计算机主板绝不会拖泥带水。计算机主板经过清洗，就初具雏形了。

8）安装其他元器件。一块计算机主板除了需要安装贴片元器件和接插元器件外，还有一些元器件是需要进行人工安装的。比如对于主板而言，为 BIOS（基本输入输出系统）供电的电池是需要人工安装的，此外BIOS芯片、跳线帽、散热片等也是需要人工安装的。各种需要人工安装的元器件在一条较短的生产线上进行装配，操作员会按照作业指导书来进行装配。在生产线末端有一个质控点，它的作用是对装配工作进行质量控制，检查是否有装错或漏装。经过质控点检验合格，即可进行下一道工序——成品电气检测。

（四）课堂训练

1）如果你的岗位是波峰焊机维护岗位，你觉得你的岗位都需要哪些知识和技能？需要哪些素养？如何在你的岗位上管理好你的设备？以小组为单位讨论，并进行交流。

2）如果你的岗位是一名插件生产线总管，你觉得你所管辖的岗位都需要哪些知识和技能？需要哪些素养？如果让你挑选人员，你将如何挑选？以小组为单位讨论，并进行交流。

三、任务小结

电子产品插件生产线相比贴片生产线，自动化设备略有减少，但人力岗位增多，检测因素和要求更多更强，如果这一关把握不好，不但影响插件生产线的质量，还会使贴片生产线生产的完好产品受到严重影响甚至报废，因为贴片元器件也要跟随插脚元器件经过波峰焊机这种高温设备。

四、课后任务

波峰焊机包括哪些生产过程？如果要你管理该岗位，你需要哪些知识和技能？你如何管理设备达到最优效能？

任务 3　电子总装和检测生产线介绍

【任务目标】
- 掌握电子企业总装和检测生产线生产流程。
- 理解电子企业总装和检测生产线生产流程中各个岗位作用、技能要点。
- 了解电子企业总装和检测生产线生产流程中各种设备作用。

【任务重点】　掌握电子企业总装和检测生产线生产流程。

【任务难点】　理解电子企业总装和检测生产线生产流程中各个岗位作用、技能要点。

【参考学时】　2 学时

一、任务导入

经过前两个生产线之后，电子产品已经初具雏形了，再经过本节的总装和检测生产线，电子产品就可以入库等待进入市场接受用户的检验了。

二、任务实施

（一）组装生产线流程

1　组装测试流程图（见图 1-3-1）

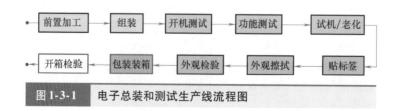

图 1-3-1　电子总装和测试生产线流程图

2　常见流水线类型（见图1-3-2）

a) 细胞式流水线　　　　　　　　b) 皮带式流水线

c) 板式流水线（大型系统）　　　d) 带有升降和旋转支架的流水线

图 1-3-2　常见流水线类型

3　常见系统产品组装车间（见图1-3-3）

a) 系统产品组装车间1　　　　　　b) 系统产品组装车间2

图 1-3-3　常见系统产品组装车间

4　常见系统产品测试工位（见图1-3-4）

a) 系统产品测试工位1　　　　　　b) 系统产品测试工位2

图 1-3-4　常见系统产品测试工位

5 常见系统产品包装流水线（见图1-3-5）

a) 系统产品包装流水线

b) 系统产品包

c) 自动封箱机

d) 包装箱堆放在栈板上待入库

图1-3-5 系统产品包装流水线

（二）成品检测线

1 表面安装技术（SMT）品质检测的意义

SMT品检是提高SMT产品质量的重要步骤，它能改善产品品质，努力达到"零缺陷"。组装到整机上再发现故障的费用是在装配印制电路板时发现故障所耗费用的几十倍；而将产品投入市场后发现故障的费用将是在装配印制电路板时发现故障所耗费用的上百倍。作业过程中为了确保SMT产品质量，就要进行有效的检测，及时发现缺陷和故障并修复，从而有效降低因制造含有故障的产品及返修所需的费用。

2 SMT品检分类

1）从检测内容分：设计性测试；原材料来料检测；工艺过程检测和组装后的组件检测等。

2）从检测位置上分：来料检测（IQC）、工艺过程检测（IPQC）、成品检测（FQC）、出厂检验（OQC）等。

3）从检测方法上分：目视检验、在线测试（ICT）、自动光学检测（AOI）、X射线检测（X-ray或AXI）、功能测试（FCT）等方面。本任务重点介绍这些检测方法的操作要点。

3 目视检验作业

1）所使用的工具包括：

① 外观检查。游标卡尺、千分尺（螺旋测微器）、3~20倍放大镜、显微镜、防静电手套、无静电工作服、镊子、防静电刷子等。

② 结构性检验工具。如拉力计、扭力计。

③ 特性检验。使用检测仪器或设备（如万用表、电容表、LCR表、示波器等）。

2）作业内容主要包括：目视是SMT检验作业的一个基本手段，其主要目的是检验外观不良。重点是元器件来料检验、印制电路板（PCB）基板质量、工艺材料来料检验及SMT部品的印刷、贴片与回流焊、印制电路板组件（PCBA）等工艺制程方面问题进行检验，包括焊点外观、缺件、错件、极性反、偏移、立碑等项目。

　　3）检验过程：在以上几条生产线中，产品在每道工序加工结束时都会经过检验，这个检验通常是基于外观上的检验。检验员会看元器件是否装贴牢固、是否漏装、是否错装等。对于一个电子产品来讲，这样的检验会把有可能出现的故障的源头堵截在最初，从而提高合格率和产量，目视检验作业如图 1-3-6 所示。

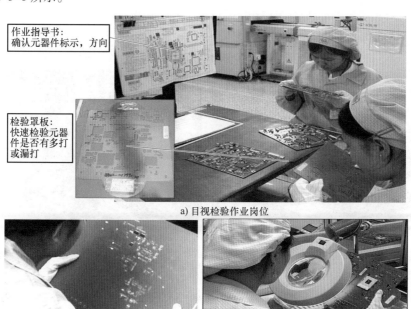

a) 目视检验作业岗位

b) 利用检验罩板快速检验　　　　c) 借助放大镜检验

图 1-3-6　目视检验作业

4　在线测试（ICT）

　　在线测试主要在 PCBA 上电（接上电源 Power）之前，对 PCBA 进行开/短路测试，并对 RLC 值进行量测，以避免 PCBA 无法开机或烧毁，而造成分析时间或元器件成本浪费。这种方法使用的最基本仪器是在线测试仪，采用一种元器件级的测试方法，用来测试装配后的电路板上的每个元器件。ICT 使用范围广、测量准确性高、对检测出的问题指示明确，即使电子技术水准一般的工作人员处理有问题的 PCBA 也非常容易。ICT 可分为针床 ICT 和飞针 ICT，飞针 ICT 基本只进行静态的测试，优点是不需制作夹具，程序开发时间短。针床式 ICT 可进行模拟器件功能和数字器件逻辑功能测试，故障覆盖率高，但对每种单板需制作专用的针床夹具（这种夹具又叫 ICT 治具），夹具制作和程序开发周期长，研发好的成品如图 1-3-7 所示。

a) ICT 治具存放区（针床式）　　b) ICT 治具上的待测试 PCBA　　c) PCBA 测试点顶针

图 1-3-7　ICT 测试工具（治具）

使用 ICT 能极大地提高生产效率，降低生产成本，在线测试仪检出故障覆盖率可达95%，其在生产线上不同位置的合理配置能够尽早发现制造故障并及时维修，或对生产工艺进行及时调整，有效降低因制造带有故障的产品及返修所需的费用。所以，选择一台可以节省测试时间、提高生产效率的 ICT 测试仪显得尤其重要。

5 自动光学检测（AOI）

自动光学检查机（AOI）就是通过照相机，将基板图片拍摄下来，然后将已经储存的数字化设计图形与实际产品图形相比较，检测产品缺陷，使用设备如图 1-3-8 所示。能检查到零件的放置精度、缺件、极性、少锡、多锡、立碑以及侧立、空焊及拒焊、短路、集成电路翘脚、插件锡洞等项目。

a) 自动光学检查 (AOI) 岗位

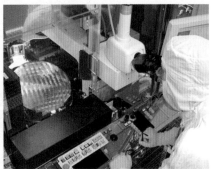
b) 比对计算机屏幕标示处与 PCBA 的差异

c) 自动光学检查岗位及其设备 (TR-518FR，价格便宜，功能较全)

d) 自动光学检测设备 (HP3070，功能齐全但价格昂贵)

图 1-3-8　自动光学检测岗位及其设备

优点：检查速度快，可按预先设定程序检查，能够检查出人工识别困难的小型元器件和小间距集成电路。

缺点：机器价格高（成本高），变更检查点必须变更程序，不良判定标准难以确定。

6 X 射线检测

1）检测设备：X 射线检测设备是把 PCBA 无法用目测检测方式检测的位置，利用记录 X 射线穿透不同密度物质后其光强度的变化，产生对比效果可形成影像，即可显示出待测物的内部结构，进而可在不破坏待测物的情况下观察待测物内部有问题的区域，常用设备如图1-3-9所示。

2）使用目的：通过X射线对PCBA内部进行剖析，通过对比和分析，进而对PCBA进行失效判断。可用于金属材料及零部件、塑胶材料及零部件、电子元器件、电子组件、LED元器件等内部的裂纹、异物的缺陷检测，BGA、线路板等内部位移的分析；判别空焊，虚焊等BGA焊接缺陷，微电子系统和胶封元器件，电缆，装具，塑料件内部情况分析。

3）应用范围：

① 集成电路封装中的缺陷检验，如PCB层剥离、爆裂、空洞以及打线的完整性检验。

② 印制电路板制程中可能产生的缺陷，如BGA封装芯片的内部引脚是否焊牢、对齐不良或桥接、线路之间是否有短路或断路等。

③ SMT焊点空洞现象检测。

④ 各式连接线路中可能产生的开路，短路或不正常连接的缺陷检验。

⑤ 锡球数组封装及覆芯片封装中锡球的完整性检验。

⑥ 密度较高的塑料材质破裂或金属材质空洞检验。

⑦ 芯片尺寸量测，打线线弧量测，组件吃锡面积比例量测。

4）测试步骤：确认PCBA类型/材料的测试位置和要求→将PCBA放入X射线透视仪的检测台→图片判断分析→标注缺陷类型和位置。但是由于材料性质，设备会受到一定的限制，如集成电路封装中是铝线或材料材质密度较低会被穿透而无法检查。

7 功能测试（FCT）

上面所介绍测试方法虽然不可缺少，但最终还得通过实际应用的检验，即功能测试，方法如图1-3-10所示，接上电源，PCBA开机，对PCBA进行各项详细功能测试。在每个检验员的工作台上都有一台基于实际应用环境的测试平台，并会对100%的产品进行检测。测试工作台上提供了电话机、扬声器、音箱等必要的辅助测试设备。检验员除了要接通电源看是否能正常开机外，还要用各种模拟的软件环境对其进行测试。检验一块主板大约需要花4min的时间，根据不同的产品，检验的时间也会有所不同。检验合格的产品会被贴上"合格"字样的标签，并随着传送带进入下一道工序——包装工序，而不合格的产品会被放置到工作台旁边的回收筐中，由专人进行回收维修。

图 1-3-9　X射线分析仪

a) 利用指示灯测试　　b) 利用辅助设备测试

图 1-3-10　功能测试

8 实机测试

部分PCBA需实际连接外部周边（如显示器、键盘、打印机），方能进行测试，如图1-3-11所示，利用真实的机器测试产品的性能，例如PCBA对应的打印机部分，就是直接看打印效果是否满足要求等。

图 1-3-11　实机测试

33

9 包装前综合检查

PCBA 在包装装箱之前，必须再做一次综合检查，主要针对外观，例如 PCBA 表面是否脏污，是否有不该出现的标签、标记，并针对最后一站 FCT 测试后，是否有组件因不当取放而被撞坏的情况，如图 1-3-12 所示。

图 1-3-12　包装前综合检查

10 抽检

在生产线上的每个工作岗位有各自不同的分工。所有产品、所有工序均有标识、贴纸、说明等，这些记录都会作为质量管理的手段和证据，为责任追溯和经济效益紧密相连。包装生产线也不例外。在入库之前，这批产品还要经过一道工序，那就是 QA（质量保证）抽检。抽检的内容比较多，一般包括：检验包装盒内的附件是否齐全、附件是否有损坏、主机是否存在质量问题等。如果在抽检过程中的不合格品达到一定标准后，就视这批产品为不合格品，这就需要作进一步维修处理并花大力气追查原因了，必要时还要进行不良品切片分析、切割分析、研磨分析和质量印证，而抽检合格的产品即可封箱出货。

（三）生产辅助设备介绍

1）分板机及分板作业，例如手机主板就是利用分板机将它们分离的，如图 1-3-13 所示。

a) 分板机　　　　　　　　　　　　　　b) 分板作业

图 1-3-13　分板机及分板作业

2）防焊胶带半自动粘贴机，在进焊炉将不需要焊接的部分用防焊胶带粘贴保护起来，如图 1-3-14 所示。

图 1-3-14　防焊胶带半自动粘贴机

3）高压及接地测试机，其设备如图 1-3-15 所示。

耐电压测试原理：将被测产品在高压机输出的试验高电压下产生的漏电流与设计的电流相比较，若检查出的漏电流小于预设值，则判断产品通过测试；检查出的漏电流大于等于判定电流，试验电压瞬时切断并发出声光报警，测试程序显示测试失败，从而测定被测件的耐压强度。

接地测试原理：在待测产品的接地点（或输入插口的接地触点）与产品的外壳或金属部分之间测量电压降。由电流和该电压降计算出电阻，该电阻值不应超过 0.1Ω。可检测出如下相关安全问题：接地点螺钉未锁紧，接地线径太小，接地线断路等。

4）电子企业的静电防护（ESD）。为防止静电积累所引起的人身电击、火灾和爆炸、电子器件失效和损坏，以及对生产的不良影响而采取的防范措施，常见电子企业的静电防护如图 1-3-16 所示。

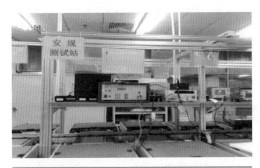

图 1-3-15 高压及接地测试机

a）静电消除踏板　　　　　b）防静电周转箱

图 1-3-16 电子企业的静电防护

5）震动和跌落测试，如图 1-3-17 所示。

6）拉力测试，如图 1-3-18 所示。

a）震动测试　　　　b）跌落测试

图 1-3-17 震动和跌落测试

a）大型拉力测试　　　　b）小型拉力测试

图 1-3-18 拉力测试

7）耐高温高湿与耐冷、热冲击测试，所用设备如图 1-3-19 所示。

8）其他测试，除了前面提到的测试之外，如有必要，还需进行功能及外观的检测；关键元器件或焊点进行切片分析；不良品研磨和切割分析，如图 1-3-20 所示。

a）高温高湿测试机　　　　b）冷、热冲击测试机
（一般为85℃温度，85%湿度　　（温度差：一般 -40~135℃
条件，具体时间根据不同产　　之间，时间：视产品而定，
品自定）　　　　　　　　　　24h左右）

图 1-3-19 耐高温高湿与耐冷热冲击测试

a）不良品研磨分析　　　　b）不良品切割分析

图 1-3-20 不良品研磨和切割分析

（四）课堂训练

1. 如果你的岗位是电子产品的目测检测岗位，你觉得你的岗位都需要哪些知识和技能？需要哪些素养？以小组为单位讨论，并进行交流。

2. 如果你的岗位是一名电子产品终端检测员，你觉得你的岗位都需要哪些知识和技能？需要哪些素养？以小组为单位讨论，并进行交流。

三、任务小结

电子产品总装配与调试生产线相比前两个生产线，自动化设备减少，人力岗位增多，检测因素和要求更多更强，如果这一关把握不好，将产品质量带给用户，直接影响品牌声誉和竞争力。

四、课后任务

如图 1-3-21 所示为华为手机生产线，如果你是生产线主管，你将如何将生产线分工？你将如何根据岗位挑选员工？你将如何管理员工使效益最大化？请写出你的方案来。

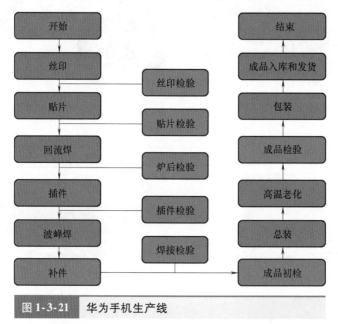

图 1-3-21 华为手机生产线

任务 4 电子企业 "13S" 管理等企业文化简介

【任务目标】
- 掌握电子企业 "13S" 管理等企业文化的内容。
- 理解电子企业 "13S" 管理等企业文化的深刻内涵。

【任务重点】 掌握电子企业 "13S" 管理等企业文化的内容。

【任务难点】 理解电子企业 "13S" 管理等企业文化的深刻内涵。

【参考学时】 2 学时

一、任务导入

一种电子产品能否在市场上具有竞争力，不仅仅取决于生产设备的多寡和优劣，更取决于企业的核心——员工，如何最大限度地发挥"员工"在企业中的核心竞争力作用，这就需要有效的管理，"13S"管理正是一种适合电子企业的行之有效的管理方法，使企业就像一部完美的"电子产品"，每个岗位就是产品的硬件——元器件，"人"就是软件，硬件和软件只有"最佳"配合，才能发挥出电子产品的"最优"效能。

二、任务准备

（一）"13S"管理的起源与发展

"13S"管理是指在生产现场对人员、机器、材料、方法、信息等生产要素进行有效管理。因为学习（Study）、整理（Seiri）、整顿（Seition）、清扫（Seiso）、清洁（Seiketsu）、素养（Shitsuke）、安全（Safety）、节约（Saving）、服务（Service）、满意（Satisficed）、坚持（Shikoku）、速度（Speed）、共享（Shared）第一个字母都为"S"，所以我们称之为"13S"管理。

"13S"起源于日本的"5S"，"5S"是日式企业独特的一种现场管理方法，"13S"是在"5S"基础上拓展而来。"13S"对于塑造企业的形象、降低成本、准时交货、安全生产、标准化、创造令人舒适的工作场所、现场改善等方面发挥了巨大作用，逐渐被各国的管理界所推崇。

电子企业的"13S"管理规范是现场管理的基础，通过规范现场、现物，营造一目了然的工作环境，提高工作效率，消除各种浪费，更好地达成经营管理的成效，其最终目的是提升员工素质，养成良好的工作习惯。这是全面生产管理的前提，是全面品质管理的第一步，也是 ISO9000 等国际认证有效推行的保证。

（二）"13S"的思路

"13S"管理的思路非常简单朴素，它针对企业中每位员工的日常行为方面提出要求，倡导从小事做起，力求使每位员工都养成事事"讲究"的习惯，从而达到提高整体工作质量的目的。这种理念和我们中国的传统文化不谋而合，"防微杜渐""细节决定成败""修身、齐家、治国、平天下"都强调了习惯养成的重要性。推行"13S"活动指导思想就是，告别昨天、挑战自我，于细微处入手，规范现场管理，提高员工素质。

三、任务实施

（一）"13S"的含义

学习　是一切管理的前提和基础，贯穿一切工作的始终。

整理　空间效率化原则，就是区分必需和非必需品，现场不放置非必需品。

整顿　时间效率化原则，科学布局，取用快捷。

清扫　找出问题根源，预防问题产生；将岗位保持在无垃圾、无灰尘、干净整洁的状态。

清洁　标准化原则，将整理、整顿、清扫进行到底，并且制度化；管理公开化，透明化。

素养　始于素养，终于素养，对于规定了的事，大家都要认真地遵守执行。

安全　预知危险，防患未然，安全就是消除工作中的一切不安全因素，杜绝一切不安全现象。

节约　就是养成节省成本的意识，主动落实到人及物。

服务　要时刻站在客户的立场思考问题，并努力满足客户要求。

满意　客户接受有形产品和无形服务后感到需求得到满足的状态。

坚持　永不放弃、永不抛弃、坚持到底、顽强拼搏的工作意志。

速度　以最少时间与费用换取最大效能，反应敏捷，工作迅速。

共享　共享共担，共同进步。

37

（二）推行"13S"的目的

培养员工良好的习惯，是推行"13S"的最终目的，是成功推行"13S"的标志。"13S"能给人"只要大家努力，什么都能做到"的信念，让大家都亲自动手进行改善；在有活力的一流工场工作，员工都由衷感到自豪和骄傲。彻底的"13S"，让初学者和新人一看就懂，快速适应，随时应用。具体能够达到的目的是：

1）改善和提高企业形象；

2）促成效率的提高；

3）改善零件在库周转率；

4）减少直至消除故障，保障品质；

5）保障企业安全生产；

6）降低生产成本；

7）改善员工精神面貌，使组织活力化；

8）缩短作业周期，确保交货期。

（三）"13S"管理的操作要点

1 学习

积极参加各项培训，深入学习各项专业技术知识和实操技能，从实践和书本中获取知识，同时不断地向上级主管及同事学习，学习其长处达到完善自我提升自身的综合素质的目的，如图1-4-1所示。

1）目的：

① 学习长处，完善自我，提升自身综合素质；

② 让员工能更好地发展，从而带动企业产生新的动力去应对未来可能存在的竞争与变化，从而使企业得到持续改善、培养学习性组织。

2）实践要领：

① 学习各种新的技能技巧，才能不断地满足个人及公司发展的需求；

② 知识与技能与人共享，能达到互补、互利，制造共赢，互补知识面与技术面的薄弱，互补能力的缺陷，提升整体的竞争力与应变能力；

③ 增强为内部、外部客户服务的意识，为集体的利益或为事业工作，服务与你有关的同事、客户［如注意内部客户（后道工序）的服务］。

图1-4-1　"13S"管理挂图——学习

2 整理

将工作场所的任何物品进行"要"与"不要"的区分，将不要的东西清除掉，保证工作场所只放置需要物品。需要物品中，还要将现在需要的物品与现在不需要的物品区别开。现在需要的物品放置在近处；现在不需要的物品暂时放置别处保管，如图1-4-2所示。

1）目的：

① 腾出空间和宝贵时间，以便更充分地利用空间和时间；

② 防止误选、误送（送错元器件和地方）、误用（无用的或不良的）；

③ 减少库存量，防止变质和积压资金；

④ 创造清爽的工作环境。岗位明亮、干净，无灰尘无垃圾的工作场所让人心情愉快，不会让人厌倦和烦恼；工作成为一种乐趣，员工不会无故缺勤旷工；

⑤ 物品进行分类、编号或颜色管理，一目了然，便于取用。否则，寻找工具时，会增加人员的走动，影响工作场所秩序，分散别人的注意力。

2）主要活动：

① 制定"要"和"不要"的基本准则，研究无用品的产生原因，对其按照"节约"对策处理，必要时大胆果断清除；

② 在生产现场发现的堆积物品分不用、不常用、经常用三种情况处理。

3）实践要领：

① 废弃的决心；

② 行动要快速果断；

③ 对工作场所（范围）进行全面检查，包括看得到和看不到的地方；

④ 每日自我检查。

图 1-4-2　"13S"管理挂图——整理

图 1-4-3　"13S"管理挂图——整顿

3　整顿

合理安排物品放置的位置和方法，并进行必要的标识，能在30s内找到要找的东西，并保持在需要时能立即取出的状态，用完之后，要物归原位，如图1-4-3所示。

1）目的：

① 塑造整洁明了的工作场所，一目了然；

② 缩短前置作业时间，减少或消除找寻物品的时间，防止误用、误送；

③ 创造整齐、整洁的环境，保持井井有条的工作秩序区，异常一眼就可以发现；

④ 压缩库存量，消除积压物品（如设备的备用品等）；

⑤ 检测仪器正确地使用和保养，是确保品质的前提，机械设备正常使用保养，减少次品产生。

2）主要活动：

① 合理地决定物品的保管方法和布局；

② 彻底实施定点、定位存放管理；

③ 将物品、场所的有关内容（名称、数量、状态等）进行标识。工具使用后随意摆放，增加找寻时间，工具易损坏和丢失。

3）实践要领：

① 三定原则：定物、定位、定量；

② 标识：在现场进行适当的标识；

③ 员工知道要预防问题的发生而非仅是处理问题，例如生产现场区域划上通道线，一看便知是供物品运送的通道，不可堆放物品；

④ 物品（包括原材料、辅助材料、成品、半成品、在制品、返修品、废品等）随意摆放的危害包括：容易混料；不易识别数量和状态；增加无效劳动；增加寻找时间；浪费场地。

4 清扫

无尘化生产线，彻底清除工作场所的垃圾、灰尘和污迹，将工作场所及设备、仪器、工夹量具、材料等始终保持清洁、明了的状态，调试、寻找时间减少，如图1-4-4所示。

1）目的：

① 使员工保持一个良好的工作情绪，减少工伤，并保证稳定的产品品质，最终达到企业生产零故障和零损耗；

② 维持仪器及设备的精度。机器设备保养不良，影响设备使用精度和使用寿命，降低产品品质；

③ 维持机器设备的稳定性，减少故障发生，设备产能、人员效率稳定，综合效率可把握性高；

④ 创造清洁、明亮、高效的工作场所；

⑤ 每日进行使用点检，防患于未然。

2）主要活动：

① 对区域、设备进行彻底的清扫（责任到人、无清扫盲区）；

② 实施无垃圾、无污垢化；

③ 强化对发生源的处置和对策。

3）实践要领：

① 建立清扫责任区；

② 每个员工在岗位及责任范围内（包括一切物品与机械设备）进行彻底清扫；

③ 对清扫过程中发生的问题及时进行整修；

④ 查明污垢的发生源，予以杜绝、明确清扫对象、方法、重点、周期、使用工具等项目；

⑤ 对整理之后现场的必要品分类放置，排列整齐；

⑥ 彻底贯彻清扫（点检）的原则。

5 清洁

持续推行整理、整顿、清扫工作，并使之规范化、制度化，现场问题能一目了然，养成坚持的习惯，并辅以一定的监督检查措施，发现问题及时纠正。保持工作场所的干净整洁、舒适合理，如图1-4-5所示。

1）目的：

① 提高产品品质，干净整洁的生产现场，可以提高员工品质意识；

② 提升公司形象；

③ 保持场所、设备等的清洁，现场时刻保持美观状态，创造舒适的工作条件，使异常现象显在化（易发现），并做到异常时的对策办法可视化。使整理、整顿和清扫工作成为一种惯例和制度，是标准化的基础，也是一个企业形成企业文化的开始。

图 1-4-4 "13S" 管理挂图——清扫

图 1-4-5 "13S" 管理挂图——清洁

2）主要活动：

① 彻底、持续地实施整理、整顿、清扫工作，并做到责任到每个岗位、保证无清扫盲区；

② 将异常状态及其对策进行标识。

3）实践要领：

① 维持整理、整顿、清扫成果；

② 制定目视管理及看板管理的标准；

③ 制定实施办法及检查考核标准；

④ 制定奖惩制度，加强执行；

⑤ 领导小组成员经常巡查，带动全员重视；

⑥ 清洁要和安全密切配合，良好的作业环境，为操作者按标准进行有序化作业提供了条件，能科学地避免重复劳动，缩短工作间距离与时间，从而保证生产安全。

6 素养

提升员工的品质，使其工作认真。人人按章操作，依规办事，树立起"制度管人，程序管事"的管理理念。简而言之，就是要求员工建立自律和养成良好的习惯，使"13S"的要求成为日常工作中的自觉行为，如图 1-4-6 所示。

1）目的：

① 提高员工文明礼貌水准，营造团队精神；

② 通过素养让员工成为一个遵守规章制度，并具有一个良好工作素养和习惯的人；

③ 提升道德，使人的综合素质上升。

2）主要活动：

① 强化对员工的教育；

② 创造良好的工作环境和工作氛围；

③ 加强员工之间的沟通；

④ 对员工的努力给予恰当的评价。

3）实践要领：

① 持续推行整理、整顿、清扫、清洁，直到成为全体员工的共有的习惯；

② 制定员工行为准则及礼仪守则，帮助员工达到修养最低限度的要求；

③ 企业视觉识别系统推行、教育和训练员工严格遵守规章制度；

④ 推行各种精神提升活动、培养员工责任感，铸造团队精神；

⑤ 将整理、整顿、清扫、清洁实施的做法制度化、规范化；

⑥ 编写培训教材，加强对员工的教育和培训，提高职工素质。这里的员工素质，指思想和技能两个方面。特种设备由专业有资质和国家劳动部门进行培训。使每个设备操作者真正达到"三好四会"（三好：管好、用好、修好；四会：会使用、会保养、会检查、会排除故障）。

图 1-4-6 "13S" 管理挂图——素养

图 1-4-7 "13S" 管理挂图——安全

7 安全

安全就是要维护人身与财产不受侵害，消除工作中的一切不安全因素，杜绝一切不安全现象，创造一个零故障、无意外事故发生的工作场所，如图 1-4-7 所示。

1）目的：预知危险，防患未然。关爱生命，以人为本，保障员工的人身安全；同时保证生产连续安全正常地进行，减少因安全事故而带来的经济损失。

2）主要活动：

① 建立健全各项安全管理制度，每位员工签订安全责任书，不要因小失大；

② 加强培训学习，强化作业人员安全意识，时刻注意安全，时刻注重安全；

③ 有害物品、易伤易损易燃等"危险""注意"警示明确；

④ 管理上制定正确作业流程，要求在工作中严格执行操作规程，严禁违章作业，配置适当的工作人员监督检查；

⑤ 对不合安全规定的因素及时举报消除；

⑥ 员工正确使用保护器具，不会违规作业；

⑦ 所有的设备都进行清洁、检修，能预先发现存在的问题，从而消除安全隐患；

⑧ 消防设施齐备，灭火器放置位置、逃生路线明确，万一发生火灾或地震时，员工生命安全有保障。

3）实践要领：

① 对操作人员的操作技能进行训练；

② 全员参与，排除隐患，重视预防；

③ 保障人身、财产安全，保证生产连续、安全、正常的运行，减少因安全事故带来的经济损失；

④ 时查时防、专人负责，清除隐患，排除险情，预防事故的发生。

8 节约

就是勤俭节约，珍惜资源，对时间、空间、能源等方面合理利用，减少企业的人力、成本、空间、时间、库存、物料消耗等因素，以发挥它们的最大效能，从而创造一个高效率的、物尽其用的工作场所，如图1-4-8所示。

1）目的：加强作业人员减少浪费意识教育，以节约为荣，以浪费为耻。养成降低成本习惯，降低管理成本，提高经济效益。

2）主要活动：

① 加强学习和培训，养成节省成本的意识，从奖惩制度上落实到人及物；

② 对时间、空间、能源等方面系统化合理利用，能用的东西尽可能利用；

③ 减少库存量，排除过剩生产，避免元器件、半成品、成品在库过多；避免库房、货架过剩；避免卡板、运输车等搬运工具过剩；避免购置不必要的机器、设备；避免"寻找""等待""避让"等动作引起的浪费；消除"拿起""放下""清点""搬运"等无附加价值动作。

3）实践要领：

① 节约是对整理工作的补充和指导，在企业中秉持勤俭节约的原则；

② 以自己就是主人的心态对待企业的资源；

③ 做到物尽其用，切勿随意丢弃，丢弃前要思考其剩余的使用价值，合理利用，发挥最大效能；

④ 减少动作浪费，提高工作效率。

9 服务

服务是指要时刻站在客户（外部客户、内部客户）的立场思考问题，并努力满足客户要求，如图1-4-9所示。

图1-4-8 "13S"管理挂图——节约

图1-4-9 "13S"管理挂图——服务

1）目的：提高服务水平，赢得客户青睐。

2）实践要领：

① 强化服务意识。作为一个企业，服务意识必须作为对其员工的基本素质要求来加以重视，每一个员工也必须树立自己的服务意识。

② 倡导奉献精神，为集体（包括个人）的利益或为事业工作，服务与你有关的同事、客户。

③ 许多企业都非常重视外部客户的服务意识，却忽视对内部客户（后道工序）的服务，甚至认为都是同事，谈什么服务。而在"13S"活动中的服务，尤其是工厂管理中，须注意内部客户（后道工序）的服务。

④ 重在落实。服务不是对客户说的，而是要向客户实实在在的做的，要深入到企业方方面面。让他们从心里接受客户就是上帝的观念并身体力行，而不是停留在口头上。

10 满意

满意是指客户（外部客户、内部客户）接受有形产品和无形服务后感到需求得到满足的状态，如图 1-4-10 所示。而满意度的主要内涵包括两个方面：

1）一方面是指企业开展一系列活动以使各有关方满意，主要对象有：

① 投资者的满意。通过"13S"，使企业达到更高的生产及管理境界，投资者可以获得更大的利润和回报。

② 客户满意。表现为高质量、低成本、交货期准、技术水平高、生产弹性高等特点。

③ 员工满意。效益好，员工生活富裕、人性化管理使每个员工可获得安全、尊重和成就感；一目了然的工作场所，没有浪费、勉强、不均衡等弊端；明亮、干净、无灰尘、无垃圾的工作场所让人心情愉快，不会让人疲倦和烦恼；人人都亲自动手进行改善，在有活力的一流环境工作，员工都会感到自豪和骄傲。

④ 社会满意。企业对社会有杰出的贡献，热心公众事业，支持环境保护，这样的企业会有良好的社会形象。

2）另一方面满意度还有内容上的满意，可分为横向层面和纵向层面。

① 横向层面。

a）企业的理念满意——企业经营理念带给内外客户的满足状态，包括经营宗旨满意、经营哲学满意和经营价值观满意等；

b）行为满意——企业全部的运行状况带给内外客户的满足状况，包括行为机制满意，行为规则满意和行为模式满意等；

c）视听满意——企业具有可视性和可听性的外在形象带给内外客户的满足状态，包括企业标志（名称和图案）满意、标准字满意、标准色满意以及上述三个基要素的应用系统满意等；

d）产品满意——企业产品带给内外客户的满足状态，包括产品的质量满意、产品功能满意、产品设计满意、产品包装满意、产品品位满意和产品价格满意等；

e）服务满意——企业服务带给内外客户的满足状态，包括绩效满意、保证体系满意、服务的完整性和方便性满意，以及情绪和环境满意等。

② 纵向层面。

在纵向层面上，客户满意包括以下三个逐层递进的满意内容：

a）物质满意层——客户对企业产品的核心层，如产品的质量、功能、设计或品牌的满意；

图 1-4-10 "13S"管理挂图——满意

b）精神满意层——客户对企业产品的形式层和外延层，如产品的外观、色彩、装潢、品位和服务等所产生的满意；

c）社会满意层——客户对企业产品和服务的消费过程中所体验到的社会利益维护程序，主要指客户整体（公众）的社会满意程序。

11　坚持

坚即意志坚强，坚韧不拔，持即持久，有耐性；坚持是管理中的一项重要的因素，如图 1-4-11 所示。

1）目的：通过对员工的言传身教，使员工自觉树立在任何困难和挑战面前都要形成永不放弃、永不抛弃、坚持到底、顽强拼搏的工作意志。

2）实践要领：在保持之前的管理成果，在不断发展过程中，都会出现不同的情况需要去处理解决，只有坚持之前的管理方法，才能持续保持企业的管理质量。

12　速度

工作要迅速才能发挥经济与效率，以最少时间与费用换取最大效能，反应敏捷，工作迅速。接到任务时立即做出反应，提前或按时完成任务，如图 1-4-12 所示。

1）目的：提高工作效率。

2）实践要领：选择合适的工作方式，充分发挥机器设备的作用，共享工作成果，集中精力从而达到提高工作效率的目的。

45

图 1-4-11　"13S" 管理挂图——坚持

13　共享

共享共担，共同进步，如图 1-4-13 所示。

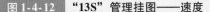
图 1-4-12　"13S" 管理挂图——速度　　图 1-4-13　"13S" 管理挂图——共享

1）目的：互补知识面与技术面的薄弱，互补能力的缺陷，提升整体的竞争力与应变能力。

2）实施要领：现在社会在发展进步中，不断出现各种不同的竞争与环境，需要企业或是个人去面对，但个人的能力、企业的管理会因各种因素出现限制，在这种情况下，最快的解决方法就是共享。一个人无法完成所有的事情，也没办法学到所有的知识，一个企业再强大，也总有其薄弱的一环，也会受到各种限制；与人共享，能达到互补，达到互利，制造共赢。

（四）课堂训练

1）如果你的岗位是一名电子产品维修工，你觉得你的岗位都需要哪些知识和技能？需要哪些素养？如何在你的岗位上落实好"13S"管理？以小组为单位讨论，并进行交流。

2）如果你的岗位是电子产品再流焊机维护岗位，你觉得你的岗位都需要哪些知识和技能？需要哪些素养？如何在你的设备上落实好设备管理？以小组为单位讨论，并进行交流。

四、任务小结

"13S"管理的出发点是良好习惯的养成，落脚点是人的素质的提高，人的素质表现在人的心态上，心态变则意识变，意识变则行为变，行为变则性格变，性格变则命运变。效果看得见，持之以恒是关键。

五、课后任务

如果你是电子生产线上的一名主管，你如何长期在你的部门执行公司"13S"管理政策？请写出你的方案来。

项目二　检测仪器仪表的使用

【项目目标】

- 掌握常用指针式万用表的结构特点和使用要点。
- 掌握常用数字式万用表的结构特点和使用要点。
- 掌握常用信号发生器的结构特点和使用要点。
- 掌握数字示波器的结构特点和使用要点。

任务 1　指针式万用表的使用

【任务目标】

- 会识别指针式万用表面板上各项功能。
- 会用指针式万用表检测各种电量。

【任务重点】　会用指针式万用表检测各种电量。

【任务难点】　会用指针式万用表检测各种电量。

【参考学时】　3 学时

一、任务导入

展示多款指针式万用表及其配件如图 2-1-1、图 2-1-2 所示，认识正确使用指针式万用表的意义，激发学习兴趣。

| 图 2-1-1 | 市场上常见的指针式万用表（MF 47L） |

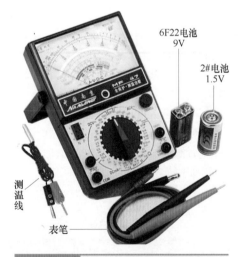

| 图 2-1-2 | 指针式万用表及其配件 |

二、任务实施

指针式万用表的功能：万用表又称多用表，用来测量直流电流、直流电压和交流电流、交流电压、电阻等，有的万用表还可以用来测量电容、电感以及二极管、晶体管的某些参数。

（一）指针式万用表的结构介绍

指针式万用表主要由面板（表盘、转换开关、旋钮和插孔）、表笔、电池和测量电路（内部）四个部分组成，常用的指针式万用表的外形如图 2-1-3 所示，下面以 MF-47D 型号为例做介绍。

1 面板

MF 47D 型万用表的面板如图 2-1-3 所示。从面板上可以看出，指针式万用表面板主要由刻度盘，功能转换开关、旋钮和插孔构成。

1）刻度盘：用来指示被测量值的大小，它由 1 根表针和 7 条刻度线组成。刻度盘如图 2-1-4 所示。

① 欧姆刻度线。第一条标有"Ω"字样的为欧姆刻度线。在测量电阻阻值时查看该刻度线。这条刻度线最右端刻度表示阻值最小，为 0。最左端刻度表示阻值最大，为无穷大。在未测量时，表针指在左端无穷大处。

② 直、交流电压/电流刻度线。第二条标有"DCV. mA"（左方）和"ACV"（右方）字样的为直、交流电压/电流刻度线。在测量直流电压、电流和交流电压、电流时都查看这条刻度线。该刻度线最左端刻度表示最小值，最右端刻度表示最大值，在该刻度线下方表示有三组数，它们的最大

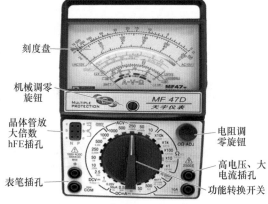

图 2-1-3　指针式万用表的面板

值分别为 250、50 和 10，当选择不同档位时，要将刻度线的最大值看作该档位最大量程数值（其他刻度也要相应变化）。如档位选择开关置于"50V"档测量时，表指针在第 2 刻度线最大刻度处，表示此时测量的电压值为 50V（而不是 10V 或 250V）。

③ 交流 10V 档专用刻度线。第 3 条标有"AC10"字样的为交流 10V 档专用刻度线。测量小于交流 10V 电压时查看该刻度线。

④ 电容容量刻度线。第 4 条标有"C（μF）"，字样的为电容容量刻度线。在测量电容容量时，查看该刻度线。

⑤ 晶体管放大倍数刻度线。第 5 条标有"hFE"字样的为晶体管放大倍数刻度线。在测量晶体管放大倍数时，查看该刻度线。

⑥ 电感量刻度线。第 6 条标有"L（H）"字样的为电感量刻度线，在测量电感的电感量时，查看该刻度线。

⑦ 音频电平刻度线。第 7 条标有"dB"字样的为音频电平刻度线，在测量音频信号电平时，查看该刻度线。

2）功能转换开关：功能转换开关的功能是选择不同的测量档位。功能转换开关如图 2-1-5 所示。

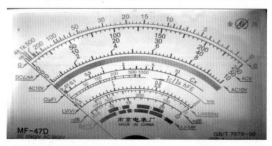

图 2-1-4　指针表刻度盘

图 2-1-5　功能转换开关

3）旋钮：万用表上有两个旋钮：机械校零旋钮和欧姆调零旋钮，机械校零旋钮的功能是在测量前将表针调到电压、电流刻度线"0"刻度处。欧姆校零旋钮的功能是在使用欧姆档测量时，将表针调到欧姆刻度线的"0"刻度处。两个旋钮的详细调节方法在后面将会介绍。

4）插孔：万用表面板上有4个独立插孔和一个6孔组合插孔，标有"＋"字样的为红表笔插孔；标有"－（或COM）"字样为黑表笔插孔；标有"5A"字样的为大电流插孔，当测量500mA～5A范围内的电流时，红表笔插入此插孔；标有"2500"字样的为高压插孔，当测量1000～2500V范围内的电压时，红表笔该插入此插孔。6孔组合插孔为晶体管测量插孔，标有"N"字样的3个插孔为NPN晶体管的测量插孔，标有"P"字样的三个插孔为PNP晶体管的测量插孔。

5）附件：电池6F22，9V，方形，叠层电池，供给10k电阻档内部电源；2号1.5V电池，供给1k及以下电阻档内部电源。表笔与表配套，线径要粗，接触电阻要小，表笔和电池外观如图2-1-6所示，安装位置如图2-1-7所示。

图2-1-6　表笔和电池

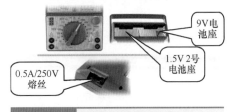

图2-1-7　电池和熔丝安装位置

2　测量电路如图2-1-8所示

（二）使用前的准备工作

指针式万用表在使用前，需要安装电池，机械校零和安装表笔。

1　安装电池

在使用万用表测量前，需要在内部安装电池，若不安装电池，欧姆档和晶体管放大倍数档将无法使用，但电压电流档仍可以使用。MF 47型万用表需要9V电池和2号1.5V两个电池，其中9V电池给R×10k档使用，1.5V供给R×1k档以下的欧姆档和晶体管放大倍数测量档使用。安装电池时，一定要注意电池的极性不能装错。

2　机械调零（指针调零）

在出厂时，大多数厂家已经对万用表进行了机械校零，对于某些原因造成表针未调零时，可以自己进行机械调零。机械调零方法如图2-1-9所示：两根表笔断开，用小"－"字螺钉旋具调节图中的"机械调零旋钮"，使万用表指针指在零电压或零电流的位置上。

3　安装表笔

万用表有红、黑两根表笔，在测量时，红表笔插入标有"＋"字样的插孔，黑表笔插入标有"－"字样的插孔。如测量交直流2500V或直流5A时，红表笔则应分别插到标有"2500"或"5A"的插孔中。

（三）万用表的基本测量步骤

1）将万用表水平放置；

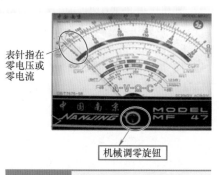

图 2-1-8　指针式万用表测量电路

图 2-1-9　机械调零

2）机械调零；

3）根据测量参数要求插入黑、红表笔（黑表笔接公用端 − 、 * 、COM，红表笔接 + 、2500V、10A、mA）；

4）选择合适的档位及量程（电压、电流、电阻等）；

5）如果选择电阻（欧姆）档还应进行欧姆调零；

6）将万用表两表笔连接于被测电路中（注意串联或并联、直流参数还应注意极性）；

7）根据选择的档位及量程读取数值；

8）测量完毕后，将转换开关调至交流电压最大档或空档。

操作口诀：一看——拿起表笔看档位；
　　　　　二扳——对应电量扳到位；
　　　　　三试——瞬间偏摆试档位；
　　　　　四测——测量稳定记读数；
　　　　　五复——放下表笔及复位。

（四）　MF-47D 型万用表 9 个基本参数测量方法和步骤

1　直流电压的测量

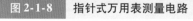

测量步骤：在上述万用表基本测量步骤的基础上还应注意以下几点：

1）试测：确定被测电压的大小和极性。

估计直流电压在 0.25 ~ 1000V 时，应将万用表拨在直流电压最大的量程档位上，将黑表笔接触被测电压的一端，用红表笔快速地碰触被测电压的另一端，观看表针方向，向左错误，应调换表笔再测；向右正确，表示表笔连接极性正确，再观察表针摆动幅度，调整量程从大到小，直到表针指向中心范围，量程才合适（此时测量误差最小），如图 2-1-10 所示。估计被测电压超出 1000V 时，应将红表笔插入 2500V 插孔测量，转换开关应旋至直流 1000V 位置上，便于读数。

2）测量：将红表笔接触直流电压的高电位（正极），黑表笔接直流电压的低电位（负极），表笔应与负载并联。

3）看格：看表针指示的格数，读出测量电压值，读数为第二条刻度，从左至右。

4）计算：实测电压读数数学表达式：

$$实测电压读数 = 表针指示的格数 \times \frac{所选量程}{满度格数}$$

5）复位：将转换开关打在 OFF 位置或打在交直流电压 1000V 档，如图 2-1-11 所示。

6）当直流电压超过 1000V 时而又不足 2500V 时，转换开关应旋至直流 1000V 位置上，红表笔改插到 2500V 插孔上（该插孔交直流通用），而后将表笔跨接于被测电路两端（并联）。

7）若配以高压探头，可测量电视机行输出电压 ≤ 25kV 的高压。测量时，转换开关应放在

50μA 位置上，高压探头的红黑插头分别插入"＋""－"插孔中，接地夹与电视机金属底板连接，而后握住探头进行高压测量。

图 2-1-10　测量直流电压的档位选择

图 2-1-11　指针式万用表复位

2　交流电压的测量

交流电压的测量与直流电压的测量相似，在测直流基础上还应注意以下几点：

1）试测：确定档位。直流电压分 8 档，交流电压分 5 档，还单独设置了 AC 10V 专用红色刻度。将转换开关旋至交流电压档最高量程上试测，然后再旋至交流电压档相应的量程上进行测量。超过 1000V 时，转换开关应旋至交流 1000V 位置上，而后将红表笔改插到 2500V 插孔上，两表笔并联于被测电路两端，如图 2-1-12 所示。

2）测量：将两表笔并接在被测电压两端进行测量（交流电不分正、负极），如图 2-1-13 所示。

图 2-1-12　交流电压大于 1000V 时表笔
插法和档位选择

图 2-1-13　当交流电压小于 1000V 时表笔
插法和档位选择

3）读数和计算：读数时选择第二条刻度！要根据所选择的量程来选择刻度读数和计算！

4）复位：将转换开关打在 OFF 位置或打在交流电压 1000V 档。

3　直流电流的测量

1）测量步骤和方法同直流电压，但测量时表笔应串接在电流回路中，因为只有串接才能使流过电流表的电流与被测支路电流相同。测量时，应断开被测支路，将万用表红、黑表笔串接在被断开的两点之间，并分析电路确定电流流向，从红表笔进从黑表笔出。不好确定时，先试测电流方向，档位从大到小依次找到合适位置，特别应注意电流表不能并联接在被测电路中，这样做是很危险的，极易使万用表烧毁。当直流电流小于 500mA 时表笔插法和档位选择如图 2-1-14 所示。

2）被测电流大于 500mA 时，量程选 500mA 档，将红表笔插入 5A 插孔中测量，如图 2-1-15 所示。有些表有 10A 和 20A 插孔，使用方法相同。

3）测直流电流，也采用第二条刻度读数，读数方法和测直流电压、交流电压的读数方法是相同的，但单位不同。

图 2-1-14　当直流电流小于 500mA 时表笔插法和档位选择

图 2-1-15　当直流电流大于 500mA 时表笔插法和档位选择

4　电阻的测量

52

测量电阻的阻值时需选择欧姆档。MF 47 型万用表的欧姆档具体又分为 ×1Ω、×10Ω、×100Ω、×1kΩ 和×10kΩ 档。利用电阻档可以检测二极管、晶体管等元器件的极性和质量好坏等，请到相应章节中查找。

5　通路蜂鸣器检测

1）首先将转换开关调至通路蜂鸣器检测（通断检测 BUZZ）档，同欧姆调零一样，将两表笔短接调零，此时蜂鸣器工作发出约 1kHz 长鸣叫声，即可进行测量，如图 2-1-16 所示。

2）当被测电路阻值低于 10Ω 左右时，蜂鸣器发出鸣叫声，电阻越小，声音越大，此时不必观察表盘即可了解电路通断情况。音量与被测线路电阻成反比例关系，此时表盘指示为 R×3（参考值）。

图 2-1-16　通断检测

6　晶体管放大倍数测量

1）转动转换开关至 R×10（hFE）处，同 Ω 档相同方法调零后，将 NPN 或 PNP 型晶体管对应插入晶体管 N 或 P 孔内，档位如图 2-1-17 所示。

2）表针指示值即为该管直流放大倍数。如指针偏转指示大于 1000 时，应首先检查：

① 是否插错引脚；

② 晶体管是否损坏。本仪表按硅晶体管定标，复合晶体管，锗晶体管测量结果仅供参考。

图 2-1-17　晶体管放大倍数测量

7　电容测量

1）使用 C（μF）刻度线。

2）首先将转换开关旋至被测电容容量大约范围的档位（欧姆档）上，用欧姆调零电位器校准调零。

3）被测电容接在表笔两端，表针摆动的最大指示值为该电容容量。随后表针将逐步退回，表针停止位置即为该电容的品质因数（损耗电阻）值。

注意：

① 每次测量后，应将电容彻底放电后再进行测量，否则，测量误差将增大。

② 有极性电容应按正确极性接入，否则，测量误差及损耗电阻将增大。

8　电池电量测量

使用 BATT 刻度线，该档位可供测量 1.2～3.6V 各类电池（不包括钮扣电池）电量用，如图 2-1-18 所示。负载电阻 $R_L=12\Omega$。测量时将电池按正确极性搭在两根表笔上，观察表盘上 BATT 对应刻度，分别为 1.2V、1.5V、2V、3V、3.6V 刻度。绿色区域表示电池电力充足，"?"区域表示电池尚能使用，红色区域表示电池电力不足。测量钮扣电池及小容量电池时，可用直流 2.5V 电压档（$R_L=50k\Omega$）进行测量。

9　标准电阻箱应用

在一些特殊情况下，可利用本仪器直流电压或电流档作为标准电阻使用，并把阻值标于对应的电压或电流旁边，如图 2-1-19 所示。

图 2-1-18　电池电量测量图

图 2-1-19　指针式万用表作为标准电阻箱使用

53

10　指针式万用表使用注意事项

1）万用表在使用时，应该水平放置，以免造成误差，必要时可利用自身支架斜放。同时，还要注意避免外界磁场对万用表的影响。

2）测量前先检查红、黑表笔连接的位置是否正确。红色表笔接到红色接线柱或标有"＋"号的插孔内，黑色表笔接到黑色接线柱或标有"COM"号的插孔内，不能接反，否则在测量直流电量时，会因正负极的反接损坏表头部件。

3）在使用万用表之前，应先进行"机械调零"，即在没有被测电量时，使万用表指针指在零电压或零电流的位置上。

4）在实际测量中，经常要测量多种电量，每一次测量前要注意根据每次测量任务把转换开关旋转到相应的档位和量程。否则，误用档位和量程，不仅得不到测量结果，而且还会损坏万用表。在此提醒初学者，这是最容易忽视的环节，万用表损坏往往就是用电阻档、电流档测量电压造成的。

5）在使用万用表测量过程中，手指不要触及表笔的金属部分和被测元器件，这样，一方面可以保证测量的准确，另一方面，也可以保证人身安全。

6）在测量某一电量时，不能在测量的同时换档，尤其是在测量高电压或大电流时更应注意。否则会使万用表毁坏。如需换档，应先断开表笔，或者切断电源，换档后再去测量。

7）应养成单手操作的习惯，尤其是测量高压时，要站在干燥绝缘板上，并一手操作，防止意外事故。测量时，须用右手握住两根表笔，手指不要触及表笔的金属部分和被测元器件。

8）读数时目光要与表盘刻度垂直。

9）测量完毕，转换开关应置于交流电压最大量程档或者空档。如果长期不用，还应将万用表内部的电池取出，以免电池腐蚀表内其他器件。

10）测未知量的电压或电流时，应先选择最高量程，待第一次读取数值后，方可逐渐转至适当位置以取得较准读数并避免烧坏电路。

11）如偶然发生因过载而烧断熔丝时，可打开熔丝盖板换上相同型号的备用熔丝。（0.5A/250V，$R \leqslant 0.5\Omega$，位置在熔丝盖板内）。

12）电阻各档用干电池应定期检查、更换，以保证测量精度。如长期不用，应取出电池，以防止电解液溢出腐蚀而损坏其他零件。

13）仪表保存室温为0~40℃，相对湿度不超过80%，并不含有腐蚀性气体的场所。

14）测量前必须检查表笔是否插紧，必须将转换开关旋到对应的档位及量程。

15）测量直流参数时，必须注意表笔及被测品的正负极性，以免反偏损坏仪表。

16）测量时应与带电体保持一定的安全距离，并且应带绝缘手套以防发生触电事故；在防静电场合，还需佩戴静电手环。

17）测量电流时万用表必须串联到被测电路中；测量时必须先断开电路后串联接入万用表。

（五）课堂训练

用指针式万用表（MF 47D）分组测量常用的9个参数，并总结交流测量方法步骤和操作心得。

三、任务小结

在熟悉指针式万用表面板的基础上才能熟练使用指针式万用表，并按照操作规范和注意事项正确操作，才能获得准确的测量数据，测量时要保证人身和设备安全。

四、课后任务

市场上还流行哪些指针式万用表？使用方法上与MF 47D有何差别？请查阅网上或者图书资料，并整理出来。

任务 2 数字万用表的使用

【任务目标】
- 会识别数字万用表面板上各项功能。
- 会用数字万用表检测各种电量。

【任务重点】 会用数字万用表检测各种电量。

【任务难点】 会用数字万用表检测各种电量。

【参考学时】 3学时

一、任务导入

展示如图2-2-1所示各种数字万用表，让学生认识正确使用数字万用表的意义，激发学生的学习兴趣。

图 2-2-1　常用数字万用表的使用及外观

二、任务实施

（一）数字万用表的特点

数字万用表由于具有准确度高、测量范围宽、测量速度快、体积小、抗干扰能力强、过载能力强、功能多和使用方便等优点，它广泛应用于国防、科研、工厂、学校、计量测试等技术领域，但其规格不同，性能指标多种多样，使用环境和工作条件也各有差别，因此应根据具体情况选择合适的数字万用表。

（二）数字万用表的使用要点

1）使用之前，应熟悉电源开关、功能转换开关、输入插孔、专用插口（例如晶体管插口 hFE，电容器插座 C_X）等。

2）刚开始测量时，仪表会出现跳数现象，应等待显示值稳定之后再去测量。

3）尽量避免操作上的误动作，如用电流档去测电压，用电阻档去测电压或电流，用电容档去测带电的电容器等，尽管有些表增加了保护功能，但应养成良好习惯，以免损坏仪表。因此，在测电流、电阻后，再测电压时要格外小心，注意改变转换开关和表笔的位置。

4）在事先无法估计被测电压（或电流）的大小时，应先拨至最高量程试测一次（时间尽可能短），再根据情况选择合适的量程。换句话说，若不能确定被测参数的范围时，量程档选择应遵循由大到小的原则。

5）某些数字万用表具有自动关机功能。使用中如果发现突然消隐，说明电源已被切断，仪表进入"休眠"状态。只要重新启动电源，即可恢复正常。

6）测量完毕，先将量程转换开关拨至最高电压档，再关闭电源防止下次开始测量时不慎损坏仪表。

7）若数字万用表最高位显示数字"1"，其他位消隐，证明仪表已发生过载，应选择更高的量程。

8）当输入电流超过 200mA 时，应将红表笔改接至"20A"或者"10A"插孔，该孔一般未加保护装置，因此测量大电流时间不得超过 10~15s，以免锰铜分流电阻发热后改变电阻值，影响读数的准确性。

9）测量电阻、二极管、检查线路通断时，红表笔应接 V·Ω 插孔，此时红表笔带正电（或者说与内部电源的正极相连接），黑表笔接 COM 插孔带负电。检测二极管、晶体管、发光二极管（LED）、电解电容器等有极性的元器件时，必须注意表笔的极性。

10）用 200Ω 及以下电阻档测量电阻时，应先将两支表笔短路，测出两根表笔引线的电阻值，一般为 0.1~0.3Ω。每次测量完毕需把测量结果减去此值，才是实际电阻值。

11）转换功能和改变档位时，让表笔离开测试点。

12）数字万用表可以从显示屏上直接读数，不用转换。注意极性和单位。数量单位随"量程"变换而改变。

13）当误用交流电压档去测量直流电压，或者误用直流电压档去测量交流电压时，显示屏将显示"000"，或低位上的数字出现跳动。

（三）VC9804A⁺数字万用表的结构组成

1 面板介绍

数字万用表的种类很多，但使用方法基本相同，下面以使用广泛、功能齐全且性能优良的 VC9804A⁺型数字万用表为例来说明数字万用表的使用，外形和面板如图 2-2-2 所示。

1）商标及型号：胜利仪表 VC9804A⁺。

2）液晶显示器：显示仪表测量的数值。

3) POWER 电源开关及背光按键（POWER B/L）：

长按开启及关闭电源；开启电源后短按开启即关闭显示器右边背光灯。背光灯，供环境光线太暗地方使用。仪表设有定时 5s 的电路，打开后 5s 会自动关闭，以节约电池电能。

4) HOLD（APO）保持开关：

① APO：自动关闭电源功能。

自动关闭电源是一个基础功能，用于防止长时间无实际工作而浪费电源。如果在 3min 之内无任何键的操作，"APO" 将关闭电源。但在关闭电源的 1min 之前，"APO" 开始闪烁，同叫发出一系列的报警音。在电源开启后长按此开关，出现 "APO" 显示，如果关机，下次开机仍保持此功能，若先取消，长按此开关待字符消失后自动取消。

② HOLD：仪表当前所测数值保持。

在电源开启状态下，短按此功能键，在液晶显示器上出现 "HOLD" 符号，仪表当前所测数值保持，再次短按，"HOLD" 符号消失，退出保持功能状态。

5) 晶体管输入插座。

6) 通断、相线指示灯：亮时发红光。

7) 转换开关：用于改变测量功能及量程。

8) 20A 电流测试插座。

9) 电容、温度的 "－极" 及小于 200mA 电流测试插座。

10) 电容、温度的 "＋极" 插座及公共地；负极（黑表笔）。

11) 电压、电阻及频率插座；正极插座（红表笔）。

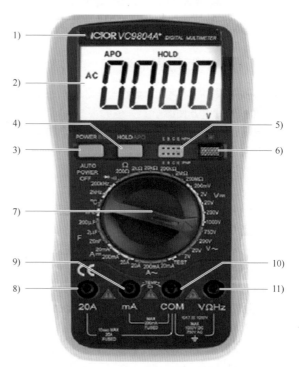

图 2-2-2　数字万用表的外形和面板

数字万用表表笔插孔位置如图 2-2-2 最下面所示，使用前应确保插对插牢，确保人身和仪表安全。

"mA" 插孔是测量电流的插孔，一般情况下，红色表笔插入这个插孔中。FUSED MAX 200mA 表示输入的测量电流最大值不能超过 200mA。

"10A" 插孔是测量 10A 大电流的插孔，一般情况下，红色表笔插入这个插孔中。FUSED MAX 10A 表示输入的测量电流最大值不能超过 10A。

被测的电压、电阻与电流不是由同一插孔输入的，而是分开输入（不同型号仪表面板上均有注明）。切不可用测试电压（电阻）的输入插孔去测试电流，否则会损坏仪表。另外，测量电阻不需 "调零"，被测元器件接入仪表即可进行测量。

2　电池及表笔

电池 6F22，9V，方形，叠层电池；表笔与表配套，线径要粗，接触电阻要小，如图 2-2-3 所示。

当数字万用表的电池电量即将耗尽时，液晶显示器左上角出现 9V 电池符号提示（如图 2-2-4 "▭" 所示），表示电池电压低。此表在低电压下工作，读数可能出错，如测量电压值会比实际值偏高。为避免错误的读数造成错觉而导致电击伤害，提示低电压时，应及时更换电池。其他数字万用表当显示 "BATT" 或 "LOW BAT" 时，表示电池电压低于工作电压。

图 2-2-3　数字万用表电池及表笔

3　测量线路

数字万用表的中央处理芯片为 CMOS 大规模集成电路，很容易因过电压、过电流、电火花而损坏，所以要按照操作规范操作，避免误操作而损坏数字万用表，测量电路如图 2-2-4 所示。

图 2-2-4　数字万用表的测量电路

（四）VC9804A$^+$数字万用表的使用方法

1　直流电压测量

如图 2-2-5 所示 $V\!=\!$ 符号左边的白色档位就是直流电压测量档位，$V\!=\!$ 表示是直流电压，直流电压档为了提高测量精准度，也分多档测量。

把旋钮旋到比估计值大的量程（注意：表盘上的数值均为最大量程，2V 档表示可以测量 2V 以内的电压，20V 档表示可以测量 20V 以内的电压，超过此值显示"1"）在测量直流电压的时候，如果已知被测的直流电压大小，尽量用靠近被测电压最高电压值的档位来测量，这样会更准确些。

图 2-2-5　数字万用表测量直流电压的档位选择

如果不知道被测电压大小，那就用最高电压档先测量，测量出数值以后，根据这个实测的电压值，再重新选一个接近实测值的档位测量，这样才会更精确。

把表笔并联接电源或电池两端，保持接触稳定；直流电压档只能测直流电压，交流电压是测不到的。

数值可以直接从显示屏上读取，若显示为"1."，则表明量程太小，要加大量程后再测量。如果在数值左边出现"－"，则表明表笔极性与实际电源极性相反，此时红表笔接的是负极。

注意：

1）如果事先对被测电压范围没法估计，应将转换开关转到最高的档位，然后根据测量值转至相应档位上；

2）未测量时，小电压档有残留数字，属正常现象不影响测试；如测量时高位显 "1"，表明已超过量程范围，须将转换开关转至更高档位上；

3）输入电压切勿超过 1000V，如超过，则有损坏仪表电路的危险；

4）当测量高电压电路时，注意避免触及高压电路。

2 交流电压测量

如图 2-2-6 所示 V～左边的黄色线上的档位是测量交流电压的。为了提高测量精度，交流电压测量也分几个档位。"V～" 表示交流电压。750V 档表示此档可以测量 750V 以内的交流电压。在测量交流电压时，如果已知被测电压的电压值，就用稍微大于被测电压值的档位来测量，如果不知道被测电压有多高，那就用最高电压档先测量，测量出数值以后，根据这个实测的电压值，再重新选一个接近实测值的档位测量，这样才会更精确。交流电是没有正负的，所以不管表笔怎么放，测出来的电压都是正的。交流电压同样也是测量不到直流电压的。一般万用表在不用的时候，尽量把档位打到 750V 交流档上，这样不管怎么误操作万用表也不会烧。

图 2-2-6 数字万用表测量交流电压的档位选择

注意：

1）如果事先对被测电压范围没有概念，应将转换开关转到最高的档位，然后根据显示值转至相应档位上。

2）未测量时小电压档有残留数字，属正常现象，不影响测试；如测量时高位显 "1"，表明已超过量程范围，须将转换开关转至较高档位上。

3）输入电压切勿超过交流 750V，如超过则有损坏仪表电路的危险。

4）当测量高电压电路时，注意避免触及高压电路，不要随便用手触摸表笔的金属部分。

3 直流电流测量

如图 2-2-7 所示，A═ 右边白色线上的档位就是测量直流电流的。A═ 表示是直流电流。直流电流是有正负的（电流从红表笔流入从黑表笔流出为正），但是由于数字万用表可以显示负值，所以不管万用表表笔怎么接，万用表上都会有显示，只是接反了屏幕上显示一个负电流，这时，把表笔对调一下位置就可以显示正电流了。为了提高电流的测量精度，电流档也分为多个档位，200mA 档的意思只能测 200mA 以内的电流。在测量直流电流时，如果能估计出被测电流最大电流值，就用稍大于最大电流值的档位来测，这样会更准确些。如果不知道最大电流值，就用大点的档位先测量一下实际值，再根据实际值选一个稍大于实际值的档位测量。

把需要测试电流的线路断开，把数字万用表的两根表笔串联接在断开的线路两头，这样才能测电流。如果测量时数字万用表显示的是负值，那就把表笔对换一下位置就可以了。如果把数字万用表表笔直接并联接这两根连负载的线上，那数字万用表就会测量不出电流值甚至可能直接烧表。

图 2-2-7 测量直流电流的档位选择

注意：

1）将黑表笔插入 "COM" 插孔，若测量大于 200mA 的电流，则要将红表笔插入 "20A" 插孔并将旋钮打到直流 "20A" 档；若测量小于 200mA 的电流，则将红表笔插入 "200mA" 插孔，将旋钮打到直流200mA 以内的合适量程。调整好后，就可以测量了。将万用表串联进电路中，保持稳定，即可读数。若显示为"1."，就要加大量程；如果在数值左边出现"－"，则表明电流从黑表笔流进万用表。

2）将转换开关转至相应 **A** 档位上，然后将仪表串入被测电路中，被测电流值及红表笔处的电流极性将同时显示在屏幕上。

3）如果事先不知道被测电流范围，应将转换开关转到最高档位，然后按显示值转回相应档上。

4）如显示器显示"1"，表明已超过量程范围，须将转换开关量程调高。

5）最大输入电流为200mA 或者20A（视红表笔插入位置而定），过大的电流会将熔丝熔断，在测量20A 更要注意，该档位没保护，如果连续测量大电流将会使电路发热，会影响测量精度，甚至损坏仪表，测量不得超过10s。过载保护：200mA 以下为0.25A/250V（快速熔断）熔丝保护。

6）电流测量完毕后应将红表笔插回"VΩ"孔，若忘记这一步而直接测电压，万用表或电源会烧坏或报废！

4　交流电流测量

如图2-2-8 所示，"A～"上面黄色线上的档位就是测量交流电流的。交流电流是没有正负的。为了提高电流的测量精度，电流档也分为多个档位，200mA 档的意思只能测200mA 以内的电流。在测量交流电流时，如果能估计出被测电流最大电流值，那就用稍大于最大电流值的档位来测，这样会更准确些。如果不知道最大电流值，那就用最大的档位先测量一下实际值，再根据实际值选一个稍大于实际值的档位测量。

把需要测试电流的线路断开，把数字万用表的两根表笔串联接在断开的线路两头，这样才能测电流。如果把数字万用表表笔直接并联接这两根连负载的线上，就会直接烧表。

注意：

1）将黑表笔插入"COM"插孔，红表笔插入"mA"插孔中（最大为200mA），或红表笔插入"20A"插孔中（最大为20A）。

2）将转换开关转至相应 A～档位上，然后将仪表串入被测电路中。

3）如果事先对被测电流范围没有概念，应将转换开关转到最高档位，然后按显示值转至相应档上。

4）如显示器显示"1"，表明已超过量程范围，须将转换开关调高一档。

5）最大输入电流为200mA 或者20A（视红表笔插入位置而定），过大的电流会将熔丝熔断，在测量20A 时要注意，要将红表笔插入"20A"插孔并将旋钮打到交流"20A"档，该档位无保护，如果连续测量大电流将会使电路发热，会影响测量精度，甚至损坏仪表，时间控制在15s 内。

6）电流测量完毕后应将红笔插回"VΩ"孔，若忘记这一步而直接测电压，数字表或电源会烧坏或报废！

7）数字万用表交流档的适用频率为40～200Hz。

5　电阻测量

如图2-2-9 所示："Ω"标识下面黄色线的位置就是测量电阻的档位，为了提高测量精度，所以分多个档位测量，200 档表示这个档可以测量200Ω 以内的电阻，200kΩ 档表示这个档可以测量200kΩ 以内的电阻，200M 表示这个档可以测200MΩ 以内的电阻。

测量时要保证这个被测电阻是不带电的，带电的话就会烧坏数字万用表。

如果在测量时不知道被测电阻阻值，那就尽量用大点的档位来测量。然后根据测量值再将档位转换开关拨到跟测量值相近的档位。这样才能提高测量的精确度。

将表笔插进"COM"和"VΩ"孔中，把旋钮旋到"Ω"中所需的量程，用表笔接在电阻两端金属部位，测量中可以用手接触电阻，但不要把手同时接触电阻两端，这样会影响测量精确度。

读数时，要保持表笔和电阻有良好的接触；注意单位：在"200Ω"档时，单位是"Ω"，在"2k"到"200k"档时，单位为"kΩ"，"2M"以上的单位是"MΩ"。

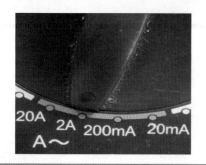

图 2-2-8　测量交流电流的档位选择

图 2-2-9　测量电阻的档位选择

注意：

1）将黑表笔插入"COM"插孔，红表笔插入"V/Ω/Hz"插孔。

2）将转换开关转至相应的电阻量程上，将两表笔跨接在被测电阻上。

3）测量电阻不需"调零"，被测元件接入仪表即可进行测量。

4）如果电阻值超过所选的量程值，则会显示"1."，这时应将转换开关转高一档；反之，量程选得过大，显示屏上会显示一个接近于"0"的数，此时应换用较之小的量程。当测量电阻值超过 1MΩ 以上时，读数需几秒时间才能稳定，这在测量高电阻时是正常的。

5）当输入端开路时，则显示过载情形。

6）测量在线电阻时，要确认被测电路所有电源已关断而所有电容都已完全放电时，才可进行。

7）请勿在电阻量程输入电压！

8）在使用 200Ω 量程时，应先将表笔短路，测得引线电阻，然后在实测中减去。

9）在使用 200MΩ 量程时，将表笔短路，仪表将显示 1.0MΩ，这是正常现象，不影响测量准确度，实测时应减去。例：被测电阻为 100MΩ 读数应为 101.0MΩ，则正确值应从显示读数减去 1.0，即：101.0MΩ − 1.0MΩ = 100.0MΩ。

6　通断测量

1）如图 2-2-10 所示，当旋钮上的点指的位置为"➡•))"时，就是测量二极管好坏和测量线路通断的档位。通常这两个功能是在一个档位上。

2）打在这个档位的时候，如果把两根表笔碰到一起，数字表就会发出"嘀嘀"的响声，此时屏幕上显示"000"，同时通断、相指示灯闪烁，说明两根表笔之间是通的。

同样的道理，如果测量某两点间通不通，就用数字表的两根表笔去碰这两个点，如果数字表响了那就是通的。

注意：

通了都会响，但并不是测到响了就一定是通的，"响"是电流大小的反映。

图 2-2-10　二极管和通断测量的档位选择

1）因为测试的这两个点之间如果有电，数字表也会响，并且容易烧表，所以测量前先断电源。

2）如果数字表测量的这两点之间电阻在 0 ~ 80Ω 之间，万用表也会响，要注意"通"和有电阻的区别。如想获取精准结果，应该配合使用测电阻功能。

3）如果测试大的电解电容，万用表也会响一会儿然后停下来，这是电容器充放电的结果。

4）准确测量需要观察数字表显示屏并根据所测物件来判断。如果数字表测量时一直响而且显示屏上一直显示在相应的阻值范围，那就肯定是通的。

5）测试通断功能是检测是否有开路、短路存在的一种方便迅速的方法，但不是唯一方法，需要与其他方法配合，互相验证。

7　二极管测量

在如图 2-2-10 所示这个档位上测量二极管时，把数字表红表笔接在二极管的正极，黑表笔接在二极管的负极，这时数字表上会显示一个数值，这个数值就是二极管正向导通时的正向压降值，一般硅管为 0.5 ~ 0.7V，锗管为 0.2 ~ 0.3V，发光二极管约为 1.8 ~ 2.3V，若被测发光二极管质量较好，会发出微弱的光。如果把数字万用表表笔接反了，数字表上显示的值就是"1"，意思是无穷大，因为二极管的特性是正向导通，反向截止。

注意：

1）将黑表笔插入"COM"插孔，红表笔插入"V/Ω/Hz"插孔（注意红表笔极性为"＋"，与内部电池的正极相连）。

2）将转换开关置"→▶•))"档，并将表笔连接到待测试二极管，红表笔接二极管正极，读数为二极管正向压降的近似值。

3）将表笔连接到待测线路的两点，如果内置蜂鸣器发声，则两点之间电阻值低于约（70±20）Ω。

8　晶体管 hFE

1）管型和管极的判断：

① 管型判断：晶体管有 3 个极（E、B、C），2 个 PN 结（发射结和集电结），可用二极管档测量三个极间电压，交换表笔，共 6 个测量值，正常情况下，4 个是超过量程显示"1"，2 个是几百毫伏（否则，可能该晶体管已损坏）。

② 确定基极：两次测量为几百毫伏且表笔都连接的同一引脚是基极（B）。该表笔是红表笔则该管是 NPN 型，是黑表笔则是 PNP 型。

③ 判断 E、C 极：比较 2 个几百毫伏读数，稍小的对应集电结（集电极），其原因是为了易于收集载流子，集电结通常比发射结大。

2）将转换开关置于 hFE 档，如图 2-2-11 所示，根据所测晶体管为 NPN 或 PNP 型，并按发射极 E、基极 B、集电极 C 的排列顺序分别插入相应孔中。若读数为几十到几百，说明管子正常且有放大能力，晶体管的集电极、发射极与插孔上的标注相同；如读数在几到十几之间，则表明插反了；读数大的那个值为该晶体管的 hFE 值。

9　电容测量

1）将转换开关置于相应 F 量程范围内，将待测电容插入"COM"和"mA"插座中（注意"COM"端对应于正极＋；"mA"端对应于负极－），如图 2-2-12 所示。

图 2-2-11　用数字万用表测晶体管的 hFE

图 2-2-12　用数字万用表测量电容

2）如果用表笔测量，用表笔对应接入（注意红表笔极性为"＋"极），黑色表笔插入"mA"插孔，红色表笔插入 COM 插孔，而不要插入表笔插孔"COM""VΩ"。将电容端跨接在测试两端进行测量，测量时必须注意极性。

注意：

1）如被测电容超过所选量程之最大值，显示器将只显示"1"，此时则应将转换开关调高一档；电容档量程为 200μF。

2）在测试电容之前，显示器可能尚有残留读数，属正常现象，不会影响测量结果。

3）大电容档测量严重漏电电容时，将显示一数字值且不稳定；若击穿短路，则显示"1"，此时配合通断档验证。

4）在测试电容容量之前，对电容应多次充分放电，以防止损坏仪表。

5）测量大电容时稳定读数需要一定的时间。

10 频率测量（仅限 VC9804A⁺）

1）将表笔或屏蔽电缆接入"COM"和"V/Ω/Hz"输入端。

2）将转换开关转到频率档上，如图 2-2-13 所示将表笔或电缆跨接在信号源或被测负载上。不需要区分极性，此表最大能测量 200kHz 频率。

注意：

1）输入超过 10V（方均根值）时，可以读数，但不保证准确度；

2）在噪声环境下，测量小信号时应使用屏蔽电缆；

3）在测量高电压电路时，千万不要触及高压电路；

4）禁止输入超过 250V 直流或交流峰值的电压，以免损坏仪表。

11 温度测量（仅限 VC9804A⁺）

将转换开关置于℃量程上，如图 2-2-14 所示将热电偶传感器的冷端（自由端）负极（黑色插头）插入"mA"插孔中，正极（红色插头）插入"COM"插孔，热电偶的工作端（测温端）置于待测物上面或内部，可直接从显示器上读取温度值，读数为摄氏度。

如果使用测试附件，请将测试附件插入"COM"和"mA"插座中；注意"COM"端对应于正极；"mA"端对应于负极。

图 2-2-13　用数字万用表测量频率

图 2-2-14　用数字万用表测量温度

12 相线识别（TEST）

1）将黑表笔插入"COM"插孔（或者拔出不插），红表笔插入"V/Ω/Hz"插孔。

2）将转换开关置于 TEST 档粒上，将红表笔接在被测线路上，黑表笔悬空。

3）如果显示器长时间显示"1"，且有声光报警，则红表笔所接的被测线为相线。如果只是瞬间显示"1"且有声光报警马上恢复为零（这只是接触瞬间的感应电压引起的报警）再没有任何变化，则红表笔所接的为零线。

注意：

1）本功能仅检测交流标准市电相线（AC 110V ~ AC 380V）。

2）如果黑表笔插入"COM"插孔，红表笔插入"V/Ω/Hz"插孔并悬空，用黑表笔也可判断相线；如果只插入黑表笔不插红表笔，则无法判断，这都是感应电压引起的结果，所以要按规程操作，避免误判。

13　数据保持

按下保持开关，当前数据就会保持在显示器上；再按一次保持取消。

14　自动断电

当仪表停止使用约（20 ± 10）min 后，仪表便自动断电进入休眠状态，若要重新启动电源，再按一次"POWER"键，就可重新接通电源。

63

15　背光显示

按下"B/L"键，背光灯亮，约 20s 后自动关闭背光功能。

注意：

背光灯亮时，工作电流增大，会造成电池使用寿命缩短及个别功能测量时误差变大。

（五）课堂训练

用数字式万用表（胜利仪表 VC9804A +）分组测量常用的参数，并总结交流测量方法步骤和操作心得。

三、任务小结

在熟悉数字万用表面板的基础上才能熟练使用数字万用表，并按照操作规范和注意事项正确操作，才能获得准确的测量数据，并保证人身和设备安全。

四、课后任务

请查阅网上或者图书资料，把其他型号的数字万用表找到并把使用方法整理出来。

任务 3　数字信号发生器的使用

【任务目标】
- 会识别数字信号发生器面板上各项功能。
- 会用数字信号发生器提供各种电信号。

【任务重点】　会用数字信号发生器提供各种电信号。

【任务难点】　会用数字信号发生器提供各种电信号。

【参考学时】　3 学时

一、任务导入

数字信号发生器所产生的 8 大常用标准检测波形如图 2-3-1 所示。

图 2-3-1　数字信号发生器所产生的 8 大标准波形

二、任务实施

（一）标准信号波形的认识

1　正弦波信号

正弦波信号是指按正弦规律周期性变化的电压或电流信号。正弦波信号可以用下列各要素参数来描述，并且这些参数可以用信号发生器调节出来，也可以用下一任务中的示波器精准测量出来。

① 周期 T：正弦波信号变化一周所需要的时间，单位：秒（s）；

② 频率 f：正弦波信号每秒内变化的次数，单位：赫兹（Hz）；

③ 角频率 ω：每秒变化的弧度，单位：弧度/秒（rad/s）；

④ $\omega t + \psi$：称为正弦量的相位角或相位，它表明正弦量的进程。ψ 表示 $t=0$ 时的相位角称为初相位角或初相位，也表示两个同频率正弦量间的初相位之差。

⑤ 最大值 U_m：正弦波信号的最大瞬时值称为最大值或幅值；

⑥ 峰-峰值（$I_\mathrm{p-p}$）：波形最高点至最低点的电流值。

⑦ 有效值：也叫方均根值，在 1 周期时间内与正弦波信号热效应相等的直流信号值，定义为正弦波信号的有效值，用 I、U、E 等大写字母表示。

2　脉冲信号

1）脉冲信号的识别："脉冲"是指脉动和短促的意思。脉冲信号是指在短暂时间间隔内作用于电路的电压或电流信号。凡是具有不连续波形的信号均可称为脉冲信号，从广义来说，各种非正弦信号统称为脉冲信号。脉冲信号的波形多种多样，如图 2-3-2 所示给出了几种常见的脉冲信号波形。

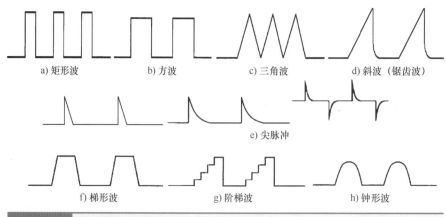

a) 矩形波　　b) 方波　　c) 三角波　　d) 斜波（锯齿波）

e) 尖脉冲

f) 梯形波　　g) 阶梯波　　h) 钟形波

图 2-3-2　几种常见的脉冲信号波形

2）脉冲波形参数：脉冲信号无法被完全描述，只能用一些参数近似描述！为了表征脉冲波形的特性，以便对它进行分析，仅以矩形脉冲波形为例，介绍脉冲波形的参数。如图 2-3-3 所示的矩形脉冲波形，可用以下几个主要参数表示：

① 脉冲信号电压参数的含义，如图 2-3-4 所示。

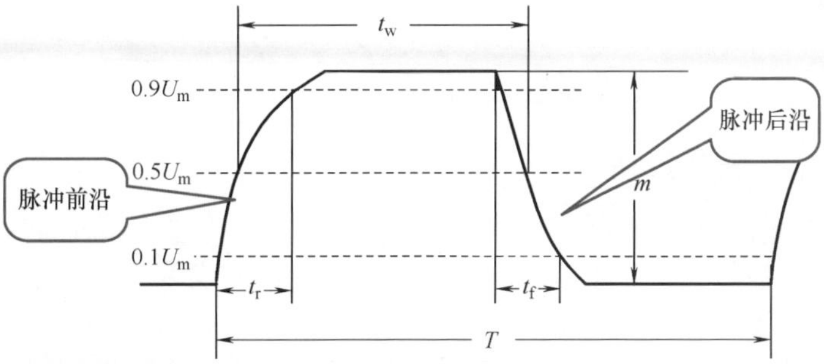

a) 峰-峰值（U_{p-p}）：波形最高点至最低点的电压值；

b) 最大值（U_{max}）：波形最高点至 GND（地）的电压值；

c) 最小值（U_{min}）：波形最低点至 GND（地）的电压值；

d) 幅度（U_{amp}）：波形顶端至底端的电压值；

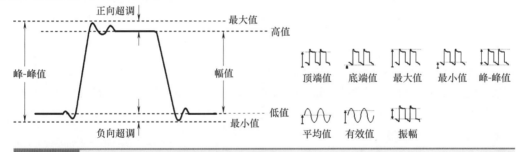

图 2-3-3　脉冲信号波形及其参数

e) 中间值（U_{mid}）：波形顶端与底端电压值和的一半；

f) 顶端值（U_{top}）：波形平顶至 GND（地）的电压值；

g) 底端值（U_{base}）：波形底端至 GND（地）的电压值；

h) 过冲（Overshoot）：波形最大值与顶端值之差与幅值的比值；

i) 预冲（Preshoot）：波形最小值与底端值之差与幅值的比值；

j) 平均值（Average）：1 个周期内信号的平均幅值；

k) 方均根值（U_{rms}）：即有效值。依据交流信号在 1 周期时所换算产生的能量，对应于产生等值能量的直流电压，即方均根值。

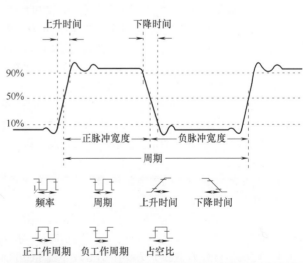

图 2-3-4　脉冲信号电压参数的含义及其简图表示

② 脉冲信号时间参数的含义如图 2-3-5 所示。

a) 周期（T）：周期性重复的脉冲序列中，两个相邻脉冲之间的时间间隔；

b) 频率（f）：表示单位时间内脉冲重复的次数，$f=1/T$；

c) 上升时间（t_r）：脉冲上升沿（也叫前沿）从 $0.1U_m$ 上升到 $0.9U_m$ 所需要的时间；

d) 下降时间（t_f）：脉冲下降沿（也叫后沿）从 $0.9U_m$ 下降到 $0.1U_m$ 所需要的时间；

e) 脉冲宽度（t_w）：从脉冲前沿 $0.5U_m$ 至脉冲后沿 $0.5U_m$ 为止的时间间隔；

f) 延迟（上升沿）：上升沿到上升沿的延迟时间；

g) 延迟（下降沿）：下降沿到下降沿的延迟时间（延迟具有 9 种组合）；

图 2-3-5　脉冲信号时间参数的含义及其简图表示

h）占空比（q）：脉冲宽度与脉冲周期的比值，即 $q = t_w / T$。

（二）信号发生器相关知识

1 信号发生器

凡是产生测试信号的仪器，统称为信号发生器，也称为信号源或振荡器，是一种能提供各种频率、波形和输出电平电信号的设备，在生产实践和科技领域中有着广泛的应用，用于产生被测电路所需特定参数的电测试信号。其中能够产生多种波形，如三角波、锯齿波、矩形波（含方波）、正弦波、甚至任意波形的电路被称为波形发生器，各种波形曲线均可以用三角函数方程式来表示，所以波形发生器又叫作函数信号发生器，有的还具有调制的功能，可以进行调幅、调频、调相、脉宽调制和 VCO 控制。函数信号发生器在电路实验和设备检测中具有十分广泛的用途。例如在通信、广播、电视系统中，都需要射频（高频）发射，这里的射频波就是载波，把音频（低频）、视频信号或脉冲信号运载出去，就需要能够产生高频的振荡器。在工业、农业、生物、医学和家电等领域内，如军事（相控雷达）、宇航、工业自动化控制系统、熔炼（高频感应加热）、淬火、超声诊断、核磁共振成像和家用微波炉、电磁炉等，都需要功率或大或小、频率或高或低的振荡器。

2 信号发生器的功用

1）作激励源：作为某些电气设备的激励信号。

在测试、研究或调整电子电路及设备时，为测定电路的一些电参量，如测量振幅特性、频率特性、传输特性、噪声系数及其他电参数时，以及测量元器件的特性与参数时，用作测试的激励源。

2）做信号源：在设备测量中，常需要产生模拟实际环境相同特性的信号，如对干扰信号进行仿真。

3）校准源：产生一些标准信号，用于对一般信号源进行校准（或比对）。

4）信号调制功能：信号调制是指被调制信号中，幅度、相位或频率变化把低频信息嵌入到高频的载波信号中，得到的信号可以传送从语音、到数据、到视频的任何信号。信号调制可分为模拟调制和数字调制两种，其中模拟调制，如幅度调制（AM）和频率调制（FM）最常用于通信中，而数字调制基于两种状态，允许信号表示二进制数据。

3 信号发生器的分类

如图 2-3-1 所示，8 大常用标准波形按照产生的机理分为 4 类：

1）正弦波信号发生器：主要用于测量电路和系统的频率特性、非线性失真、增益及灵敏度等。按频率覆盖范围分为低频信号发生器、高频信号发生器和微波信号发生器；按输出电平可调节范围和稳定度分为简易信号发生器（即信号源）、标准信号发生器（输出功率能准确地衰减到 −100dBmW 以下）和功率信号发生器（输出功率达数十毫瓦以上）；按频率改变的方式分为调谐式信号发生器、扫频式信号发生器、程控式信号发生器和频率合成式信号发生器等。

2）函数发生器：又称波形发生器，产生函数通用波形。它能产生某些特定的周期性时间函数波形（主要是正弦波、方波、三角波、锯齿波和脉冲波等）信号。频率范围可从几毫赫甚至几微赫的超低频直到几十兆赫。除供通信、仪表和自动控制系统测试用外，还广泛用于其他非电测量领域。

温馨提示：

a）三角波和锯齿波的关系是，锯齿波是三角波的特例，锯齿波的下降沿是垂直向下的；

b）矩形波和方波的关系是，方波是矩形波的特例，方波的正半周和负半周宽度相同。

3）矩形脉冲信号发生器：产生宽度、幅度和重复频率可调的矩形脉冲的发生器，可用来测试线性系统的瞬态响应，或用模拟信号来测试雷达、多路通信和其他脉冲数字系统的性能。

4）随机信号发生器：分为噪声信号发生器和伪随机信号发生器两类。

（三）数字信号发生器的外观

本书就以我们身边的测试专家优利德 UTG2062AF 型函数/任意波发生器为例，为以后方便起见，简称优利德 UTG2062AF 型数字信号发生器，粗略认识各种波形的外观，简单说明数字信号发生器的使用方法。

优利德 UTG2062AF 型函数/任意波（数字信号）发生器及其配置，实物外观如图 2-3-6、图 2-3-7 所示。

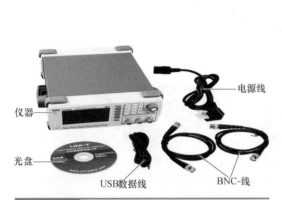

图 2-3-6　优利德 UTG2062AF 型数字信号发生器"全家福"

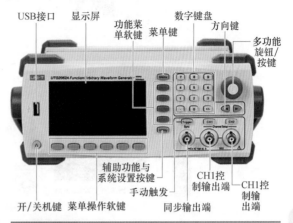

图 2-3-7　优利德 UTG2062AF 型数字信号发生器前面板图

（四）信号发生器面板功能和操作方法

优利德 UTG2062AF 型数字信号发生器面板识别，如图 2-3-8 所示。

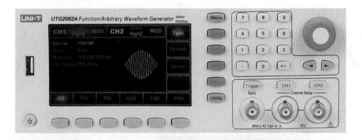

图 2-3-8　优利德 UTG2062AF 型数字信号发生器前面板细节图

优利德 UTC2062AF 型数字信号发生器面板功能和操作方法：

① 电源接口如图 2-3-9 所示。

图 2-3-9　优利德 UTG2062AF 型数字信号发生器电源接口图

② 支架如图 2-3-10 所示。采用可调整支架设计，仪器自带支架设计，可随意转动支撑，方便不同角度观看数据。

③ USB 接口如图 2-3-11 所示。输入输出 USB 端口，插孔标准设计，拔插自如。

④ 信号输入输出端口。优利德 UTG2062AF 型数字信号发生器采用双通道设置（Channel Setup），各有一个通道控制按键和对应的输出端插孔，再通过 BNC 线分别与外部设备如示波器的对应通道相连接。同时还有手动触发控制按键（Trigger）和对应的同步输出端插孔（Sync），如图 2-3-12 所示。

图 2-3-10　优利德 UTG2062AF 型数字信号发生器的可调整支架

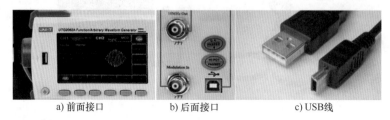

a) 前面接口　　　　　　　b) 后面接口　　　　　　　c) USB线

图 2-3-11　优利德 UTG2062AF 型数字信号发生器的 USB 接口

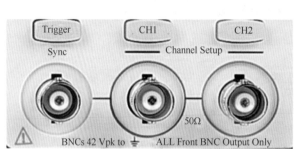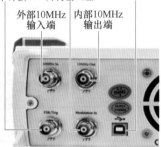

a) 前面板的输出通道按键和插孔　　　　　b) 后面板的输入输出通道插孔

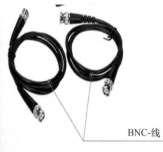

c) BNC转鳄鱼夹线　　　　　　　　d) 双头BNC电缆

图 2-3-12　优利德 UTG2062AF 型数字信号发生器的信号输入输出端口

⑤ 调节旋钮。数字键盘、多功能旋钮/按键，方向键如图 2-3-13 所示。键盘输入频率的具体数值，方向盘是位数（小数点）选择；

⑥ 菜单键和对应的屏幕显示。采用4.3in 大屏幕高清显示，测量数据级功能符号显示，如图 2-3-14 所示。

图 2-3-13　调节旋钮

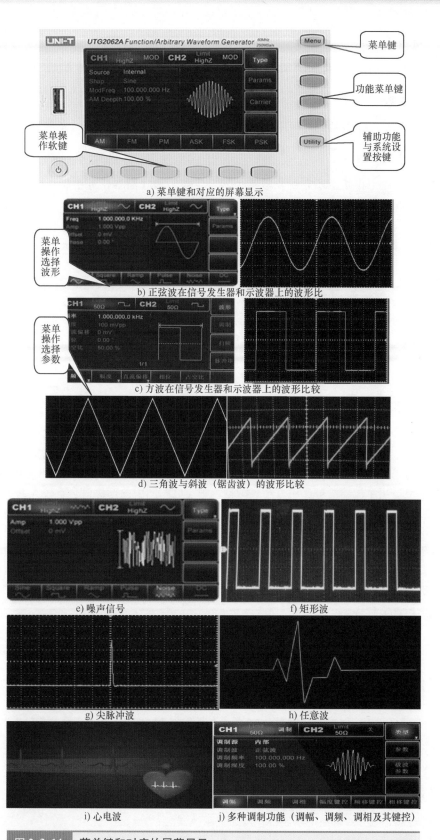

a) 菜单键和对应的屏幕显示

b) 正弦波在信号发生器和示波器上的波形比

c) 方波在信号发生器和示波器上的波形比较

d) 三角波与斜波（锯齿波）的波形比较

e) 噪声信号

f) 矩形波

g) 尖脉冲波

h) 任意波

i) 心电波

j) 多种调制功能（调幅、调频、调相及其键控）

图 2-3-14 菜单键和对应的屏幕显示

（五）课堂训练

调整数字信号发生器（优利德 UTG2062AF）的面板，熟悉面板功能的调整方法，并交流操作心得。

三、任务小结

信号发生器主要与示波器配合使用，只有熟悉信号发生器的面板功能才能熟练地使用。

四、课后任务

利用网络，查一下市场上还有哪款数字信号发生器，和我们本任务中所认识的这款有多少差别？整理出来和小伙伴们分享一下。

任务 4 数字示波器的使用

【任务目标】
- 会识别数字示波器面板上各项功能。
- 会用数字示波器检测各种波形的参数。

【任务重点】 会用数字示波器检测各种波形的参数。

【任务难点】 会用数字示波器检测各种电量。

【参考学时】 11 学时

一、任务导入

随着电子技术的发展，电子产品的品种、档次、智能化水平越来越高，对电子技术的测试提出了更高的挑战。一般来说，直流电压既可用万用表测量，也可用示波器测量，当然，用万用表测量是最为方便和简单的，只要所测电压与电路图上的标称电压相当，即可判断此部分电路供电正常；而脉冲电压一般需用示波器测量，用万用表测量，则与电路图中的标称值会有较大的出入。脉冲电压大都是受控的，示波器能够从纷杂的波形中捕捉到相应的脉冲，并显示出波形的细微差别，所以说示波器是电子工程师的眼睛，今天我们就一起来学习示波器的使用。

本任务中对示波器的介绍均以优利德（UTD2102CEX- EDU）存储式数字示波器为例，主要介绍数字示波器的面板功能和基本使用方法，包括一些常用功能和参数的说明。对示波器的使用有基础了解，能够对大部分常用信号进行调试、显示，并做一些快速的自动测量和参数读数。

二、任务实施

（一）示波器相关知识

1 示波器应用

示波器是有着极其广泛用途的测量仪器之一，借助示波器能形象地观察波形的瞬变过程，还可以测量电压、电流、周期和相位，检查放大器的失真情况等。示波器的型号很多，它的基本使用方法是差不多的。

2 示波器的分类

1）根据输入通道分：单通道示波器；双通道示波器。

2）根据示波器工作原理分：数字示波器；模拟示波器。

3）根据示波器的外观式样不同分：台式、便携式、手持式、平板式，如图 2-4-1 所示。

a) 台式示波器

b) 便携式示波器

c) 手持式示波器

d) 平板式示波器（全触屏）

图 2-4-1　常用示波器外观

3　UTD2102CEX-EDU 数字示波器简介

UTD2102CEX-EDU 数字示波器是我国优利德公司生产的一款数字示波器，具有 100MHz 的带宽，双通道输入，1GS/s 的采样速率，每通道 32kpts 的存储深度，垂直灵敏度 1mV/格 ~20V/格，时基范围 2ns/格 ~50s/格，支持 USB 存储，体积小，量程广，功能全面易用等特点。

（二）数字示波器一般性检查

一台新的 UTD2000/3000 数字存储示波器应按以下步骤对仪器进行检查。

1　检查是否存在因运输造成的损坏

如果发现包装纸箱或泡沫塑料保护垫严重破损，应立即更换。

2　检查附件

可以参照说明检查附件是否有缺少。如果发现附件缺少或损坏，请和经销商联系。

3　检查整机

如果发现仪器因运输造成的损坏，仪器工作不正常，或未能通过性能测试，请注意保留包装，请和经销商联系。数字示波器的"全家福"如图 2-4-2 所示，其中探头照片如图 2-4-3 所示。

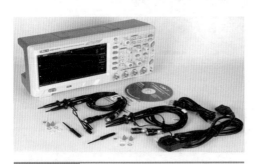

图 2-4-2　数字示波器的"全家福"

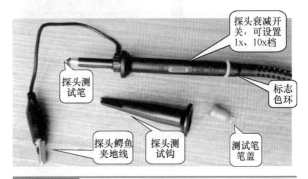

图 2-4-3　数字示波器的探头

（三）数字示波器面板的整体认识

UTD2000/3000 系列数字存储示波器向用户提供简单而功能明晰的前面板，以进行所有的基本操作。各通道的标度和位置旋钮提供了直观的操作，符合传统仪器的使用习惯；同时面板上增加了很多数字化菜单按键，显示屏右侧的一列 5 个按键为菜单操作键（自上而下定义为 F1 ~F5 键），通过它们，可以设置当前菜单的不同选项；其他按键为功能键，通过它们，可以进入不同的功能菜单或直接获得特定的功能应用。用户不必花大量的时间去学习和熟悉数字存储示波器的操作，即可熟练使用。为加速调整，便于测量，用户可直接按 AUTO 键，仪器则显现适合的波形和档位设置。除易于使用之外，UTD2000/3000 系列数字存储示波器还具有更快完成测量任务所需要的高性能指标和强大功能。通过实时采样和等效采样，可在 UTD2000/3000 数字存储示波器上观察更快的信号。强大的触发和分析能力使其易于捕获和分析波形。清晰的液晶显示（5.7in 屏和 7in 屏）和数学运算功能，便于用户更快更清晰地观察和分析信号问题。该系列最常用的两款示波器 UTD2052CL 和 UT2102C 面板和功能分区如图 2-4-4、图 2-4-5 所示，分区说明和中英文对照见表 2-4-1、表 2-4-2，数字存储示波器屏幕界面显示图如图 2-4-6 所示。

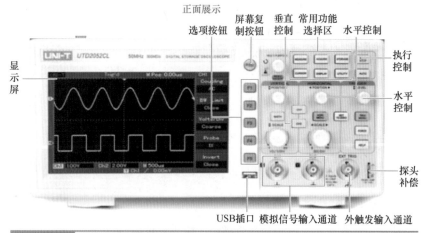

图 2-4-4　数字示波器 UTD2052CL 的前面板功能分区

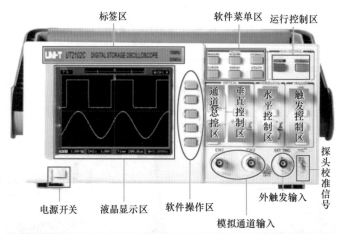

图 2-4-5　数字示波器 UT2102C 的前面板功能分区

表 2-4-1　数字示波器前面板功能分区说明

编号	名　称	功　能　说　明
1	电源开关	
2	标签区	
3	液晶显示区	高清晰彩色 LCD 显示器具有 320×234 的分辨率
4	软件操作区	对应不同的功能键 F1~F5，菜单会有所不同
5	软件菜单区 （常用功能选择区）	MEASURE：自动测量 ACQUIRE：采样系统设置 STORAGE：储存/读取 USB 和内部存储器的图像、波形和设定储存 CURSOR：光标测量（水平与垂直设定的光标） DISPLAY：显示系统（模式）的设定 UTILITY：（辅助）系统（功能）设定

（续）

编号	名 称	功能说明
6	运行控制区	AUTO：自动搜寻信号和设定；RUN/STOP：运行或停止波形采样
7	通道总控区	屏幕显示对应通道的操作菜单、标志、波形和档位状态信息
8	垂直控制区	调节波形在垂直方向的位置
9	水平控制区	将波形往右（顺时针旋转）移动或往左（逆时针旋转）移动
10	触发控制区	触发信号的设定
11	模拟信号输入通道	通道1：CH1；通道2：CH2
12	外触发输入	外触发信号输入端口
13	探头校准信号	输出幅值3V，频率1kHz的方波校准信号
14	PrtSc	屏幕复制

表 2-4-2 中英文面板对照表

英文面板	中文面板	英文面板	中文面板
SELECT	选择	MULTI PURPOSE	多功能旋钮控制器
MEASURE	自动测量	SET TO ZERO	置零（居中）
ACQUIRE	获取（设置）采样方式	MENU	菜单
STORAGE	存储和调出	FORCE	强制触发
RUN/STOP	运行/停止	HELP	帮助
COARSE	粗调	VERTICAL	垂直
CURSOR	光标测量	HORIZONTAL	水平
DISPLAY	设置显示方式	TRIGGER	触发
UTILITY	辅助系统设定	▲▼POSITION	（垂直）位置
AUTO	自动设置按钮	◄POSITION►	（水平）位置
CH1	CH1 通道输入	LEVEL	触发电平
CH2	CH2 通道输入	SCALE	标度，刻度
MATH	数学运算	VOLTS/DIV	伏/格
REF	参考	SEC/DIV	秒/格
ON/OFF	（电源）开/关	PrtSc	屏幕复制功能键

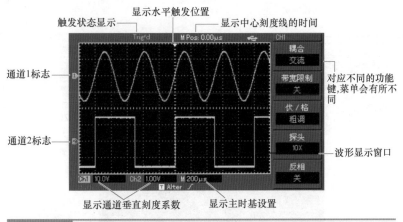

图 2-4-6 数字存储示波器屏幕界面显示图

（四）功能检查与使用方法

做一次快速功能检查，以核实本仪器运行是否正常。请按如下步骤进行：

1 检查示波器的系统设置

将本机接通电源，电源的供电电压为 AC 100V 至 AC 240V，频率为 45～440Hz。接通电源后，为了让数字存储示波器工作在最佳状态，可在热机 30min 后，按菜单区的 UTILITY（辅助系统设定）菜单，按 F1 执行自校正；然后按 F5 进入下一页按 F1，调出出厂设置，使示波器达到最佳工作状态，整个步骤如图 2-4-7 所示。警告：为避免危险，请确认数字存储示波器已经安全接地。

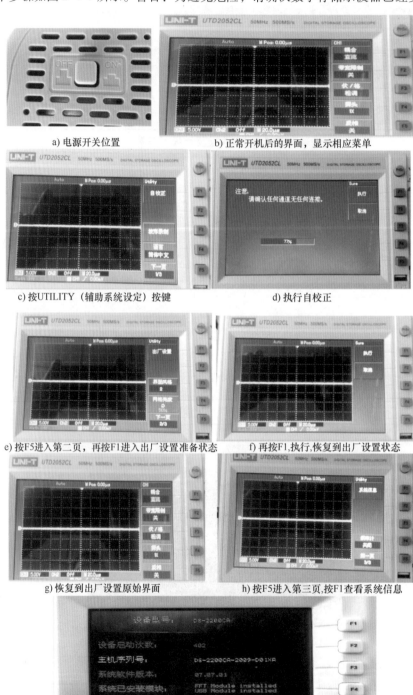

a) 电源开关位置　　　　　　　　b) 正常开机后的界面，显示相应菜单

c) 按UTILITY（辅助系统设定）按键　　　　　　d) 执行自校正

e) 按F5进入第二页，再按F1进入出厂设置准备状态　　f) 再按F1,执行,恢复到出厂设置状态

g) 恢复到出厂设置原始界面　　　　h) 按F5进入第三页,按F1查看系统信息

i) 系统信息界面

图 2-4-7　　检查示波器的系统设置

2 测量校正方波信号，进行探头补偿

1）示波器上的输入、输出端子：UTD2000/3000 系列数字存储示波器为双通道输入（CH1、CH2），另有一个外触发输入通道（EXT TRIG），最右下角有一个校正信号输出端，如图 2-4-8 所示。

2）校正方波信号的接入：

① 将数字存储示波器探头连接到 CH1 输入端，并将探头上的衰减倍率开关设定为 ×10；

② 在数字存储示波器上需要设置探头衰减系数。衰减系数改变仪器的垂直档位倍率，从而使得测量结果正确反映被测信号的幅值。设置探头衰减系数的方法如下：F4 使菜单显示 10 ×；

③ 把探头的探钩和接地夹连接到探头补偿信号的相应连接端上（PROBE COMP）。按 AUTO 按钮。几秒钟内，可见到方波显示 [1kHz，约 3V（峰-峰值）]，如图 2-4-9 所示。以同样的方法检查 CH2，按 CH2 功能按钮以打开 CH2，重复步骤②和步骤③。

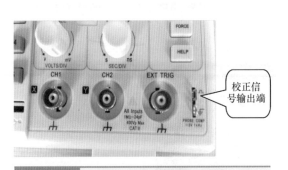

图 2-4-8 示波器上的输入通道和输出端子

校正信号输出端

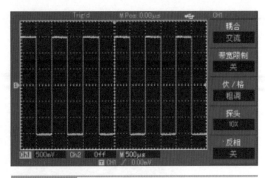

图 2-4-9 探头补偿信号

75

3）探头补偿：在首次将探头与任一输入通道连接时，需要进行此项调节，使探头与输入通道相配。未经补偿校正的探头会导致测量误差或错误。若调整探头补偿，请按如下步骤：

① 将探头菜单衰减系数设定为 10 ×，探头上的开关置于 10 ×，并将数字存储示波器探头与 CH1 连接。如使用探头钩形头，应确保与探头接触可靠。将探头端部与探头补偿器的信号输出连接器相连，接地夹与探头补偿器的地线连接器相连，打开 CH1，然后按 AUTO；

② 观察显示的波形；

③ 如显示波形如图 2-4-10a、c "补偿过度" 或 "补偿不足"，用非金属手柄的小螺钉旋具调整探头上的可变电容，直到屏幕显示的波形如图 2-4-10b 所示 "补偿正确"。警告：为避免使用探头在测量高电压时被电击，请确保探头的绝缘导线完好，并且连接高压源时请不要接触探头的金属部分。

a) 补偿过度　　　　b) 补偿正确　　　　c) 补偿不足

图 2-4-10 探头补偿校正

3 波形显示的自动设置

UTD2000/3000 系列数字存储示波器具有自动设置的功能。自动设置可以简化操作，将被测信号连接到信号输入通道，按下 AUTO 按键时，数字存储示波器能自动根据波形的幅度和频率，可自动调整垂直偏转系数和水平时基档位以及触发方式，直至最佳适宜观察的波形稳定地显示在屏幕上，这一过程也叫粗调。如果需要进一步仔细观察，在自动设置完成后可再进行调整，直至使波形显示达到需要的最佳效果，这一过程也叫细调。应用自动设置要求被测信号的频率大于或等于 50Hz，占空比大于 1%。在进行自动设置时，系统设置见表 2-4-3。

表 2-4-3　波形显示的自动设置

功　　能	设　　　置
获取方式	采样
显示格式	设置为 YT
水平位置	自动调整
秒/格	根据信号频率调整
触发耦合	交流
触发释抑	最小值
触发电平	设为 50%
触发模式	自动
触发源	设置为 CH1，但如果 CH1 无信号，CH2 施加信号时，则设置到 CH2
触发斜率	上升
触发类型	边沿
垂直带宽	全部
伏/格	根据信号幅度调整

为加速调整，便于测量，用户可直接按下"AUTO"键，仪器则显示最适合的波形和档位设置，实例如图 2-4-11 所示。

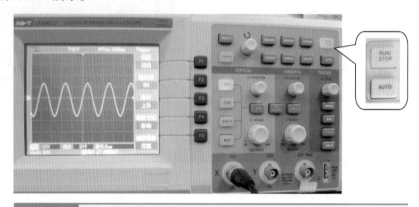

图 2-4-11　波形自动设置举例

4　使用 RUN/STOP（运行/停止）按键

在数字存储示波器前面板最右上角，有一个按键：RUN/STOP，该键使波形采样在运行（连续采集波形）和停止（采集）间切换，当按下该键并有绿灯亮时，表示运行状态，屏幕上部显示"Auto"，数字存储式示波器连续采集波形，波形不断闪烁变化，不容易读数；如果再按一下，停止波形采样且按键变为红色，屏幕上部显示"Stop"，数字存储示波器停止采集，此时波形定格，便于读数。整个过程类似于视频的播放与暂停，实例如图 2-4-12 所示。

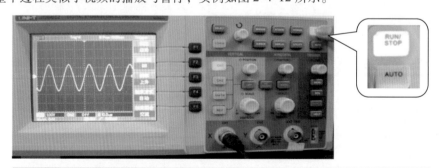

图 2-4-12　RUN/STOP 按键操作举例

5 垂直控制系统设置

垂直控制区识别：如图2-4-13所示，在垂直控制区（VERTICAL）有一系列的按键（通道CH1和CH2、MATH数学运算、SET TO ZERO居中或置零按键）、旋钮（POSITION垂直位置旋钮，SCALE垂直标度或者衰减旋钮）。下面的练习逐渐引导读者熟悉垂直设置的使用。

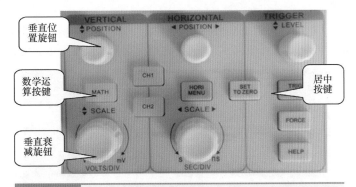

图2-4-13	面板上的垂直控制区识别

1）旋钮调节：

① 垂直位置旋钮。使用垂直位置旋钮（POSITION）使波形在窗口中最佳位置显示，信号垂直位置旋钮控制信号的垂直显示位置。当旋动垂直位置旋钮时，显示的波形会上下移动，移动值则显示于屏幕左下方，指示通道地（GROUND）的标识跟随波形而上下移动。按SET TO ZERO键，波形回到零点（中点），操作过程如图2-4-14所示。

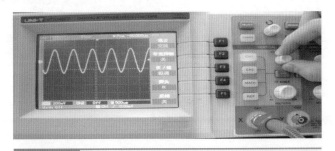

图2-4-14	垂直位置旋钮的操作

② 垂直标度（衰减）旋钮。使用垂直标度（衰减）旋钮调整所选通道波形的显示幅度。改变"Volt/div（伏/格）"垂直档位，同时波形窗口下方的状态栏对应通道显示的幅值和档位显示信息也会发生变化（最大或者最小都会出现红字提示"调节已到极限"）。粗调以1-2-5步进方式确定垂直档位灵敏度，操作过程如图2-4-15所示。细调是在当前档位进一步调节波形的显示幅度。

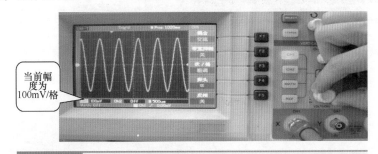

图2-4-15	垂直标度旋钮的操作

2）按键设定：

① 按 CH1、CH2、MATH、REF，屏幕显示对应通道的操作菜单、标志、波形和档位状态信息。

② 双模拟通道垂直位置恢复到零点快捷键：SET TO ZERO。该键用来将垂直移位/水平移位/触发释抑的位置回到零点（中点）。其中 UTD2000L 系列会将触发电平也回到 50% 位置。

6 信号通道选择

1）通道按键的选择：每个通道有独立的垂直菜单。每个项目都按不同的通道单独设置，按 CH1 或 CH2 功能按键，系统显示 CH1 或 CH2 通道的操作菜单，操作指示如图 2-4-16 所示。

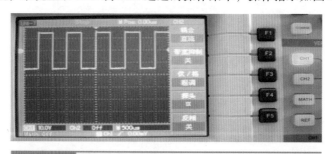

图 2-4-16　通道 CH1 的选择

按下 CH1 按键，选择通道 1 的波形，同时 CH1 按键变为绿色，如图 2-4-17 所示。

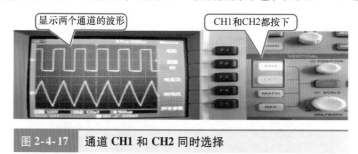

图 2-4-17　通道 CH1 和 CH2 同时选择

2）通道菜单的含义：如图 2-4-18 及表 2-4-4 所示。

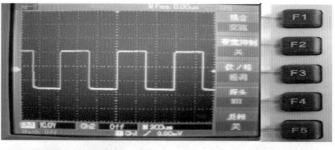

图 2-4-18　通道菜单及其含义

表 2-4-4　通道操作菜单设定及其说明

功能菜单	设　　定	说　　明
耦合	交流	阻挡输入信号的直流成分
	直流	通过输入信号的交流和直流成分
	接地	断开输入信号

（续）

功能菜单	设　定	说　　明
带宽限制	打开 关闭	限制带宽至 20MHz，以减少显示噪声 满带宽
伏/格	粗调 细调	粗调按 1-2-5 进制设定垂直偏转系数 微调则在粗调设置范围之间进一步细分，以改善垂直分辨率
探头	1×、10×、 100×、1000×	根据探头衰减系数选取其中一个值，以保持垂直偏转系数的读数正确。共有 四种：1×、10×、100×、1000×
反相	开关	打开波形反向功能 波形正常显示

3）通道菜单的使用：

① 设置通道耦合。

a）交流耦合方式。以信号施加到 CH1 通道为例，被测信号是一含有直流分量的正弦信号。按 F1 选择为"交流 AC"，设置为交流耦合方式。被测信号含有的直流分量被阻隔（滤除），这种方式方便用更高的灵敏度显示信号的交流分量。波形显示如图 2-4-19 所示。

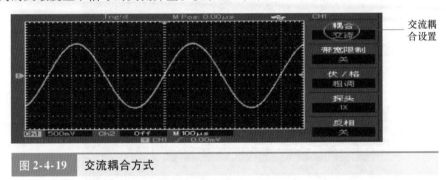

图 2-4-19　交流耦合方式

b）直流耦合方式。按 F1 选择为"直流（DC）"，输入到 CH1 通道被测信号的直流分量和交流分量都可以通过，同时被显示，可以通过观察波形与信号地之间的差距来快速测量信号的直流分量。波形显示如图 2-4-20 所示。

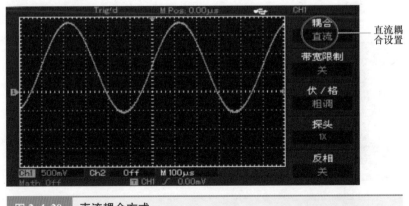

图 2-4-20　直流耦合方式

c）接地方式。按 F1 选择为接地，通道设置为接地方式。被测信号含有的直流分量和交流分量都被阻隔。波形显示如图 2-4-21 所示。（注：在这种方式下，尽管屏幕上不显示波形，但输入信号仍与通道电路保持连接）。

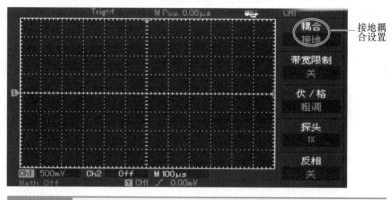

接地耦
合设置

图 2-4-21　接地方式

② 设置通道带宽限制。

a）以在 CH1 输入一个 40MHz 左右的正弦信号为例，按 CH1 打开 CH1 通道，然后按 F2，设置"带宽限制"为关，此时通道带宽为全带宽，被测信号含有的高频分量都可以通过，波形显示如图 2-4-22所示。

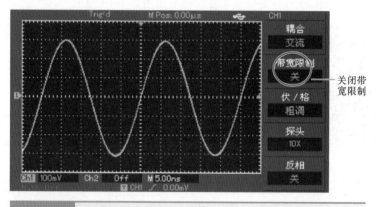

关闭带
宽限制

图 2-4-22　带宽限制关闭时的波形显示

b）按 F2 设置"带宽限制"为"开"，此时被测信号中高于 20MHz 的噪声和高频分量被大幅度衰减，波形显示如图 2-4-23 所示。

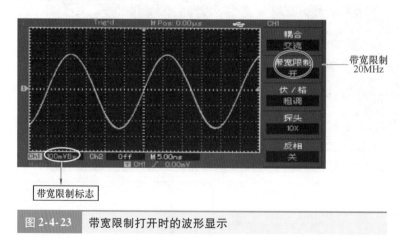

带宽限制
20MHz

带宽限制标志

图 2-4-23　带宽限制打开时的波形显示

③ 设定探头倍率。为了配合探头的衰减系数设定，需要在通道操作菜单中相应设置探头衰减

系数。探头衰减系数改变仪器的垂直档位比例，设定时必须使探头上红色开关的设定值与输入通道"探头"菜单的衰减系数一致。如探头衰减系数为10:1，则通道菜单中探头系数相应设置10×，其余类推，以确保电压读数正确，如图2-4-24所示示例为应用10:1探头时的设置及垂直档位的显示。

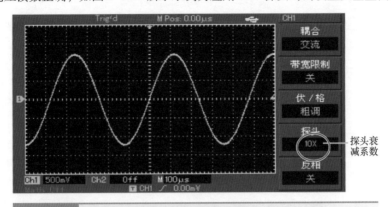

图2-4-24　通道菜单中的探头衰减系数设定

④ 垂直伏/格调节设置。垂直偏转系数"伏/格"档位调节，分为粗调和细调两种模式。在粗调时，伏/格范围是2mV/格~5V/格（或10V/格），或1mV/格~20V/格；以1-2-5方式步进。在细调时，指在当前垂直档位范围内以更小的步进改变偏转系数，从而实现垂直偏转系数在所有垂直档位内无间断地连续可调，如图2-4-25所示。

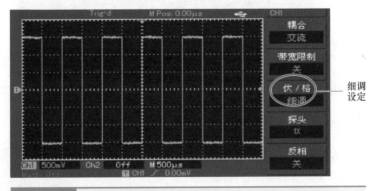

图2-4-25　垂直偏转系数粗调和细调

4）波形反相的设置：显示信号的相位翻转180°。未反相的波形如图2-4-26a所示，反相后的波形如图2-4-26b所示。

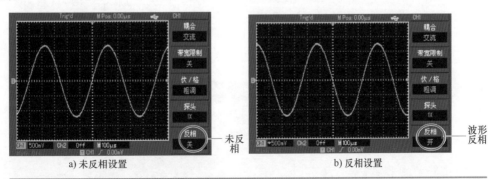

a) 未反相设置　　　　　　　　　b) 反相设置

图2-4-26　垂直通道波形反相的设置

5）数学运算功能的实现·数学运算功能是显示 CH1、CH2 通道波形相加、相减、相乘、相除运算的结果。其菜单见表 2-4-5，加法运算波形如图 2-4-27 所示。

表 2-4-5　数学运算菜单说明

功能菜单	设　定	说　明
类型	数学	进行 +、−、×、÷ 运算
信源 1	CH1	设定信源 1 为 CH1 通道波形
	CH2	设定信源 1 为 CH2 通道波形
算子	+	信源 1 + 信源 2
	−	信源 1 − 信源 2
	×	信源 1 × 信源 2
	÷	信源 1 ÷ 信源 2
信源 2	CH1	设定信源 2 为 CH1 通道波形
	CH2	设定信源 2 为 CH2 通道波形

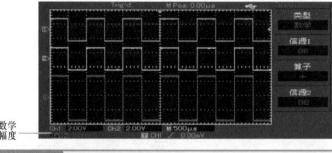

图 2-4-27　加法运算波形图

7　水平控制系统的设置

水平控制系统的设置如图 2-4-28 所示，主要用于设置水平时基。在水平控制区有两个按键（HORI MENU、SET TO ZERO）、两个旋钮 [水平位置控制旋钮（POSITION）、水平（标）刻度旋钮（SCALE）]。下面的练习逐渐引导读者熟悉水平时基的设置。

1）旋钮：

① 使用水平位置控制旋钮（POSITION）调整信号在波形窗口的水平位置。水平位置旋钮控制信号的触发移位。当应用于触发移位时，转动水平位置旋钮，可以观察到波形随旋钮而水平移动。使用水平控制旋钮可改变水平刻度（时基）、触发在内存中的水平位置（触发位置）。屏幕水平方向上的垂直中点是波形的时间参考点。水平中心位置调整如图 2-4-29 所示。

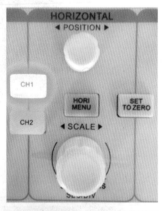

图 2-4-28　面板上的水平控制区

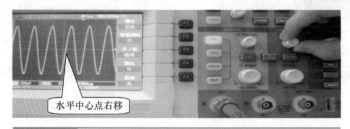

水平中心点右移

图 2-4-29　水平中心位置调整

82

顺（或逆）时针旋转水平位置旋钮，波形向右（或向左）移动。按 SET TO ZERO 键，波形水平中心点回到零点（中点）。

　　② 使用水平刻度旋钮（SCALE）改变水平时基档位设置，并观察状态信息变化，如图 2-4-30 所示。转动水平刻度旋钮改变"s/div"时基档位，可以发现状态栏对应通道的时基档位显示发生了相应的变化。水平扫描速率从 2ns/div～50s/div，以 1－2－5 方式步进。注意：UTD2000/3000 系列数字存储示波器，因其型号不同，水平扫描时基级也有差别。

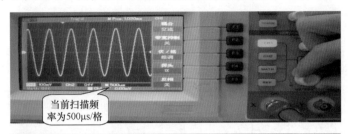

当前扫描频率为500μs/格

图 2-4-30　水平时基档位调整

　　顺时针（或逆时针）旋转旋钮，水平扫描速率增大（或减小）。改变水平刻度会导致波形相对屏幕中心扩张或收缩，水平位置改变时即相对于波形触发点的位置变化。

　　水平位置：调整通道波形（包括数学运算）的水平位置。这个控制键的解析度根据时基而变化。

　　水平标度：调整主时基，即 s/div。当扩展时基被打开时，将通过改变水平标度旋钮改变延迟扫描时基而改变窗口宽度。

　　2）水平软件菜单：

　　① SET TO ZERO：居中，按 SET TO ZERO 键，波形水平中心点回到零点（中点）。

　　② 5.7in 屏示波器按 MENU 按钮（7in 屏示波器按"HORI MENU"按钮），显示 ZOOM（视窗扩展）菜单，按钮位置如图2-4-31所示，

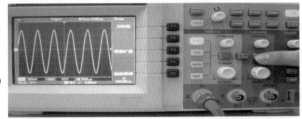

图 2-4-31　按下 MENU 按键

ZOOM 菜单使用说明见表 2-4-6，视窗扩展前后波形比较如图 2-4-32 所示。

表 2-4-6　水平控制按键菜单

功能菜单	设　定	说　明
主时基（F1）	—	打开主时基 如果在视窗扩展被打开后，按主时基则关闭视窗扩展
视窗扩展（F3）	—	打开扩展时基，视窗扩展用来放大一段波形，以便查看图像细节
触发释抑（F5）	—	调节释抑时间

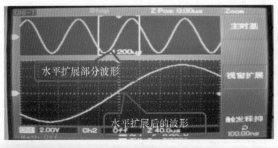
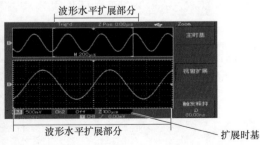

图 2-4-32　视窗扩展下的波形显示

③ 视窗扩展菜单的使用。视窗扩展用来放大一段波形，以便查看图像细节。视窗扩展的设定不能慢于主时基的设定。在扩展时基下，分两个显示区域，如图 2-4-32 所示。上半部分显示的是原波形，此区域可以通过转动水平 POSITION 旋钮左右移动，或转动水平 SCALE 旋钮扩大和减小选择区域。下半部分是选定的原波形区域经过水平扩展的波形。值得注意的是，扩展时基相对于主时基提高了分辨率（见图 2-4-32）。由于整个下半部分显示的波形对应于上半部分选定的区域，因此转动水平 SCALE 旋钮减小选择区域可以提高扩展时基，即提高了波形的水平扩展倍数。

8　触发控制系统

　　触发决定了数字存储示波器何时开始采集数据和显示波形。一旦触发被正确设定，它可以将不稳定的显示转换成有意义的波形。数字存储示波器在开始采集数据时，先收集足够的数据用来在触发点的左方画出波形。数字存储示波器在等待触发条件发生的同时连续地采集数据。当检测到触发后，数字存储示波器连续地采集足够多的数据以在触发点的右方画出波形。数字存储示波器操作面板的触发控制区（TRIGGER）如图 2-4-33 所示，有一个旋钮（触发电平调整旋钮 LEVEL）、三个按键（TRIG MENU 触发菜单、FORCE 强制触发信号、HELP）。下面的练习逐渐引导读者熟悉触发系统的设置。

图 2-4-33　触发控制区

　　1）触发电平旋钮 LEVEL：触发电平是设定触发点对应的信号电压。使用触发电平旋钮 LEVEL 改变触发电平，可以在屏幕上看到触发标志来指示触发电平线，随旋钮转动而上下移动。在移动触发电平的同时，可以观察到在屏幕下部的触发电平的数值相应变化。

　　2）菜单功能按键：

　　①"触发菜单 TRIG MENU"按键。按下"触发菜单 TRIG MENU"按键，屏幕上会出现触发菜单，如图 2-4-34 所示，用以改变触发设置，触发菜单含义及设置方法见表 2-4-7。

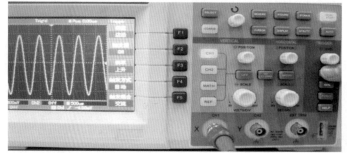 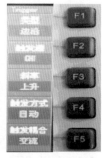

图 2-4-34　触发菜单 TRIGGER MENU 按键操作

表 2-4-7　触发菜单设置和说明

功能菜单	设　定	说　明
触发类型	边沿	在输入信号的上升沿、下降沿触发
信源选择	CH1	设置 CH1 作为信源触发信号
	CH2	设置 CH2 作为信源触发信号
	EXT	设置外触发输入通道作为信源触发信号
	EXT/5	设置外触发源除以 5，扩展外触发电平范围
	市电	设置市电触发
	交替	CH1、CH2 分别交替地触发各自的信号

（续）

功能菜单	设　定	说　　　明
斜率	上升	设置在信号上升边沿触发
	下降	设置在信号下降边沿触发
	上升/下降	设置在信号上升/下降边沿触发
触发方式	自动	设置在没有检测到触发条件下也能采集波形
	正常	设置只有满足触发条件时才采集波形
	单次	设置当检测到一次触发时采样一个波形然后停止
触发耦合	交流	阻挡输入信号的直流成分
	直流	通过输入信号的交流和直流成分
	高频抑制	抑制信号中的高频分量（超过80kHz），只允许低频分量通过
	低频抑制	抑制信号中的低频分量（低于80kHz及直流），只允许高频分量通过

触发类型简介：

a）边沿触发。当触发信号的边沿到达某一给定电平时，触发产生。边沿触发方式是在输入信号边沿的触发阈值上触发，在选取"边沿触发"时，即在输入信号的上升沿、下降沿触发；

b）脉宽触发。当触发信号的脉冲宽度达到设定的触发条件时，触发产生。脉宽触发是根据脉冲的宽度来确定触发时刻。可以通过设定脉宽条件捕捉异常脉冲；

c）交替触发。适用于触发没有频率关联的信号。在交替触发时，触发信号来自于两个垂直通道，这种触发方式可用于同时观察信号频率不相关的两个信号。交替触发波形显示如图2-4-35所示，菜单设定见表2-4-8。

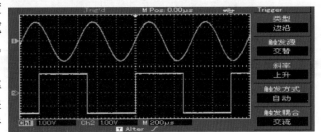

图 2-4-35　交替触发方式观察两个不同频率的信号

表 2-4-8　交替触发方式菜单设置

功能菜单	设　定	说　　　明
类型	边沿	设置触发方式为边沿
触发源	交替	CH1 和 CH2 交替触发
斜率	上升	设置触发斜率为上升沿
触发方式	自动	设置触发方式为自动
触发耦合	交流	设置触发耦合方式为交流

② 7in屏示波器按SET TO ZERO键（5.7in屏示波器按50%按钮），设定触发电平在触发信号幅值的垂直中点。

③ 按FORCE按钮，强制产生一触发信号，主要应用于触发方式中的正常和单次模式。

9　常用功能控制区（软件菜单区）

1）自动测量MEASURE：如图2-4-36所示，MEASURE为自动测量功能按键。下面的介绍将使读者逐渐熟悉该系列数字存储示波器所具有的强大的自动测量功能。

图 2-4-36　软件菜单区的功能按键

① 自动测量功能按键的使用和菜单调出。本系列示波器的测量菜单可测量 28 种波形参数。按 MEASURE 键，屏幕显示如图 2-4-37 所示，首先进入参数测量显示菜单，菜单设置见表 2-4-9，该菜单有 5 个可同时显示测量值的区域，分别对应于功能键 F1～F5。对于任一个区域需要选择测量种类时，·可按相应的 F 键，以进入测量种类选择菜单。

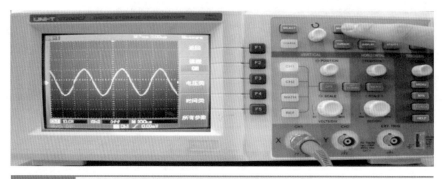

图 2-4-37　自动测量功能按键的使用和菜单调出

表 2-4-9　自动参数测量显示菜单设置

功能菜单	设　定	说　明
按 F1，返回	—	返回到参数测量显示菜单
按 F2，信源	CH1 CH2	选择测量参数的通道 选择测量参数的通道
按 F3，电压类	—	进入电压类的参数菜单
按 F4，时间类	—	进入时间类的参数菜单
按 F5，所有参数	—	显示/关闭所有测量参数

② 自动参数测量显示菜单的使用。测量种类选择菜单分为电压类和时间类两种，可分别选择进入电压或时间类的测量种类，并按相应的 F1～F5 选择测量种类后，退回到参数测量显示菜单。另外，还可按 F5 选择"所有参数"显示电压类和时间类的全部测量参数；按 F2 可选择要测量的通道（通道开启才有效），若不希望改变当前的测量种类，可按 F1 返回到参数测量显示菜单。

③ 电压参数的自动测量。"电压类"测量所包含的菜单，菜单中测量项目说明见表 2-4-10～表 2-4-13。

表 2-4-10　电压参数的自动测量第 1 页菜单

功能/测量项目	说　明
返回	返回到表 2-4-9 的菜单
预冲	选择后返回参数测量显示菜单并替换原位置参数
幅度	同上
过冲	同上
下一页（1/4）	翻页

表 2-4-11　电压参数的自动测量第 2 页菜单

功能/测量项目	说　明
上一页	返回到上一页
平均值	选择后返回参数测量显示菜单，并替换原位置参数
峰-峰值	同上
方均根	同上
下一页（2/4）	翻页

表 2-4-12　电压参数的自动测量第 3 页菜单

功能/测量项目	说　明
上一页	返回到上一页
顶端值	选择后返回参数测量显示菜单，并替换原位置参数
底端值	同上
中间值	同上
下一页（3/4）	翻页

表 2-4-13　电压参数的自动测量第 4 页菜单

功能/测量项目	说　明
上一页	返回到上一页
最大值	选择后返回参数测量显示菜单，并替换原位置参数
最小值	同上
—	—
下一页（4/4）	返回到第一页（见表 2-4-9）

例题 1：如果要求在 F1 区域显示 CH2 通道的测量峰-峰值，其步骤如下：

Ⅰ. 按 F1 键，进入测量种类选择菜单；

Ⅱ. 按 F2 键，选择通道 2（CH2）；

Ⅲ. 按 F3 键，选择电压类；

Ⅳ. 按 F5 键（下一页 2/4），可看到 F3 的位置就是"峰-峰值"；

Ⅴ. 按 F3 键，即选择了"峰-峰值"并自动退回到参数测量显示菜单，在测量菜单首页，"峰-峰值"已显示在 F1 区域。

④ 时间参数的自动测量。

"时间类"测量所包含的菜单，"时间类"所包含的菜单见表 2-4-14～表 2-4-16。

表 2-4-14　时间参数的自动测量第 1 页菜单

功能/测量项目	说　明
返回	返回到表 2-4-9 的菜单
频率	选择后返回参数测量显示菜单，并替换原位置参数
周期	同上
下一页（1/3）	翻页

表 2-4-15　时间参数的自动测量第 2 页菜单

功能/测量项目	说　明
上一页	返回到上一页
下降时间	选择后返回参数测量显示菜单，并替换原位置参数
正脉宽	同上
负脉宽	同上
下一页（2/3）	翻页

表 2-4-16　时间参数的自动测量第 3 页菜单

功能/测量项目	说　明
上一页	返回到上一页
延迟	选择后进入延迟选项菜单
正占空比	选择后返回参数测量显示菜单，并替换原位置参数
负占空比	同上
第一页（3/3）	返回到第一页（见表 2-4-14）

例题2：观测电路中一未知信号，讯速显示和测量信号的频率和峰 峰值。

1）欲迅速显示该信号，按如下步骤操作：

① 将探头菜单衰减系数设定为 10×（按 F4，探头菜单设定为 10×），如图 2-4-38 所示，并将探头上的开关设定为 10×（保持一致）；

② 将 CH1 的探头连接到电路被测点；

③ 按下 AUTO 按钮。数字存储示波器将自动设置使波形显示达到最佳。在此基础上，可以进一步调节垂直、水平档位，直至波形的显示符合要求。

2）自动测量信号的参数：数字存储示波器可对大多数显示信号进行自动测量。欲测量信号的参数，我们分析出两套方案供选择：

方案1：

请按如下步骤操作：

Ⅰ. 按 MEASURE 键，以显示自动测量菜单；

Ⅱ. 按下 F1，进入测量菜单种类选择；

Ⅲ. 按下 F3，选择电压类；

Ⅳ. 按下 F5 翻至 2/4 页，再按 F3 选择测量类型"峰-峰值"；

Ⅴ. 按下 F2 进入测量菜单种类选择，再按 F4 选择"时间类"；

Ⅵ. 按 F2 即可选择测量类型"频率"。此时"峰-峰值"和"频率"的测量值分别显示在 F1 和 F2 的位置，如图 2-4-39 所示。

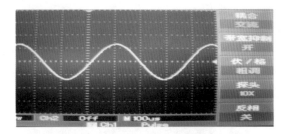

图 2-4-38　设定探头菜单衰减系数

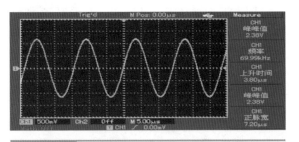

图 2-4-39　自动测量

方案2：

请按如下步骤操作：

Ⅰ. 按下功能区的 MEASURE 键，显示自动测量菜单；

Ⅱ. 按下 F5，选择所有参数，菜单屏显和功能键如图 2-4-40 所示；

Ⅲ. 显示所有参数的值，如图 2-4-41 所示，从所有参数里直接读取"频率"和"峰-峰值"。

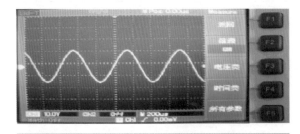

图 2-4-40　"所有参数"菜单屏显和功能键

图 2-4-41　屏幕显示所有参数的值

2）采样系统设置（ACQUIRE）：如图 2-4-36 所示，在功能控制区的 ACQUIRE 为采样系统的功能按键。按下 ACQUIRE 按键，弹出采样设置菜单，通过菜单控制按钮调整采样功能。采样设置菜单见表 2-4-17。

表 2-4-17　采样设置菜单

功能菜单	设　定	说　　明
获取方式	采样 峰值检测 平均	打开普通采样方式 打开峰值检测方式 设置平均采样方式并显示平均次数
平均次数	2 ~ 256	设置平均次数，以 2 的倍数步进，从 2、4、8、16、32、64、128、256。改变平均次数通过功能区左侧的多用途旋钮控制器选择
采样方式	实时 等效	设置采样方式为实时采样 设置采样方式为等效采样
快速采集	开 关	以高的屏幕刷新率的方式采集，以更好的真实反映波形动态效果 关闭快速采集

① 选择获取方式：按 F1，获取方式分为采样、峰值检测、平均（平均次数）。

a）采样方式：数字存储示波器按相等的时间间隔对信号采样以重建波形。

b）峰值检测方式：希望观察信号的包络避免混叠，选用峰值检测方式。在这种获取方式下，数字存储示波器在每个采样间隔中找到输入信号的最大值和最小值并使用这些值显示波形。这样，数字存储示波器就可以获取并显示窄脉冲，否则这些窄脉冲在"采样"方式下可能已被漏掉。在这种方式下，噪声看起来也会更大。

c）平均方式：期望减少所显示信号中的随机噪声，选用平均采样方式，且平均值的次数可以以 2 的倍数步进，从 2 ~ 256 设置平均次数选择，此时可通过调整多用途旋钮控制器选择平均次数。在这种获取方式下，数字存储示波器获取几个波形，求其平均值，然后显示最终波形。请观察和比较当未采用平均方式和采用 32 次平均方式时，采样前后波形显示的变化规律，如图 2-4-42 所示。

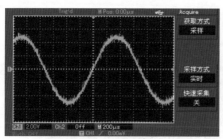
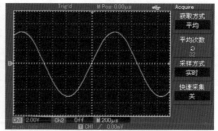

a）未采用平均采样的波形　　　　　　　　b）采用32次平均采样的波形

图 2-4-42　采用平均采样方式前后波形比较

② 采样方式的选择。采样方式分为等效和实时两种。

a）实时采样：即一次采集完所需要的数据。观察单次信号请选用实时采样方式。

b）等效采样：即重复采样方式。等效采样方式利于细致观察重复的周期性信号，使用等效采样方式可得到比实时采样高得多的水平分辨率。观察高频周期性信号请选用等效采样方式。

3）存储和调出设置（STORAGE）：

① 存储设置菜单。使用"STORAGE"按键显示存储设置菜单，分为两页，见表 2-4-18 和表 2-4-19，第 1 页有类型、信源。可以通过该菜单对数字存储示波器内部存储区和 USB 存储设备上的波形和设置文件进行保存和调出操作，也可以对 USB 存储设备上的波形文件、设置文件进行保存和调出操作。

表 2-4-18　存储菜单第 1 页

功能菜单	设　定	说　　明
类型	设置 波形 位图	选择面板设置菜单 选择波形保存和调出菜单 选择位图菜单
信源	CH1 CH2	选择波形来自 CH1 通道 选择波形来自 CH2 通道
存储位置	1～20（设置）	可保存 20 组面板操作设置，由前面板上部的多用途旋钮选择（位置数量根据机型而不同，可回调）
	1～20（波形）	1～20 分别代表存放 20 组波形的位置 存储到 USB 上则有 200 组波形位置
	1～200（位图）	可保存 200 个位图数据，由前面板上部的多用途旋钮选择（该项功能只有在插入 U 盘后才能调出使用）
保存	—	存储波形
下一页 1/2	—	进入下一页

表 2-4-19　存储菜单第 2 页

功能菜单	设　定	说　　明
磁盘	DSO USB	选择数字存储示波器内部存储器 选择外部 U 盘（只有在插入 U 盘后才能使用该功能）
存储深度	普通 长存储	设置存储深度为普通（数据存储至 U 盘时，只能在 REF 区域调用） 设置存储深度为长存储（注：只有在插入 U 盘后才能激活该功能；数据存储至 U 盘时，只能使用计算机通讯软件或波形分析软件装载功能调用）
上一页 2/2	—	返回上一页

② 存储功能菜单的含义。

a）存储功能类型及其使用方法。示波器的存储功能包括：设置存储，波形存储，位图存储以及 UTD2052CL 系列示波器特有的屏幕复制功能。

Ⅰ．设置存储功能：选择示波器的显示通道，触发通道，垂直和水平档等，完成示波器设置。按 STORAGE 键，再通过按 F1 键选择存储的类型为"设置"，通过多功能旋钮选择需要存储的位置，再按 F3 保存，如图 2-4-43a 所示。当设置保存完成后，下次测试时只需要回调保存的设置就可以直接测试，减少重新设置的过程。

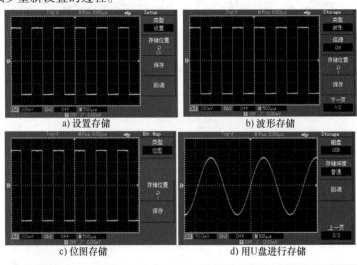

a）设置存储　　　　　b）波形存储

c）位图存储　　　　　d）用 U 盘进行存储

图 2-4-43　三种类型存储设置的屏幕显示

Ⅱ. 波形存储功能：UTD2000 系列示波器提供波形保存功能。按下 STORAGE 键，再通过按 F1 键选择存储的类型为"波形"；按 F2 可以选择需要保存波形的通道；再按 F5 进入下一页。F1 菜单位置的磁盘指示存储的位置，在未插 U 盘的情况下，默认的存储位置为数字示波器（DSO）；在插入 U 盘后，存储的磁盘位置可选择 DSO 或 USB。F2 指示的存储深度，默认为普通，保存的波形，只能通过示波器显示出来；当插入 U 盘，磁盘位置选择为 USB 时，可以将存储深度选择为长存储，这时候保存".data"格式，需要通过波形分析软件才能导出，可以对保存的波形每个点的内容的数据分析。再按 F5 返回上一页菜单，通过多功能旋钮选择需要存储的位置，F3 保存。存储的波形对于 UTD2000C 和 UTD2000E 系列示波器可以通过面板上的快捷键 REF 回调，如图 2-4-43b 所示。对于 UTD2000L 系列示波器，在 STORAGE 主菜单的第 2 页，按 F3 进入回调。

Ⅲ. 位图存储功能：当示波器插入 U 盘并连接成功后，STORAGE 主菜单的 F1 菜单键，可以选择存储类型为"位图"，如图 2-4-43c 所示。旋转多功能旋钮，选择所保存的位图的编号。保存的位图在 U 盘上为".BMP"格式，可以直接在计算机上读出。

Ⅳ. PrtSc 屏幕复制存储功能：对于 UTD2000L 系列示波器，在面板左上方有一个 PrtSc 键，在插如 U 盘后，按下该键将进行屏幕复制操作，将显示的画面以".BMP"格式保存在 U 盘上，如图 2-4-44 所示。

91

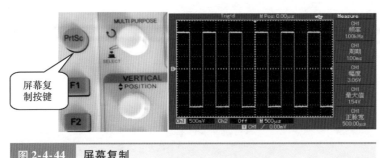

图 2-4-44　屏幕复制

　　总之，使用 STORAGE 按键显示存储设置菜单，可将示波器的波形或设置状态保存到内部存储区或 U 盘上，并能通过 RefA（或 RefB）从其中调出所保存的波形，或通过 STORAGE 按键调出设置状态；在 U 盘插入时，可将示波器的波形显示区以位图的格式存储到 U 盘的 DSO 目录，通过 PC 可读出所保存的位图。

　　b）标准参考波形的调出。参考波形存储在数字存储示波器的非易失性存储器中，或外设 U 盘内，并具有下列名称：RefA、RefB。要调出或关闭参考波形，请执行以下步骤：

Ⅰ. 5.7in 屏示波器按下前面板回调（REF）菜单按键；7in 屏示波器（即 UTD2000L/2000EX 系列）按下存储（STORAGE）键，并进入第 2 页选择回调。

Ⅱ. 按下 RefA（RefA 参考选项），选择信源，通过旋转前面板上部的多用途旋钮，来选择信源的位置，该位置共 1～10（或 1～20）可选择。当选择了某一个存放波形的位置后，例如"1"，按回调即可调出原来存放在该位置的波形。如果存放的波形在 U 盘上，可将 U 盘插入，此时磁盘有两种选择：DSO /USB，然后再按 F2 键，可选择 USB（只有插入 U 盘才能可激活该菜单），从 U 盘调出存放的波形，屏幕上即显示所调出的波形。波形调出完成后，按取消键（F5）返回上级菜单。

Ⅲ. 按下 RefB（RefB 参考选项），选择参与运算的第二个信源，方法同步骤 2。

　　在实际应用中，用 UTD2000/3000 数字存储示波器测量观察有关的波形，可以把当前的波形和参考波形进行比较，从而进行分析。按下 REF 按键显示参考波形菜单，设置说明见表 2-4-20 所示。

　　如果选择内部存储位置，可从 1～20 之间选择；如果选择外部存储器，则应插入 U 盘，然后按 F2，选择磁盘为 USB；如果要存储波形，则请参看 STORAGE 菜单。

表 2-4-20　标准参考波形的调出菜单

功能菜单	设　定	说　明
存储位置	1～20	1～20 分别代表存放 20 组波形的位置；存储到 USB 上则有 200 组波形位置（存储位置数量根据机型有所不同）
磁盘	DSO USB	选择内部存储位置（可从 1～20 之间选择） 选择外部存储位置（必须插上 U 盘，然后按 F2，选择磁盘为 USB）
关闭	—	关闭调出的波形
回调	—	调出所选择的波形
取消	—	返回上级菜单

4）设置显示系统（DISPLAY）：

① 显示系统设置菜单。使用 DISPLAY 按钮弹出显示系统设置菜单，见表 2-4-21，再通过菜单控制按钮调整显示方式。

表 2-4-21　显示菜单

功能菜单	设　定	说　明
显示类型	矢量 点	采样点之间通过连线的方式显示 只显示采样点
格式	YT XY	数字存储示波器工作方式 X-Y 显示器方式，CH1 为 X 输入，CH2 为 Y 输入
持续	关闭 1s 2s 5s 无限	屏幕波形以高刷新率实时更新； 屏幕的波形数据保持 1s 后更新 屏幕的波形数据保持 2s 后更新 屏幕的波形数据保持 5s 后更新 屏幕上原有的波形数据一直保持显示，如果有新的数据将不断加入显示，直至该功能被关闭
波形亮度	1%～100%	设置波形亮度（UTD2000C/3000C 无此功能）

② 显示系统功能菜单的含义。

a）显示类型。

Ⅰ. 点显示。波形只显示采样点，如图 2-4-45 所示。

Ⅱ. 矢量显示。将填充显示中相邻采样点间的空白。

b）格式。

Ⅰ. YT 方式。数字存储示波器工作方式，此方式下 Y 轴表示电压量，X 轴表示时间量。

Ⅱ. X-Y 方式。此方式须 CH1 和 CH2 同时使用。选择 X-Y 显示方式以后，水平轴上显示 CH1 电压，垂直轴上显示 CH2 电压。数字存储示波器在正常 X-Y 方式下可应用任意采样速率捕获波形，如图 2-4-46 所示。

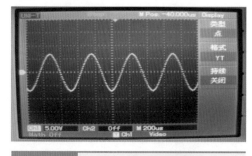

图 2-4-45　点显示和 YT 格式菜单

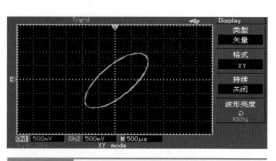

图 2-4-46　X-Y 方式下的波形显示

5）辅助功能设置：

① 使用 UTILITY 按键弹出辅助系统功能设置菜单。见表 2-4-22 和表 2-4-23。

表 2-4-22 辅助系统功能设置菜单

功能菜单	设　定	说　明
自校正	执行 取消	执行自校正操作 取消自校正操作，并返回上一页
波形录制	见表 2-4-23	设置波形录制操作

表 2-4-23 波形录制菜单

功能菜单	设　定	说　明
信源	CH1 CH2 CH1 + CH2	选择 CH1 作为录制信号源 选择 CH2 作为录制信号源 选择 CH1 + CH2 作为录制信号源
操作	●	录制键，按下该键，即进行录制，同时在屏幕下方显示已被录制的屏数
	▶	1. 回放键 2. 当按下该键时，进入回放，并且在屏幕右下角显示当前被回放的屏数编号，此时如果旋转面板上部的多用途旋钮控制器，可使回放中止，但继续旋转则可选择其中某一屏的波形反复回放 3. 如果需要继续全部回放，则先按■停止，再按▶即可 4. 最多录制 1000 屏数据
	■	停止录制
保存	1 ~ 200	如果有 U 盘插入，可以存储最新录制的波形，通过多用途旋钮选择存储位置
回调	1 ~ 200	从 U 盘调出录制的波形，通过多用途旋钮选择录制位置
返回	—	返回上级菜单

用 UTILITY 按键弹出如图 2-4-47 所示设置菜单。通过菜单控制按钮调整显示方式。

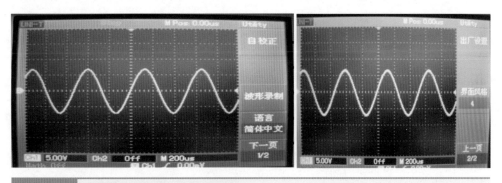

图 2-4-47 辅助系统功能设置菜单屏幕显示

② 菜单含义。

自校正：执行自校正操作或取消自校正操作，并返回。

波形录制：设置波形录制操作。

语言：选择界面语言，有简体中文，繁体中文和英语。

出厂设置：调出出厂设置。

界面风格：设置界面风格，可以选择四种风格（彩色屏）。

（五）系统提示及故障排除

1 系统提示信息说明

调节已到极限：提示在当前状态下，多用途旋钮的调节已到达终端，不能再继续调整。当垂直偏转系数开关、时基开关、X 移位、垂直移位和触发电平调节到终端时，会显示该提示；

U 盘连接成功：当 U 盘插入到数字存储示波器时，如果连接正确，屏幕出现该提示；

U 盘已移除：当 U 盘从数字存储示波器上拔下时，屏幕出现该提示；

Saving：当进行波形存储时，屏幕显示该提示，并在其下方有进度条出现；

Loading：当进行波形调出时，屏幕显示该提示，并在其下方有进度条出现。

2 故障处理

1）如果按下电源开关数字存储示波器仍然黑屏，没有任何显示，请按下列步骤处理：

① 检查电源接头是否接好，供电电源是否正常；

② 检查电源开关是否按到位；

③ 做完上述检查后，重新启动仪器；

④ 如果仍然无法正常使用本产品，请与经销商联络。

2）采集信号后，画面中并未出现信号的波形，请按下列步骤处理：

① 检查探头是否正常连接在信号连接线上；

② 检查信号连接线是否正常接在 BNC（即通道连接器）上；

③ 检查探头是否与待测物正常连接；

④ 检查待测物是否有信号产生（可将有信号产生的通道与有问题的通道接在一起来确定问题所在）；

⑤ 再重新采集信号一次。

3）测量的电压幅度值比实际值大 10 倍或小 10 倍：检查通道菜单中衰减系数是否与所使用探头的衰减倍率相符。

4）有波形显示，但不能稳定下来：

① 检查触发菜单中的触发源设置，是否与实际信号所输入的通道一致；

② 检查触发类型：一般的信号应使用边沿触发方式，视频信号应使用视频触发方式，只有设置正确的触发方式，波形才能稳定显示；

③ 尝试改变耦合为高频抑制和低频抑制显示，以滤除干扰触发的高频或低频噪声。

5）按下 RUN/STOP 键无任何显示：

① 检查触发菜单的触发方式是否在正常或单次档，且触发电平是否已超出波形范围。如果是，将触发电平居中，或者设置触发方式为 AUTO 档；

② 按自动（AUTO）按键可以自动完成以上设置。

6）选择打开平均采样方式时间后，显示速度变慢：

① 如果平均次数在 32 次以上，一般速度会变慢，属于正常现象；

② 可减少平均次数。

7）波形显示呈阶梯状：

① 此现象正常。可能水平时基档位过低，增大水平时基以提高水平分辨率，可以改善显示；

② 可能显示类型为矢量，采样点间的连线，可能造成波形阶梯状显示。将显示类型设置为点显示方式，即可解决。

（六）　课堂训练

1）调整数字示波器（优利德 UTD2052CL）的面板，熟悉面板功能的调整方法，并交流操作心得。

2）让示波器和信号发生器配合使用，熟练掌握 8 大信号各种参数的调整和读取方法。

三、任务小结

示波器是电子测量中必备的仪表，每一个电子技术行业的从业者都必须熟练掌握。对初学者而言示波器使用有几个难点：

1）触发源的正确选择；

2）耦合方式的正确选择；

3）水平、垂直刻度的调整；

4）此外，在测量之前一定要先校准，在操作练习时应格外注意。

四、课后任务

利用网络，查一下市场上还有哪款数字信号发生器，和本任务中所认识是的这款有多少差别？整理出来分享一下。

项目三 常用电子元器件的识别与检测

【项目目标】
- 能够掌握常用电子元器件的外观和参数识别。
- 能够掌握常用电子元器件的万用表检测。

任务 1 电阻类元器件的识别与检测

【任务目标】
- 掌握电阻类元器件的外观和参数识别。
- 掌握用万用表检测电阻类元器件的方法步骤，判断电阻类元器件的质量。

【任务重点】 掌握电阻类元器件的外观和参数识别。

【任务难点】 掌握用万用表检测电阻类元器件的方法步骤，判断电阻类元器件的质量。

【参考学时】 9 学时

一、任务导入

电阻类元器件是指与电阻相类似、能够用万用表的电阻档或者蜂鸣器通断档进行测量的元器件，包括电阻器、保险器件、开关器件、插接器件和连接线等。

二、任务实施

（一）电阻器的相关知识

1 电阻器的作用

它的主要用途是稳定和调节电路中的电压和电流（简单说就是降压、限流），其次还作为分流器（并联）、分压器（串联）、信号传递、保险、偏置、滤波（与电容器组合使用）、阻抗匹配和负载使用。

2 电阻器的主要参数

1）标称阻值：是指在电阻器表面所标注的数值，见表 3-1-1 所列数值的 10^n 倍，其中 n 为正整数、负整数或者 0。表 3-1-1 所示数字类似理解为人民币上的基本数字（1、2、5）。记住这些数字对快速识别和测量电阻值有很大帮助。

表 3-1-1 普通电阻器的标称阻值系列

阻值系列	允许误差	电阻标称值
E6	±20%	1.0、1.5、2.2、3.3、4.7、6.8
E12	±10%	1.0、1.2、1.5、1.8、2.2、2.7、3.3、3.9、4.7、5.6、6.8、8.2
E24	±5%	1.0、1.1、1.2、1.3、1.5、1.6、1.8、2.0、2.2、2.4、2.7、3.0、3.3、3.6、3.9、4.3、4.7、5.1、5.6、6.2、6.8、7.5、8.2、9.1

2）允许误差：电阻器的真实值与标称值之间的误差值，对应关系见表 3-1-2。普通电阻的允许偏差可分为 ±5%、±10%、±20% 等，精密电阻的允许偏差可分为 ±2%、±1%、±0.5%、…、±0.001% 等 10 多个等级。一般说来，精度等级高的电阻，价格也高。在电子产品设计中，应该根据电路的不同要求，选用不同精度的电阻。

表 3-1-2　允许误差与精度等级对应关系

%	±0.001	±0.002	±0.005	±0.01	±0.02	±0.05	±0.1
符号	E	X	Y	H	U	W	B
%	±0.2	±0.5	±1	±2	±5	±10	±20
符号	C	D	F	G	J	K	M

3）额定功率：也称标称功率，在规定的环境温度和湿度下，在长期连续负载而不损坏或基本不改变性能的情况下，电阻器上允许消耗的最大功率。为保证安全使用，一般选其额定功率比它在电路中消耗的功率高 1~2 倍。在图样上标注的功率符号如图 3-1-1 所示。在图样中，不加功率标注的电阻器通常为 0.125W。

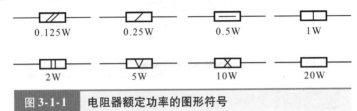

图 3-1-1　电阻器额定功率的图形符号

额定功率在 2W 以下的小型电阻，其额定功率值通常不在电阻器上标出，观察外形尺寸即可确定；额定功率在 2W 以上的电阻，因为体积比较大，其功率值均在电阻器上用数字标出。电阻器的额定功率主要取决于电阻体的材料、外形尺寸和散热面积。一般来说，额定功率大的电阻器，其体积也比较大。因此，可以通过比较同类的电阻器的尺寸，判断电阻器的额定功率。

3　电阻器的分类

1）按制作材料分：膜式电阻、实心电阻、金属线绕电阻、特殊电阻四种。
2）按用途分：精密电阻器、高频电阻器、熔断电阻器、敏感电阻器。

（二）电阻器的识别与检测

1　插脚电阻器（电位器）的外观识别

按照电阻器的安装方式分为插脚（件）电阻和贴片电阻，每种电阻按结构形式又分为固定电阻器和电位器。几种常见的电阻器如下：

1）碳膜电阻器：是采用碳膜作为导电层，将通过真空高温热分解出的结晶碳沉积在柱形或管形陶瓷骨架上制成的，实物如图 3-1-2 所示。碳膜电阻成本较低，性能一般。

图 3-1-2　碳膜电阻器

97

2）金属膜电阻器：是采用金属膜作为导电层，用高真空加热蒸发等技术，将合金材料蒸镀在陶瓷骨架上制成，经过切割调试阻值，以达到最终要求的精密阻值，实物如图 3-1-3 所示。这种电阻和碳膜电阻相比，体积小、噪声低、稳定性好，但成本较高。

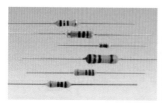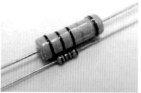

图 3-1-3　金属膜电阻器

3）金属氧化膜电阻器：是用锑和锡等金属盐溶液喷雾到炽热的陶瓷骨架表面上沉积后制成的，实物如图 3-1-4 所示。

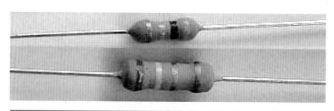

图 3-1-4　金属氧化膜电阻器

4）线绕电阻器：是用电阻丝绕在绝缘骨架上再经过绝缘封装处理而成的一类电阻器，电阻丝一般采用一定电阻率的镍铬、锰铜等合金制成，绝缘骨架一般采用陶瓷、塑料、涂覆绝缘层的金属骨架，实物如图 3-1-5 所示。它的特点是工作稳定，耐热性能好，误差范围小，适用于大功率的场合，额定功率一般在 1W 以上。

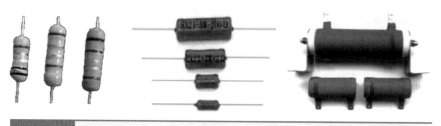

图 3-1-5　线绕电阻器

5）水泥电阻器：实际上是封装在陶瓷外壳中、并用水泥填充固化的一种线绕电阻，实物如图 3-1-6所示。水泥电阻内的电阻丝和引脚之间采用压接工艺，如果负载短路，压接点会迅速熔断，起到保护电路的作用。水泥电阻功率大、散热好，具有良好的阻燃、防爆特性和高达 $100M\Omega$ 的绝缘电阻，被广泛使用在开关电源和功率输出电路中。缺点：有电感，体积大，不宜做阻值较大的电阻。

图 3-1-6　水泥电阻器

6）熔断电阻器：属于特殊电阻，熔断电阻器又称熔丝电阻器，是一种具有电阻和熔丝双重功能的元件，实物如图 3-1-7 所示。在正常工作状态下它是一个普通的小阻值（一般为几欧到几十欧）电阻，但当电路出现故障、通过熔断电阻器的电流超过该电路的规定电流时，就会迅速熔断并形成开路，保护其他重要部件的安全。与传统的熔断器和其他保护装置相比，熔断电阻器具有结构简单、使用方便、熔断功率小及熔断时间短等优点，被广泛用于电子产品中。选用熔断电阻时要仔细考虑功率和阻值的大小，功率和阻值都不能太大，才能起到保护作用。

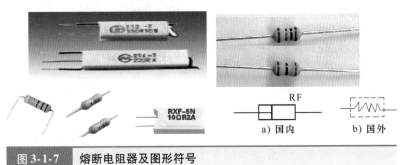

a) 国内　　b) 国外

图 3-1-7　熔断电阻器及图形符号

7）敏感电阻器：使用不同材料及工艺制造的半导体电阻，具有对温度、光通量、湿度、压力、磁通量、气体浓度等非电物理量敏感的性质，这类电阻叫作敏感电阻。通常有热敏、压敏、光敏、湿敏、磁敏、气敏及力敏等不同类型的敏感电阻。利用这些敏感电阻，可以制作用于检测相应物理量的传感器及无触点开关。各类敏感电阻，按其信息传输关系可分为"缓变型"和"突变型"两种类型，广泛应用于检测和自动化控制等技术领域。敏感电阻器属于传感器，从狭义上讲，传感器就是将外界信息转换成电信号的装置。

① 热敏电阻。是一种对温度极为敏感的电阻器。热敏电阻是开发早、种类多、发展较成熟的敏感元件，热敏电阻由半导体陶瓷材料组成，实物如图 3-1-8 所示。其阻值随温度变化的曲线成非线性。热敏电阻有正温度系数（PTC）热敏电阻和负温度系数（NTC）热敏电阻两种。

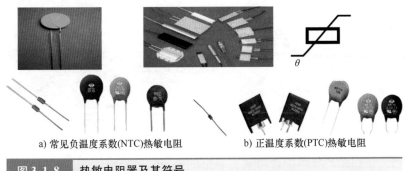

a) 常见负温度系数(NTC)热敏电阻　　b) 正温度系数(PTC)热敏电阻

图 3-1-8　热敏电阻器及其符号

② 光敏电阻。是阻值随着光线的强弱而发生变化的电阻器。光敏电阻又称光导管，常用的制作材料为硫化镉等，实物如图 3-1-9 所示。这些制作材料具有在特定波长的光照射下，其阻值迅速减小的特性。光敏电阻又叫光感电阻，是利用半导体的光电效应制成的一种电阻值随入射光的强弱而改变的电阻；入射光强，电阻值减小，入射光弱，电阻值增大。

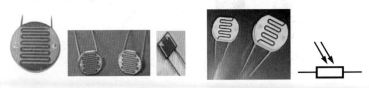

图 3-1-9　光敏电阻及符号

③ 压敏电阻。是对电压变化很敏感的非线性电阻器，实物如图3-1-10所示。"压敏电阻"意思是在一定电流电压范围内电阻值随电压而变，或者说是"电阻值对电压敏感"的电阻器。压敏电阻的最大特点是当加在上面的电压低于它的阈值"U_N"时，流过它的电流极小，相当于一只关死的阀门，当电压超过 U_N 时，流过它的电流激增，相当于阀门打开。利用这一功能，可以抑制电路中经常出现的异常过电压，保护电路免受过电压的损害。

图3-1-10   压敏电阻及其符号

④ 湿敏电阻。是对湿度变化非常敏感的电阻器，实物如图3-1-11所示。湿敏电阻是利用湿敏材料吸收空气中的水分而导致本身电阻值发生变化这一原理而制成的。

图3-1-11   湿敏电阻

⑤ 气敏电阻器。是利用气体的吸附而使半导体本身的电导率发生变化这一原理将检测到的气体成分和浓度转换为电信号的电阻，实物如图3-1-12所示。家庭厨房里的煤气报警装置就是气敏电阻器。

图3-1-12   气敏电阻器

⑥ 磁敏电阻。是利用半导体的磁阻效应制造的电阻，电阻值随磁场的变化而变化，实物如图3-1-13所示。

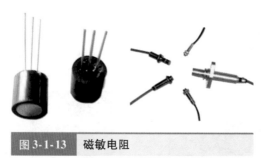

图3-1-13   磁敏电阻

⑦ 力敏电阻。是一种电阻值随外加压力变化而变化的电阻，是利用半导体材料的压力电阻效

应制成的，实物如图 3-1-14 所示，国外称为压电电阻器。所谓压力电阻效应即半导体材料的电阻率随机械应力的变化而变化的效应。

图 3-1-14 力敏电阻

8）可变电阻器：阻值可变的电阻器称为可变电阻器或电位器，实物如图 3-1-15 所示，其特点为

① 可变电阻的阻值是可以改变的；

② 可变电阻通常有 3 个或更多的引脚；

③ 1 个可调的柄或螺钉；

④ 阻值与误差用数字和字母印制在元器件表面上。

101

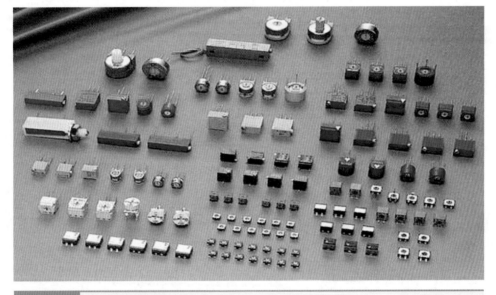

图 3-1-15 常见可变电阻器

2 插脚电阻器（电位器）的参数识别

1）直标法：直标法是把元件的主要参数直接印制在元件的表面上，这种方法主要用于功率比较大的电阻器，如图 3-1-16 所示。为了简便，电路图中的电阻阻值常按以下规则来标注：1Ω 以下的电阻在注明阻值后，应写上"Ω"的字母；1 ~ 1000Ω 的电阻，有时只写出阻值，不注单位，例如 20、200，分别表示 20Ω、200Ω；1 ~ 100kΩ 的电阻，以 kΩ 为单位，符号是"k"，例如 5.1k、51k 等；百万欧以上的电阻值以 MΩ 为单位，符号是"M"，例如 1M、3M 等；在 100kΩ ~ 1MΩ 之间的电阻值，可用 kΩ 为单位，也可用 MΩ 为单位，例如 0.47M 和 470k 都表示 47 万 Ω。如图 3-1-16a 所示，电阻器表面上印有 RX27-10W-15KΩJ[⊖]，其含义是线绕电阻，额定功率为 10W，阻值为 15kΩ，允

⊖ 千（1000）的正确用法应为小写字母"k"，但一些元器件厂商经常误写为大写"K"。

许误差为 J 级（±5%）。其允许偏差用百分数或者字母表示，未标偏差值的即为 ±20%。图 3-1-16b 所示为珐琅电阻，表面上印有 RXYC-10-5.1KΩ-Ⅰ，其含义如下：RXYC 表示耐潮被釉线绕电阻器，10 表示额定功率为 10W，5.1k 表示阻值为 5.1kΩ，Ⅰ 表示允许误差为 ±5%。

a) 水泥电阻参数识别   b) 珐琅电阻参数识别

图 3-1-16 **直标法识别电阻参数**

2）文字符号法：文字符号法是用数字和单位符号组合在一起表示，文字符号前面的数字表示整数阻值，文字符号后面的数字表示小数点后面的小数阻值，如图 3-1-17 所示。第一位、第三位表示数值的有效数字，第二位用字母"R""K"表示小数点及单位。例如，2R2 表示为 2.2Ω，7K5 表示为 7.5kΩ。

图 3-1-17 **文字符号法电阻**

3）数码法：随着电子元器件的不断小型化，特别是表面安装元器件（SMC 和 SMD）的制造工艺不断进步，使得电阻器的体积越来越小，因此其元件表面上标注的文字符号也进行了相应的改革。一般仅用 3 位数字标注电阻器的数值，精度等级不再表示出来（一般小于 ±5%）。用三位数字表示元件的标称值，从左至右，前两位表示有效数位，第三位表示 10^n（$n = 0 \sim 8$），如图 3-1-18 所示。当 $n = 9$ 时为特例，表示 10^{-1}。而标志是 0 或 000 的电阻器，表示是跳线，阻值为 0Ω，471 为 470Ω，105 为 1M，2R2 为 2.2Ω，贴片电阻多用数码法标示，如 512 表示 5.1kΩ。

图 3-1-18 **数码法电阻**

数码法常用 4 种表示方法：

① 三位数字，不加 R。前两位代表有效数字，后一位代表倍率，即"0"的个数，单位均为 Ω，如 $103 = 10000\Omega = 10 \times 10^3 \Omega = 10k\Omega$；$202 = 2000\Omega = 2k\Omega$。数码标示法特别适用于贴片等小体积

的电阻。

② 二位数字后加 R 标注法。标注为"51R"的电阻其电阻值为 5.1Ω，R 代表 10^{-1}。

③ 二位数字中间加 R 标注法。标注为 9R1 的电阻其阻值为 9.1Ω，R 代表小数点。

④ 四位数字标注法。标注为 5232 的电阻其阻值为 $523\times10^2\Omega=52.3k\Omega$。

4）色标法：小功率的电阻器广泛使用色标法。一般用背景颜色区别电阻器的种类：浅色（淡绿色、淡蓝色、浅棕色）表示碳膜电阻器，红色表示金属或金属氧化膜电阻器，深绿色表示线绕电阻器。一般用色环表示电阻器阻值的数值及精度，见表 3-1-3。色环标识有 4 环（3 环是 4 环的特例）和 5 环之分，4 环电阻误差比 5 环电阻要大，一般用于普通电子产品上，5 环电阻一般都是金属氧化膜电阻，主要用于精密设备或仪器上。

表3-1-3 电阻器色环符号对照表

颜色	有效数字	倍乘数	允许误差（%）	颜色	有效数字	倍乘数	允许误差（%）
黑	0	10^0	—	紫	7	10^7	±0.1（B）
棕	1	10^1	±1（F）	灰	8	10^8	
红	2	10^2	±2（G）	白	9	10^9	—
橙	3	10^3		金		10^{-1}	±5（J）
黄	4	10^4		银		10^{-2}	±10（K）
绿	5	10^5	±0.5（D）	无色			±20（M）
蓝	6	10^6	±0.25（C）				

① 4 环色标法。四色环的意义和表示方法如图 3-1-19 所示。读数技巧：普通的色环电阻器用 4 环表示，紧靠电阻体一端头的色环为第一环，露着电阻体本色较多的另一端头为末环，前 3 环距离紧密，第 4 环与第 3 环距离较大，且第 4 环环宽度要大，且以金（±5%）、银（±10%）、棕（±1%）等放在最后一环代表误差；如果电阻体积小首环不好确定，那就先确定末环：如果误差为 20%，4 环变成了 3 环，读数要以标称阻值的三个系列提供的数据为参考。简而言之，离电阻端部近的为首环，端头任一环与其他较远的一环为最后一环即误差，金银在端头的为最后一环（代表误差），黑在端头为倒数第二环 $10^0=1$，并且对应末环为无色（误差为 ±20%），紫、灰、白一般不会是倍率，即不大可能为倒数第二环，为确保准确，应配以万用表测量。

<table>
<tr><td>第1环
棕
1</td><td>第2环
黑
0</td><td>第3环
红
10^2</td><td>第4环
金
±5%</td></tr>
</table>

4环色标法　　　　橙白棕金390(±5%)　　　　红红红金2200(±5%)

图 3-1-19　四色环电阻器

② 五环色标法。五色环的意义和表示方法如图 3-1-20 所示。精密的色环电阻器用 5 环表示，同样紧靠电阻体一端头的色环为第一环，露着电阻体本色较多的另一端头为末环，前 4 环距离紧密，第 5 环与第 4 环距离较大，读数要以标称阻值的三个系列提供的数据为参考。最后一环可以是金色（±5% J）、棕（±1% F）、红（±2% G）、绿（±0.5% D）、蓝（±0.25% C）、紫（±0.1% B）表示误差。例如图 3-1-20 所示电阻为 2.54Ω，允许偏差为 ±5%。

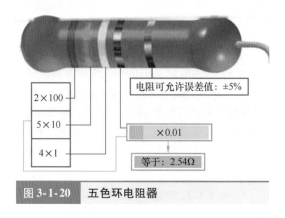

图 3-1-20　五色环电阻器

3　贴片电阻器（电位器）的外观识别

1）贴片式固定电阻器：

① 贴片式固定电阻器是金属玻璃铀电阻器中的一种，是将金属粉和玻璃铀粉混合，采用丝网印制法印在基板上制成的电阻器，实物如图 3-1-21 所示。贴片式电阻又称表面安装电阻，是小型电子线路的理想元件，电子元件和电路板的连接直接通过金属封装端面，不需引脚，主要有矩形和圆柱形两种。

图 3-1-21　贴片式固定电阻器

② 贴片电位器是一种阻值可以调节的元件，体积小，不带手柄，实物如图 3-1-22 所示。贴片电位器的功率一般在 0.1～0.25W，其标注方法与贴片电阻器相同。

图 3-1-22　贴片电位器

2）网络电阻器：也叫电阻排或者排阻，通常用大写英文字母"RN"表示。网络电阻器有单列直插式（SIP）和双列直插式（DIP），综合掩模、光刻及烧结等工艺技术，在一块基片上制成多个参数、性能一致的电阻，连接成电阻网络，也叫集成电阻。和集成电路一样，排阻有方向性，要认真识别其引脚。一般来说，让字迹正对着自己，引脚向下，最左边的那个是公共引脚，它在排阻上一般用一个带颜色点或者槽标注出来，排阻及其内部结构如图 3-1-23 所示。排阻又分并阻和串阻，串阻与并阻的区别是串阻的各个电阻彼此分离，如果一个排阻是由 n 个电阻构成的，那么串阻就有 $n+1$ 只引脚，并阻就有 $2n$ 只引脚。根据排阻的标称阻值大小选择合适的万用表欧姆档位（指针式万用表注意调零），将两表笔（不分正负）分别与排阻的两个引脚相接即可测出实际电阻值。

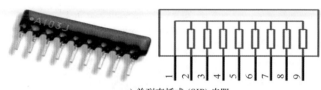

a) 单列直插式 (SIP) 串阻

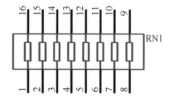

b) 双列直插式 (DIP) 并阻

图 3-1-23 排阻及其内部结构

4 贴片电阻器（电位器）的参数识别

贴片电阻的标称阻值一般直接标注在电阻上，标注方法主要是数码法。

数码法是在电阻体的表面用三位数字或两位数字加 R 来表示标称值的方法。该方法常用于贴片电阻、电容及排阻等。数码法标注的贴片电阻器，有 3 位数码法和 4 位数码法两种。

1) 三位数码法：当贴片电阻器阻值精度为 ±5% 时，通常采用三个数字表示，如图 3-1-24 所示：前 2 位是数值，第三位是零的个数。如 101 表示阻值为 $10 \times 10^1 \Omega = 100\Omega$；103 表示 $10 \times 10^3 \Omega = 10000\Omega = 10k\Omega$；100 表示 $10 \times 10^0 \Omega = 10\Omega$，不是 100Ω；跨接电阻（相当于导线）记为 000；阻值小于 10Ω 的，在两个数字之间补加 "R"，6R8 表示 6.8Ω；5R6 表示 5.6Ω；R68 表示 0.68Ω。R010 表示 0.01Ω，10R0 表示 10Ω，阻值在 10Ω 以上的，最后一个数值表示增加的零的个数。

注意：

a) 体积较大的 0Ω 电阻一般为保险电阻，用于供电；

b) 330、220、100 等小电阻用作信号传输，两端都为细线；

c) 472、333、473 等阻值较大电阻一般用做分压、降压。

2) 四位数码法：用四位数字表示阻值的大小，四位数的前三位是有效数字，第四位是有效数字后面 0 的个数，如图 3-1-25 所示。2301 表示 $230 \times 10^1 \Omega = 2300\Omega$，即 $2.3k\Omega$；1000 表示 $100 \times 10^0 \Omega = 100\Omega$，即 100Ω；5602 表示 $560 \times 10^2 \Omega = 56000\Omega$，即 $56k\Omega$。

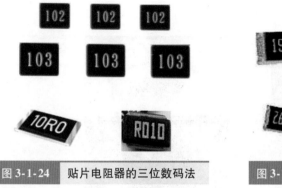

图 3-1-24 贴片电阻器的三位数码法

图 3-1-25 贴片电阻器的四位数码法

5 电阻器的检测

1) 指针式万用表测量电阻的方法步骤：通过测量一只电阻的阻值大小来说明欧姆档的使用，测量过程如图 3-1-26 ~ 图 3-1-30 所示。

① 检查万用表——机械调零，如图 3-1-26 所示；

放：在测量前，应注意水平放置

观：表头指针是否处于交直流档标尺的零刻度线上

调：若不在零位，应通过机械调零的方法（即使用小螺钉旋具调整表头下方机械调零旋钮）使指针回到零位

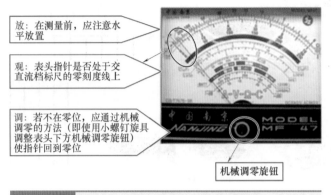

机械调零旋钮

图 3-1-26　指针式万用表测量前的准备

② 试测，选择合适的档位，如图 3-1-27 所示。

第一步：测试
　　粗略估计电阻阻值，再选择合适量程，如果不能估计其值，一般情况将开关拨在R×100或R×1k档的位置进行初测，观察指针位置

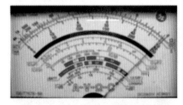

第二步：选择正确档位
　　测量时，指针应停在中间或附近（一般在刻度盘的1/3~2/3区间内）

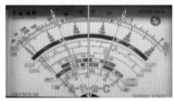

图 3-1-27　电阻档位的选择

　　由于欧姆档刻度的非线性关系，它的中间一段分度较为精细，因此应使指针指示值尽可能落到刻度的中段位置，即全刻度起始的30%～70%弧度范围内，以使测量更准确。如果指针太靠零，则要减小档位；如果指针太靠近无穷大，则要增大档位。

③ 欧姆调零，如图 3-1-28 所示。

量程选准以后在正式测量之前必须调零，否则测量值有误差

欧姆调零旋钮

方法：
　　红黑笔短接，如果指针没有在零刻度位置，则调节欧姆调零旋钮，使其指在零刻度位置

注意：如果重新换档以后，在正式测量之前也必须调零一次

图 3-1-28　欧姆调零

如果无论怎样调节都到不了零刻度位置，说明电池太旧需要换新；当 R×10kΩ 调不到零位，或者红外线检测档发光管（有的表型具备）亮度不足时，更换 6F22（9V）层叠电池；当 R×1kΩ 以下档位总调不到零位时，更换 2 号（1.5V）电池。能瞬时调零但不稳定说明电池没问题，欧姆调零旋钮内部接触不良，需注入酒精清洗试试。

④ 测量方法如图 3-1-29 所示。

将被测电阻同其他元器件或电源脱离，单手（养成单手操作的习惯）持表笔并跨接在电阻两端，将两表笔（不分正负）分别与电阻的两端引脚相接，即可测出实际电阻值。

⑤ 读数方法如图 3-1-30 所示。

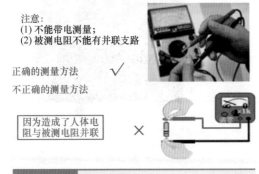

图 3-1-29 单手测量　　　　　图 3-1-30 电阻读数

⑥ 数据分析。

开路：阻值为无穷大；

短路：阻值为 0；

变值：读数与标称阻值之间分别允许有 ±5%、±10% 或 ±20% 的误差。如不相符，超出误差范围，则说明该电阻值变值了。

⑦ 总结测电阻口诀。

测电阻，先调零，断开电源再测量，并联电阻手不触，以防并接变精度，读数勿忘乘倍数。

⑧ 使用电阻档注意事项：

a）使用前要机械调零，每换一次倍率档，要重新进行欧姆调零。

b）测量晶体管、电解电容等有极性元器件的等效电阻时，必须注意两支笔的极性。指针万用表内电源的正极与面板上"－"号插孔（接黑表笔）相连表内，电源的负极与面板上的"＋"号插孔（接红表笔）相连，数字万用表恰好相反。

c）不允许带电测量电阻，否则会烧坏万用表。

d）精准测电阻不能有并联支路。检测线路板的电阻时，把被检测的电阻从电路中焊下来，至少要焊开一个头，这叫作"开路测量"，以免电路中的其他元器件对测试产生影响，造成测量误差；也可以直接"在路测量"，用来做定性分析，但要考虑其他元器件的影响。不准用两只手捏住表笔的金属部分测电阻，否则会将人体电阻并联于被测电阻而引起测量误差。

e）选择合适的倍率。在欧姆表测量电阻时，应选适当的倍率，使指针指示在中值附近。最好不使用刻度左边三分之一的部分，这部分刻度密集，精准度很差。

f）用万用表不同倍率的欧姆档测量非线性元器件（例如晶体管）的等效电阻时，测出电阻值是不相同的。这是由于各档位的中值电阻和满度电流各不相同所造成的，机械表中，一般倍率越小，测出的阻值越小。

g）测量完毕，将转换开关置于交流电压最高档或空档。

2）用数字万用表 VC9804A⁺ 测量电阻：

① 测量准备：

如图 3-1-31 所示，Ω 标识下面黄色线的位置就是测量电阻的档位，为了提高测量精度，所以分多个档位测量，200 档表示这个档可以测量 200Ω 以内的电阻，单位是"Ω"；200kΩ 档表示这个档可以测量 200kΩ 以内的电阻，单位为"kΩ"；200M 表示这个档可以测量 200MΩ 以内的电阻，单位是"MΩ"。

② 使用数字万用表电阻档注意事项：

a）将黑表笔插入"COM"插孔，红表笔插入"V/Ω/Hz"插孔。

b）将转换开关转至相应的电阻量程"Ω"上，将两表笔跨接在被测电阻两端金属部位上，但要保证这个被测电阻是不带电的，否则会烧坏万用表。

c）测量电阻不需"调零"，被测元件接入仪表即可进行测量。测量中，可以用手接触电阻，但不要把手同时接触电阻两端，这样会影响测量精确度。

d）如果在测量时不知道被测电阻阻值大小，那就尽量用大点的档位来测量。然后根据测量值再将档位拨到跟测量值相近的档位，这样才能提高测量的精确度。如果电阻值超过所选的量程值或者开路时，则会显示"1."，这时应将转换开关转高一档；反之，量程选大了显示屏上会显示

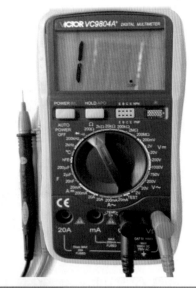

图 3-1-31　用数字万用表 VC9804 A$^+$ 测量电阻的档位选择

一个接近于"0"的数，此时应换用较小的量程。当测量电阻值超过 1MΩ 以上时，读数需几秒时间才能稳定，这在测量高电阻时是正常的。

e）请勿在电阻量程输入电压；测量在线电阻时，要确认被测电路所有电源已关断而且所有电容都已完全放电时，才可进行。在路测量时，由于电路上还有其他的电阻，所以测得的阻值一般不超过标示值，如果实测值大于标示值说明有电阻值变大或者开路。在维修主板时经常要查某点的对地电阻值，是为了判断是否有开路或短路。如果对地电阻值明显偏小，说明有短路；明显偏大，说明有开路。

f）在使用 200Ω 量程时，应先将表笔短路，测得引线电阻，然后在实测中减去。

g）在使用 200MΩ 量程时，将表笔短路，仪表将显示 1.0MΩ，这是正常现象，不影响测量准确度，实测时应减去。例：被测电阻为 100MΩ 读数应为 101.0MΩ，则正确值应从显示读数中减去 1.0MΩ，即 101.0MΩ – 1.0MΩ = 100.0MΩ。

h）必要时需要配合电阻上的标识或色环综合判断好坏。

（三）保险器件的识别与检测

1 保险器件的识别

1）过电流保护器件：

① 熔丝管。过电流保护器件的典型代表是各种熔丝管。熔丝管在电路正常时起连接作用，当出现短路等情况时，通过自身可熔体熔断来切断电流，起到保护电路安全的作用，实物如图 3-1-32 所示。

a）单个熔丝管　　b）实际电路板中的熔丝管　　c）熔丝管和管座　　d）熔丝(熔断器)符号

图 3-1-32　熔丝管外形和符号

② 自恢复熔丝。是一种过电流保护电子元件，它由高科技聚合树脂及纳米导电晶粒经特殊工艺加工制成。当电路发生短路或者过载时，电流被迅速截断，从而保护电路。此时，熔丝呈高阻态，其微小的电流使熔丝一直处于保护状态，当断电和故障排除后，自恢复熔丝恢复为正常状态，无须人工更换，实物如图 3-1-33 所示。

2）过热保护器件：典型代表是温度熔丝。温度熔丝也叫作温度熔断器，它能感应电子电器产品非正常工作中产生的过热，当工作温度达到它的额定值时，其中的熔体就会熔断，从而切断电路以避免火灾的发生。其中，图 3-1-34a 所示的温度熔丝用在电源变压器中做过热保护用；图 3-1-34b 所示的温度熔丝用在各种小家电如电压力锅中做过热保护用。

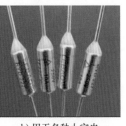

a) 用于电源变压器　　b) 用于各种小家电

图 3-1-33　自恢复熔丝　　　　图 3-1-34　温度熔丝

3）过电压保护器件：典型代表是各种压敏元件。

① 压敏电阻器。压敏电阻器是电阻值对电压敏感的电阻器，又称突波吸收器。压敏电阻器实物和符号如图 3-1-35 所示，广泛应用于家用电器及其他电子产品中，起过电压保护、防雷、抑制浪涌电流、吸收尖峰脉冲、限幅、高压灭弧、消噪、保护半导体元器件等作用。

a) 实物　　　　　　b) 压敏电阻器的标注　　　　c) 符号

图 3-1-35　压敏电阻器

② 气体放电管。气体放电管包括二极管和晶体管，起泄放雷电暂态过电流和限制过电压作用，实物如图 3-1-36 所示。

a) 气体放电二极管　　　　　　　　b) 气体放电晶体管

图 3-1-36　气体放电管

③ 半导体浪涌保护元器件。半导体浪涌保护元器件能够保护敏感的电信设备和数据通信设备，防止雷击瞬态电压等过电压事件造成损坏，在浪涌电压超过击穿电压时起分流的作用，有效地降低过电压，实物如图 3-1-37 所示。

④ 新型低电压低电容瞬态保护器件。如图 3-1-38 所示，它是半导体过电压保护 TVS（瞬态抑

制二极管）阵列，用来保护敏感的电子元器件和电路，使其免受静电放电（ESD）、电缆放电（CDE）和其他瞬态浪涌电压的冲击而造成损坏。

图 3-1-37　半导体浪涌保护元器件

图 3-1-38　低电压低电容瞬态保护器

4）其他保险器件：

① 三端过电压保护器件。三端过电压保护器件可以同时防护线与线之间以及线与地之间的浪涌，其实物如图 3-1-39 所示。

② 2Pro 器件。2Pro 器件同时具有过电流和过电压保护功能，可以在过电流事故中抑制电流以及在过电压事故中对电压进行箝位，减少了电路中元器件的数量，提高了电路的可靠性，是一种创新的保护器件，实物如图 3-1-40 所示。

③ 控制信号防雷器。控制信号防雷器能保护敏感的控制信号线路免受雷电过电压和感应过电压、过电流及静电放电等造成的损坏，实物如图 3-1-41 所示。

图 3-1-39　三端过电压保护器

图 3-1-40　2Pro 器件

图 3-1-41　控制信号防雷器

2　保险器件的检测

1）外观直观检查：大多熔丝管用玻璃管做支架，也有一些熔丝管带有熔断指示，因此可以用肉眼观察来判断质量好坏。先用观察法查看其内部熔丝是否熔断、是否发黑，两端封口是否松动等，若有上述情况，则表明已损坏。

2）万用表检测：检测保险器件可用指针式万用表、数字万用表的电阻档和通断档，方法简单，具体如下：

① 普通熔丝管检测。先将万用表置于 R×1Ω 档或 R×10Ω 档，两支表笔分别接熔丝管两端的电引脚，其两端金属封口阻值应为 0Ω，否则为损坏。

② 热熔断器的检测。用万用表检测热熔断器的方法与普通熔断器的检测方法相同。

③ 自恢复熔断器的检测。自恢复熔断器正常时的常温阻值为 0.02～5.5Ω。容量（电流）越小，常温阻值越高。常用加热法或电流法进行检测。

a）加热法。把万用表置于低阻档，先测量其常温阻值；然后将热源（如吹风机、电烙铁）靠近自恢复熔断器，再次测量其热态阻值，此时阻值应不断增大；此后撤掉热源，放置一会阻值应恢复至常温低阻。测量时，若有上述规律，则认为自恢复熔断器正常，否则判断为损坏。

b）电流法。给自恢复熔断器通有可控电流，利用其自身的热效应，通过比较通电前后电阻值的变化或者电流的变化加以判断。

（四）开关器件的识别与检测

1　开关器件的识别

1）拨动开关：是通过拨动开关手柄使电路接通或断开，从而达到切换电路的目的，实物如

图3-1-42所示。

2）滑动开关：是通过推动装有动触点的钮柄滑动，使动触片从一组静触片接到另一组静触片上实现电路换接的开关，实物如图 3-1-43 所示。

图 3-1-42　拨动开关

图 3-1-43　滑动开关

3）钮子开关：是一种手动控制开关，主要用于交直流电源电路的通断控制，但一般也能用于几千赫或高达 1MHz 的电路中，实物如图 3-1-44 所示。

图 3-1-44　钮子开关

4）船形开关：别称有翘板开关、IO 开关、电源开关等，实物如图 3-1-45 所示。因为其外形如船，所以称船形开关。

a) 单联船形开关　　　　b) 双联船形开关

图 3-1-45　船形开关

5）按键开关：是一种结构简单、应用十分广泛的主令电器，实物如图 3-1-46 所示。

6）琴键开关：就是控制开、关部分的元器件，像钢琴琴键一样的开关，所以叫琴键开关。例如电风扇、抽油烟机上的功能开关，实物如图 3-1-47 所示。

a) 推推式开关　　　b) 轻触式开关

图 3-1-46　按键开关

图 3-1-47　琴键开关

7）波段开关：是用来转换波段或选接不同电路，实物如图 3-1-48 所示。

图 3-1-48　波段开关

111

8）光电开关：是光电接近开关的简称，又称光电传感器，实物如图 3-1-49 所示。它是利用被检测物对光束的遮挡或反射，由同步回路选通电路，从而检测物体有无的，物体不限于金属，所有能反射光线的物体均可被检测。

图 3-1-49　光电开关

9）霍尔开关：当一块通有电流的金属或半导体薄片垂直地放在磁场中时，薄片的两端就会产生电位差，这种现象就称为霍尔效应。霍尔开关属于有源磁电转换器件，它是在霍尔效应原理的基础上，利用集成封装和组装工艺制作而成，实物如图 3-1-50 所示。

图 3-1-50　霍尔开关

10）接近开关：又称无触点行程开关，实物如图 3-1-51 所示。是一种用于工业自动化控制系统中以实现检测、控制并与输出环节全盘无触点化的新型开关元器件。当开关接近某一物体时，即发出控制信号。

图 3-1-51　接近开关

2　开关元器件的检测

1）用指针式万用表欧姆档检测：主要是检测开关接触电阻和绝缘电阻是否符合规定要求。

① 开关接触电阻。当开关接通时，用万用表欧姆档测量相通的两个接点引脚之间的电阻值，此值越小越好，一般开关接触电阻应小于 $20m\Omega$，测量结果基本上是零。如果测得的电阻值不为零，而是有一定电阻值或为无穷大，说明开关已损坏，不能再使用。对于开关不相接触的各导电部分之间的电阻值应越大越好，用万用表欧姆档测量，显示电阻值基本上是无穷大，如果测量结果为零或有一定阻值，则说明开关已短路损坏。

② 开关绝缘电阻。当开关断开时，导电部分应充分断开，用万用表欧姆档测量断开导电部分电阻值，阻值应为无穷大，如果不是则说明开关已损坏。

2）用 MF-47D 的通断档测开关：

① 首先将档位开关调至通路蜂鸣器检测档（通断检测 BUZZ），同欧姆调零一样，如图 3-1-52 所示将两表笔短接调零，此时蜂鸣器工作发出约 1kHz 长鸣叫声，即可进行测量。

② 当被测电路阻值低于 10Ω 左右时，蜂鸣器发出鸣叫声，电阻越小，声音越大，此时不必观察表盘即可了解电路通断情况。

图 3-1-52	用 MF 47D 的通断档测开关

图 3-1-53	用数字万用表检测开关所用档位

3）用数字万用表 VC9804A⁺检测开关：

① 如图 3-1-53 所示旋钮上的点指的位置"➔•）)"，就是测量二极好坏和测量线路通断的档位。通常这两个功能是在一个档位上。

② 拨在这个档位时，如果把两根表笔碰到开关相应两点，万用表就会发出嘀嘀的叫声，同时屏幕上显示 "000"，同时通断、相线指示灯闪烁，说明开关两点之间是通的。

③ 断开开关，将档位开关拨至 200M，将两支表笔分别接开关器件的两端，测得的电阻值应为 1，不应该漏电。

④ 同理也可利用 200M 档检测开关器件的绝缘性能。

（五）插接件的识别

1 圆形插接件（连接器）

圆形插接件用于设备与设备之间的连接，一般由圆形的插头、插座组成，在圆筒形壳体中，装有一对或多对接触片构成，如图 3-1-54 所示。

图 3-1-54	圆形插接件

2 矩形插接件

矩形插头、插座是在绝缘的矩形塑料壳中，装上数量不等的接触对制成的，为了功能拓展，矩形插头、插座与其他形状插头、插座组合形成复合插头，如图 3-1-55 所示。这种插接件常用于低频低压电路、高低频混合电路，更多的是用在无线电的仪器、仪表中。

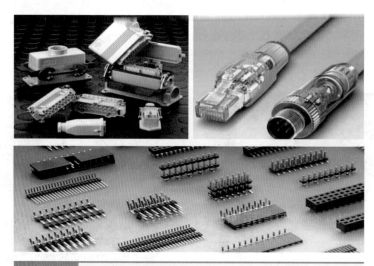

图 3-1-55　矩形插接件及复合插接件

3　印制板插接件

印制板插接件能够实现印制电路与导线或印制板的连接，方便装配和检修，一般为矩形，如图 3-1-56 所示。

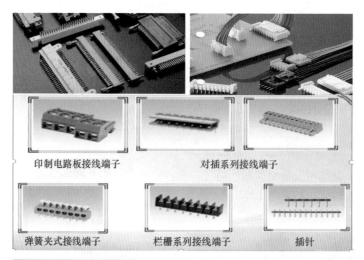

印制电路板接线端子　　　　　对插系列接线端子

弹簧夹式接线端子　　栏栅系列接线端子　　插针

图 3-1-56　印制板插接件

4　带状扁平排线插接件

用于带状扁平排线间的连接，如图 3-1-57 所示。

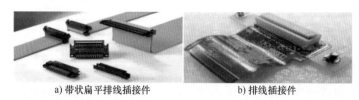

a) 带状扁平排线插接件　　　　　b) 排线插接件

图 3-1-57　排线插接件

5　集成电路插座

集成电路插座是用于安装集成电路封装件的插座，如图 3-1-58 所示。先把插座焊接在电路板上，再插上集成电路，可避免直接焊接而导致的损坏，也便于电路维修和升级。

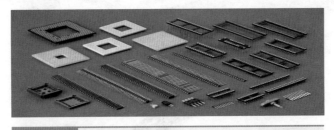

图 3-1-58　常见集成电路插座

6　音频视频接口

家用电子电器上经常可以看到各种各样的音频视频接口，通过带对应插头的连接线连接起来，传输各种声音和图像信号，如图 3-1-59 所示。

图 3-1-59　电视机上的音频视频插座

1）射频端子：射频端子也称 RF 接口，用来传递射频信号，其接口及连接线如图 3-1-60 所示。

2）RCA 端子：因其连接头比较像莲花，故称"莲花插头"，如图 3-1-61 所示。

a) 射频端子　　b) 射频插孔

图 3-1-60　射频端子

a) RCA端子　　b) 色差分量线

图 3-1-61　莲花插头

3）S 端子：S 端子是由两路视频亮度信号、两路视频色度信号和一路公共屏蔽地线共五条芯线组成，如图 3-1-62 所示。

4）VGA 接口：VGA 是 15 针的梯形插头，分成 3 排，每排 5 个，是将模拟的图像信号传输到显示器的接口，计算机显卡上都带此种接口，如图 3-1-63 所示。

图 3-1-62　S 端子和连线图

图 3-1-63　VGA 接口和连线

5）HDMI 接口：HDMI 接口是新一代的多媒体接口，即高清晰多媒体接口，如图 3-1-64 所示。

图 3-1-64　HDMI 接口

6）DVI 接口：DVI 接口即数字视频接口，如图 3-1-65 所示，可将数字信号不加转换地直接传输到显示器中，画面质量非常高。

a) DVI-D插口和插头　　　　　　　　　　　　　b) DVI-I插口

图 3-1-65　数字视频（DVI）接口

7）XLR 接口：XLR 接口又称卡侬头，是一种高端的音频接口，主要用于电容麦克风等高端话筒的连接，如图 3-1-66 所示。

a) 卡侬母头　　　　　　　　　b) 卡侬公头　　　　　　　　　c) 卡侬插座

图 3-1-66　XLR 接口

7　二芯、三芯插头

这类接口目前有三个尺寸规格，分别为 2.5mm、3.5mm 和 6.22mm（6.3mm），如图 3-1-67 所示。

8　纽垂克插头

音频插头中还有一种功放与音箱连接用的专用插头，称"纽垂克（NEUTRIK）插头"或"音箱插头"，如图 3-1-68 所示。

a) 小三芯接口和插头　　　　　b) 大三芯、大二芯插头

图 3-1-67　二芯、三芯插头　　　　　　　　　　图 3-1-68　音箱插头

（六）课堂训练

分组识别和检测实训室提供的各种电阻器、保险器件、开关器件、连接器件，并相互交流学习和操作心得。

116

三、任务小结

1）快速识别各种电阻器是最重要的基本功训练之一，是电子设备安装、调试与维修的前提，再配合万用表的检测，才能真正提高效率和准确性。

2）指针式和数字万用表电阻档的使用是最重要的基本功，切实按照操作规范和注意事项来做，反复练习，才能提高效率和准确度。

3）电阻器损坏的可能性有短路（可能性小）、开路、阻值变大和烧毁故障，特别是烧毁故障，要认真查清楚故障原因才能更换元器件，否则会留下故障隐患和扩大故障；保险器件在电路中起到安全保护作用，其损坏尤其是过流损坏不能一换了之，应先排除损坏原因，否则会扩大故障范围。

四、课后任务

1 用单、双臂电桥测量电阻

要精确测量电阻器的电阻值（如电动机、变压器等绕组的电阻，阻值在 0.0011～11Ω 之间）可用直流单、双臂电桥测量。直流单臂电桥又称惠斯通电桥，如图 3-1-69a 所示，直流双臂电桥如图 3-1-69b 所示。请借助网络，查询用单、双臂电桥测量电阻的方法和步骤，整理好后分享。

a) 直流单臂电桥   b) 直流双臂电桥

图 3-1-69 用单、双臂电桥测量电阻

2 用绝缘电阻表测量绝缘电阻

绝缘电阻表是测量绝缘电阻最常用的仪表。机械式绝缘电阻表，又称绝缘摇表，如图 3-1-70a 所示，是一种测量电动机、电器、电缆等电气设备绝缘性能的仪表，近年来市场上流行数字式绝缘电阻表，实物如图 3-1-70b 所示。请借助网络，查询用绝缘电阻表测量绝缘电阻的方法和步骤，整理好后分享。

 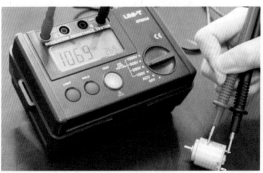

a) 机械式绝缘电阻表   b) 数字式绝缘电阻表

图 3-1-70 用绝缘电阻表测量绝缘电阻

任务 2　电容类元器件的识别与检测

【任务目标】
- 掌握电容类元器件的外观和参数识别。
- 掌握用万用表检测电容类元器件的方法步骤，判断电容类元器件的质量。

【任务重点】　掌握电容类元器件的外观和参数识别。

【任务难点】　掌握用万用表检测电容类元器件的方法步骤，判断电容类元器件的质量。

【参考学时】　4 学时

一、任务导入

电容类元器件是指与电容相类似、能够用万用表的电阻档或者电容档进行质量检测的元器件。

二、任务实施

（一）电容器的相关知识

1　电容器

电容器是一种可储存电能的元件，通常简称为电容。其结构简单，主要是由两个相互靠近的导体（外引线就是两个电极），中间夹一层不导电的绝缘介质构成的。也是电子产品中最基本、最常用的电子元器件之一。电容器的一般图形称号 ─┤├─，电容器在电路中一般用"C"加数字表示，如 6C25 表示第 6 部分电路中编号为 25 的电容。电容器储存电荷的能力叫作电容量，简称容量，俗称电容。定义式：$C = Q/U$，在国际单位制中，电容的单位是法拉，简称法，符号是 F。电容的常用单位还有毫法（mF）、微法（μF）、纳法（nF）和皮法（pF）

$$1F = 10^3 mF = 10^6 \mu F = 10^9 nF = 10^{12} pF$$

2　电容器的作用

电容器是一种储能元件，在电路中用于通交流隔直流（交流信号耦合）、RC 定时、LC 谐振选频（调谐）、能量转换、延时、交流或脉冲旁路、滤波、电源退耦、自举、补偿、充放电、高频消振等。

3　电容器的特性

电容器容量的大小就是表示能储存电能的大小，电容对交流信号的阻碍作用称为容抗，它与交流信号的频率和电容量有关。

$$X_C = \frac{1}{2\pi f C}$$

$$X_C = \frac{1}{\omega C}$$

式中　X_C——电容容抗值，Ω；

ω——角频率（角速度），rad/s；

π——圆周率，约等于 3.14；

f——频率，50Hz；

C——电容值，F。

电容的特性主要是隔直流通交流，通高频阻低频。

4　电容器的主要参数

1）标称容量：是指在电容器表面所标注的数值，为表 3-2-1 所列数值的 10^n 倍，其中 n 为正整数、负整数或者0，这三个系列的设置方式类似电阻器。

表3-2-1　固定电容器容量的标称值系列

电容器类别	允许误差	标称值系列
E24	±5%	1.0、1.1、1.2、1.3、1.5、1.6、1.8、2.0、2.2、2.4、2.7、3.0、3.3、3.6、3.9、4.3、4.7、5.1、5.6、6.2、6.8、7.5、8.2、9.1
E12	±10%	1.0、1.5、2.0、2.2、3.3、4.0、4.7、5.0、6.0、6.8、8.2
E6	±20%	1.0、1.5、2.2、3.3、4.7、6.8

2）允许误差：电容器的真实值与标称值之间的误差值，见表3-2-2。通常容量越小，允许误差越小。电容器的容量偏差等级有许多种，一般偏差都比较大，均在±5%以上，最大的可达 −10% ~ +100%。

表3-2-2　电容器的允许误差等级

级别	1	2	I	II	III	IV	V	VI
允许误差	±1%	±2%	±5%	±10%	±20%	−30% ~ +20%	−20% ~ +50%	−10% ~ +100%

3）额定电压：是指在规定温度范围内，可以连续加在电容器上而不损坏电容器的最大直流（DC）电压或者交流（AC）电压的峰-峰值，不得超过耐压（指电容器的极限电压），超过此值，电介质被击穿，电容器损坏。这是一个重要参数，如果超过额定电压，电容器将被击穿短路，甚至发生爆炸。常用的工作电压有 6.3V、10V、16V、25V、35V、50V、63V、100V、160V、200V、400V、450V、500V、630V、1000V、1600V、2000V、10000V 等。

5　国产电容器的命名方法

国产电容器铭牌一般由四部分组成，依次分别代表主称、材料、类别和序号，见表3-2-3。

表3-2-3　国产电容器型号命名及含义

第一部分：主称		第二部分：（介质）材料		第三部分：类别					第四部分：序号
字母	含义	字母	含义	数字或字母	含义				
					瓷介电容器	云母电容器	有机电容器	电解电容器	
C	电容器	A	钽电解	1	圆形	非密封	非密封	箔式	用数字表示序号，以区别电容器的外形尺寸及性能指标
		B	聚苯乙烯等非极性有机薄膜（常在"B"后面再加一字母以区分具体材料。例如"BB"为聚丙烯，"BF"为聚四氟乙烯）	2	管形	非密封	非密封	箔式	
				3	叠片	密封	密封	烧结粉，非固体	
		C	高频陶瓷	4	独石	密封	密封	烧结粉，固体	
		D	铝电解	5	穿心		穿心		
		E	其他材料电解	6	支柱等				
		H	纸膜复合	7				无极性	
		I	玻璃釉	8	高压	高压	高压		
		J	金属化介质	9			特殊	特殊	
		L	涤纶等极性有机薄膜（常在"L"后面再加一字母以区分具体材料，例如："LS"为聚碳酸酯	G	高功率型				
				T	叠片式				
		N	铌电解电容器	W	微调型				
		O	玻璃膜						
		Q	漆膜	J	金属化型				
		T	低频陶瓷						
		Y	云母	Y	高压型				
		Z	纸介						

第一部分：丰称，用字母表示，电容器用 C；

第二部分：材料，用字母表示；

第三部分：类别，一般用数字表示，个别用字母表示；

第四部分：序号，用数字表示。

6 电容器的分类

按结构形式分为固定电容器和可变电容器。

按介质材料分为陶瓷电容器、涤纶电容器、聚苯乙烯电容器和铝电解电容器等。

（二）电容器的识别

1 常见固定电容器的识别

固定电容器是容量不能改变的电容器，又可细分为有极性电容器和无极性电容器两种。

1）无极性电容器：指两个电极没有正负极性之分，使用时两极可以交换连接。

① 纸介电容器。实物外形如图 3-2-1 所示。这种电容器的价格低、体积大、损耗大、稳定性较差，存在较大的固有电感，不宜在频率较高的电路中使用，常用于电动机起动电路。

② 聚苯乙烯等非极性薄膜电容器。薄膜电容属于无极性、有机介质电容，实物外形如图 3-2-2 所示。薄膜电容是以金属箔或金属化薄膜当电极，以聚苯乙烯等塑料薄膜为介质制

图 3-2-1　纸介电容器

成。薄膜电容按照薄膜材料被细分为聚丙烯（BB）电容和聚四氟乙烯（BF）电容器等。

a) 洗衣机、水泵等电动机起动用的电容器

b) 家用空调中的电容器

c) 电风扇中的电容

图 3-2-2　薄膜电容器

电动机一般都有两个绕组，主绕组和辅助绕组，主绕组直接并入电路，辅助绕组经过电容器后

串入电路，这样辅助绕组就有一个角度差，电容器起到移相的作用，让相位出现一个偏离，这样相当于获得了两相电，而且相位不同，就可以将转子起动起来，然后主绕组维持磁场让它运转，辅助绕组继续推动，使其不因为外力作用而停下来。

③ 瓷介电容器。实物外形如图 3-2-3 所示。这种电容器是以陶瓷材料作为介质，在其外层涂上各种颜色的保护漆，并在陶瓷片上覆银制成电极。这种电容器的损耗小，稳定性好，且耐高温高压。

④ 涤纶电容器。实物外形如图 3-2-4 所示。涤纶电容器采用涤纶薄膜为介质，这种电容器的成本较低，耐热、耐压、耐潮湿的性能都很好，但稳定性较差，适用于稳定性要求不高的电路中。

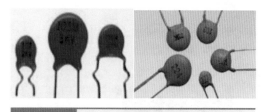

图 3-2-3　瓷介电容器

图 3-2-4　涤纶电容器

⑤ 玻璃釉电容器。实物外形如图 3-2-5 所示。属于无极性、无机介质电容，使用的介质一般是玻璃釉粉压制的薄片，通过调整釉粉的比例，可以得到不同性能的电容。玻璃釉电容器介电系数大、耐高温、抗潮湿强、损耗低。

⑥ 云母电容器。实物外形如图 3-2-6 所示。以云母片做介质的电容器，介质损耗小、绝缘电阻大、温度系数小，适宜用于高频电路。

图 3-2-5　玻璃釉电容器

图 3-2-6　云母电容器

⑦ 独石电容器。实物外形如图 3-2-7 所示。独石电容器具有电容量大、体积小、可靠性高、电容量稳定、耐高温耐湿性好、绝缘性好和成本低等优点。广泛应用于电子精密仪器、各种小型电子设备作谐振、耦合、滤波、旁路电容。容量范围为 $0.5\text{pF} \sim 10\mu\text{F}$，耐压为两倍额定电压。独石又叫多层瓷介电容，分两种类型，一种性能好，但容量小，一般小于 $0.2\mu\text{F}$，另一种容量大，但性能一般。独石电容最大的缺点是温度系数很高。独石电容器不仅可替代云母电容器和纸介电容器，还取代了某些钽电容器，广泛应用在小型和超小型电子设备（如液晶手表和微型仪器）中。

图 3-2-7　独石电容器

2）有极性电容器：指电容器的两个金属电极有正负极性之分，有极性电容器亦称电解电容器，标准符号为，也有⊥ ⊥ ⊥等图形符号画法。使用电解电容器时，必须注意极性，使用时，一定要把正极连接电路的高电位，负极连接电路的低电位，不能用于交流电路，极性不能接反，否则会引起电容器的损坏使电容器漏液、容量下降，甚至发热、击穿或爆炸。按照电极材料的不同，常见的电解电容器有铝电解电容器、钽电解电容器和铌电解电容器。此外，还有一些特殊性能的电解电容器，如激光储能型、闪光灯专用型及高频低感型电解电容器等，各用于不同要求的电路。插脚式有极性新的电容引脚较长的为正极，若引脚无法判别则根据标记判别，铝电解电容标记负号一边的引脚为负极，钽电解电容正极引脚有"＋"标记。

① 铝电解电容器。实物外形如图 3-2-8 所示。

图 3-2-8　　铝电解电容器

这种电容器体积小、容量大。与无极性电容器相比，它的特点是容量大，但绝缘电阻低、漏电大、误差大、稳定性差、频率特性差、容量和损耗会随着周围环境和时间的变化而变化，特别是温度过高或过低的情况下，且长期存放可能会因电解液干涸而老化失效。因此，铝电解电容器仅限于低频低压电路，常用做交流旁路和滤波，在要求不高时，也用于信号耦合。大容量的铝电解电容器的外壳顶端通常有"十"字形压痕，其作用是防止电容器内部发热引起外壳爆炸。假如电解电容器被错误地接入电路，介质反向极化会导致内部迅速发热，电解液汽化，膨胀的气体就会顶开外壳顶端的压痕释放压力，避免外壳爆裂伤人。容量范围为 $0.33 \sim 10000\mu F$，额定工作电压一般在 $6.3 \sim 450V$ 之间。如图 3-2-9 所示网卡上的铝电解电容器鼓包、漏液、变形，皆为损坏。

图 3-2-9　　铝电解电容器鼓包损坏

② 钽电解电容器。钽电解电容器（CA），简称钽电容，也属于电解电容的一种，钽电解电容器实物外形如图 3-2-10 所示。这种电容器采用金属钽（粉剂或溶液）作为电解质，是一种有正负极的电容器，一般有标识的一端为正极。由于钽及其氧化膜的物理性能稳定，所以它与铝电解电容器相比，具有绝缘电阻大、漏电小、寿命长、比电容大、长期存放性能稳定、温度及频率特性好等优点，但它的成本高、额定工作电压低（最高只有 160V）。这种电容器主要用于一些对电气性能要求较高的电路，如积分、计时及开关电路等。钽电解电容器分为有极性和无极性两种。钽电解电容内部没有电解液，适合在高温下工作。钽电解电容的特点是体积小、耐高温、准确度高、高频性能好，不过容量较小，价格要比铝电解电容高。钽电解电容的电容量为 $0.1 \sim 1000\mu F$，额定电压为 $6.3 \sim 160V$。

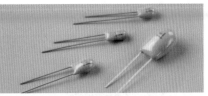

图 3-2-10 钽电解电容器

3）贴片电容器：实物外形如图 3-2-11 所示。贴片电容器又称片状电容器，可分为无极性电容器和有极性电容器（电解电容器）。图 3-2-11b 所示为无极性电容器，图 3-2-11c 所示为有极性电容器。

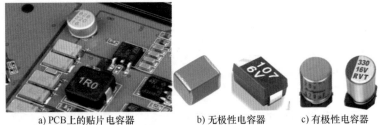

a) PCB 上的贴片电容器   b) 无极性电容器   c) 有极性电容器

图 3-2-11 贴片电容器

123

由于贴片电容器体积较小，故有很多电容器不标注容量，如图 3-2-11b 所示。对于这类电容器，可查看包装上的标签来识别，或者用电容表测量。也有些贴片电容器是标注容量的，常见方法有直标法和数码法，数码标注方法与普通电容器相同。下面重点识别一下两种有极性电容器。

① 贴片式铝电解电容器。实物外形如图 3-2-12 所示。贴片式电解电容是由阳极铝箔、阴极铝箔和衬垫卷绕而成。贴片式有极性铝电解电容的顶面有一黑色标志，是负极性标记，顶面还有电容容量和耐压。

图 3-2-12 贴片式铝电解电容器

② 贴片式钽电解电容器。实物外形如图 3-2-13 所示。贴片式钽电解电容有矩形的，也有圆柱形的，封装形式有裸片型、塑封型和端帽型 3 种，以塑封型为主。它的尺寸比贴片式铝电解电容器小，并且性能好。体积最小的高频片状钽电容器已经做成 0805 系列（长约 2mm，宽约 1.2mm），用于混合集成电路或采用 SMT 技术的微型电子产品中。

图 3-2-13 贴片式钽电解电容器

贴片式有极性钽电解电容器的顶面有一条黑色横线或白色横线，是正极性标记，顶面上还有电容容量代码和耐压值，如图3-2-14所示。

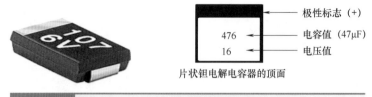

片状钽电解电容器的顶面
- 极性标志（+）
- 电容值（47μF）　476
- 电压值　16

图 3-2-14　贴片式钽电解电容器的标注

2　常见可变电容器的识别

1）单联可变电容器：由两组平行的铜或铝金属片组成，一组是固定的（定片），另一组固定在转轴上，是可以转动的（动片），实物如图3-2-15所示。

2）双联可变电容器：由两个单联可变电容组合而成，有两组定片和两组动片，动片连接在同一转轴上。调节时，两个可变电容器的电容器量同步调节，实物如图3-2-16所示。

图 3-2-15　单联可变电容器　　　图 3-2-16　双联可变电容器

3）有机薄膜可变电容器：定片和动片之间填充的电介质是有机薄膜。特点是体积小、成本低、容量大、温度特性较差等，实物如图3-2-17所示。

4）微调电容器：又叫半可调电容器，电容量可在小范围内调节，实物如图3-2-18所示。

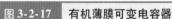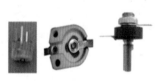

a) 插脚式　　　b) 贴片式

图 3-2-17　有机薄膜可变电容器　　　图 3-2-18　微调电容器

3　电容器参数的识别

电容器参数的识别方法与电阻的识别方法基本相同，分直标法、文字符号法、色标法和数码法4种。

1）直标法：是将电容的各项参数在电容的本体上表示出来，标注方法如图3-2-19所示。适用体积大的电容器，如电解电容、聚丙烯电容器等。

2）文字符号法：是用数字和单位符号组合在一起表示，标注方法如图3-2-20所示，用2～4位数字和一个字母表示标称容量，其中数字表示有效数值，字母表示数值的单位。字母有时既表示单位也表示小数点。如33m表示33mF＝33000μF；47n表示47nF＝0.047μF；3u3表示3.3μF；5n9表示5.9nF；2P2表示2.2pF。另外也有些是在数字前面加R，则表示为零点几微法，即R表示小数点，如R22表示0.22μF。

图 3-2-19　直标法电容器

图 3-2-20　文字符号法电容器

3）数码法：是在电容器上用三位数码表示标称值的标志方法。电容器上直接写出其容量，也有用数字来标志容量的，标注方法如图 3-2-21 所示。通常在容量小于 10000pF 的时候，用 pF 做单位，大于 10000pF 的时候，用 μF 做单位。为了简便起见，大于 100pF 而小于 1μF 的电容常常不标注单位。没有小数点的，它的单位是 pF，有小数点的，它的单位是 μF（有时可认为，用大于 1 的三位以上数字表示时，电容单位为 pF；用小于 1 的数字表示时，电容单位为 μF）。如有的电容上标有"332"（3300pF）三位有效数字，左起两位给出电容量的第一、二位数字，而第三位数字则表示在后加 0 的个数，单位是 pF。一般用三位数字表示电容的大小，单位 pF。前两位为有效数字，后一位表示倍率，即乘以 10^n，n 为第三位数字。若第三位数字为 9，则乘以 0.1，这种表示方法最常见。例如：

标称 100 的瓷片电容容量为 $10 \times 10^0 pF = 10pF$；

标称 100 的电解电容容量为 $10 \times 10^0 \mu F = 10\mu F$；

标称 010 的电解电容容量为 $1 \times 10^0 \mu F = 1\mu F$；

标称 332 的电容容量为 $33 \times 10^2 pF = 3300pF = 3.3nF = 3.3 \times 10^{-3} \mu F$；

标称 479 的瓷片电容容量为 $47 \times 10^{-1} pF = 4.7pF$（这种表示法的容量范围仅限于 $1.0 \sim 9.9pF$）。

4）色标法：用色环或色点表示电容器的主要参数的方法，也叫色码表示法，标注方法如图 3-2-22 所示。这种表示法与电阻器的色环表示法相似，颜色涂于电容器的一端或从顶端向引脚排列。色码一般只有三种颜色，前两个色码表示有效数字，第三个表示倍率，单位为 pF。有时色环较宽，如红红橙，两个红色色码环涂成一个宽色码环，表示 22000pF。

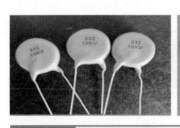

图 3-2-21　数码法电容器

图 3-2-22　色标法电容器

（三）电容器的检测

电容的质量好坏主要表现在电容量和漏电电阻。电容量可用带有电容测量功能的数字万用表、电容表、交流阻抗电桥或万用电桥测量；漏电电阻也可用绝缘电阻表等专用仪器测量。这里只介绍用万用表对电容的简易检测方法。

1　使用指针万用表简单判断电容器的质量

1）无极性固定电容的检测：

① 容量在 0.01μF（或者 5100pF）以上无极性固定电容的检测：用指针式万用表的欧姆档测量电容器的两引脚，应该能观察到万用表显示的阻值变化，这是电容器充电的过程，反向充电电流会更大，指针偏转也会更大。数值稳定后的阻值读数就是电容器的绝缘电阻（也称漏电电阻），操作

125

过程如图 3-2-23 所示。

将指针式万用表调至 R×10k 欧姆档，并进行欧姆调零，然后，观察万用表指示电阻值的变化。表笔接通瞬间，根据万用表的指针摆动情况可以判断：

a）正常：应向右微小摆动后，又逐渐往左回复到左端无穷大（∞）标记，调换表笔后，再次测量，指针也应该向右摆动更大幅度后返回无穷大（∞）处，可以判断该电容正常。

b）击穿：若表笔接通瞬间，万用表的指针摆动至 "0" 附近并不返回无穷大处，可以判断该电容被击穿或严重漏电。

c）漏电：若表笔接通瞬间，指针摆动后不再回至无穷大处，可判断该电容器漏电或严重漏电。

d）开路或者容量消失：若两次万用表指针均不摆动，可以判断该电容已开路。若正向、反向均无充电现象，即表针不动，则说明容量消失或内部断路。

图 3-2-23　用指针式万用表判断电容器的质量

② 容量小于 0.01μF 的无极性固定电容的检测：检测 0.01μF 以下的小电容，因电容容量太小，由于充电时间很快，充电电流很小，只能检查其是否有漏电、内部短路或击穿现象。测量时选用万用表 R×10k 档，将两表笔分别任意接电容的两个引脚，阻值应为无穷大。如果测出阻值为零，可以判定该电容漏电损坏或内部击穿。

2）有极性电解电容的检测：检测前应注意：数字万用表的红表笔内接电源正极，而指针式万用表的黑表笔内接电源正极，这是检测有极性元器件的前提。电解电容的容量较一般固定电容大得多，测量时，针对不同容量选用合适的量程，容量越大量程越小，选择不好容易把指针打弯曲甚至烧毁线圈。根据经验，一般情况下，1～47μF 间的电容，可用 R×1k 档测量，大于 47μF 的电容可用 R×100 档测量。测量前应让电容充分放电，放电方法如图 3-2-24 所示。小电解电容将电容的两根引脚短路，耐压高容量大的电容应采用泄放电阻慢慢放电甚至多次，才把电容内的残余电荷放掉，否则可能烧毁表的线圈，另外，对于电力电容放电前不要直接用手接触，避免人身伤害。检测电容器之前都要先放电，不管有没有电，这是一道 "红线"。

① 正接：电容充分放电后，将指针万用表的红表笔接负极，黑表笔接正极，如图 3-2-25 所示。在刚接通的瞬间，万用表指针应向右偏转较大角度（对于同一电阻档，容量越大，摆幅越大），然后逐渐向左返回，直到停在某一位置。此时的阻值便是电解电容的正向绝缘电阻，一般应在几百千欧以上；此阻值越大越好，最好应接近无穷大处。

② 反接：调换表笔测量，指针也应该向右摆动更大幅度甚至超出 "0 刻度线" 继续向右达到极限并且停留一会然后返回，最后指示的阻值是电容的反向绝缘电阻，应略小于正向绝缘电阻。

③ 极性判断：根据这个规律也可以判断其他有极性电容器正负极性，用万用表红、黑表笔交换来测量电容器的绝缘电阻，绝缘电阻大的一次，连接表内电源正极的表笔所接的就是电容器的正极，另一极为负极。

④ 质量判断：其他有极性电容器的损坏同样也包括开路、漏电、严重漏电、击穿短路等，测量方式分为在路测量和断路测量。

a）在路测量。主要是检测电容器是否已开路或已击穿这两种明显故障，而对漏电故障由于受外电路的影响一般是测不准的。用万用表 R×1 档，电路断开后，先用表笔或短路线放掉残存在电容器内的电荷。如果表针向右偏转后所指示的阻值很小（接近短路），说明电容器严重漏电或已击穿。如果表针不向右偏转或者向右偏后无回转，但所指示的阻值不是很小，说明电容器开路的可能性很大。这种方法简便快速，只能定性参考，且需要一定经验，想 "确诊" 应脱开电路后进一步检测。线路上通电状态时检测，若怀疑电解电容只在通电状态下才存在击穿故障（这叫 "软击穿"），可以给电路通电，然后用万用表直流档测量该电容器两端的直流电压，如果电压很低或为0V，则是该电容器已严重漏电或已击穿。

b）断路测量。就是让电容器的一个引脚脱离线路时检测，类似于把电容取下来测量。采用万用表 R×1k 档，在脱离线路和检测前，先将电解电容的两根引脚相碰，以便放掉电容内残余的电荷（容量不大耐压不高的电容可以直接短路放电，对于容量很大、耐压很高的电容器直接短路放电很危险，会发生电击损伤，应通过大阻值大功率电阻缓慢放电、多次放电才能确保安全）。当表笔刚接通时，表针向右偏转一个角度，然后表针缓慢地向左回转，最后表针停下。表针停下来所指示的阻值为该电容的漏电电阻，此阻值愈大愈好，最好应接近无穷大处。如果漏电电阻只有几十千欧，说明这一电解电容漏电严重。表针向右摆动的角度越大（表针还应该向左回摆），说明这一电解电容的电容量也越大，反之说明容量越小。

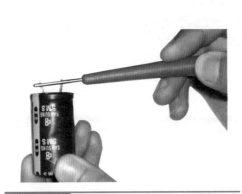

图 3-2-24　大容量低耐压电解电容的放电

图 3-2-25　电解电容器的检测

2　数字万用表检测电容

1）用数字万用表的电阻档定性测量电容器：将数字万用表拨至适当的电阻档档位，万用表表笔分别接在被测电容 C 的两个引脚上，这时屏幕显示值从"000"开始逐渐增加，直至屏幕显示"1"；然后将两表笔交换后再测，显示屏上显示逐渐减小的负值（先放电）再显示从"000"开始逐渐增加，直至屏幕显示"1"（这是反向充电过程，相比正向充电要快），证明电容器充放电正常，容量越大，过程越长，这也间接检测了电容器容量的大小，操作过程如图 3-2-26 所示。

图 3-2-26　用数字万用表的电阻档定性测量电容器

2）用数字万用表的电容档定量测量电容器（200μF 以下）：数字万用表测量电容的电容量，并不是所有电容都可测量，要依据数字万用表的测量档位来确定。用数字万用表测量电容的电容量具体方法是将数字万用表置于电容档（F），根据电容量的大小选择适当档位（200μF 以下），如图 3-2-27 所示，待测电容充分放电后，将待测电容直接插到测试孔内（CX）。数字万用表的显示屏上将直接显示出待测电容的容量。

图 3-2-27　用数字万用表的电容档测量电容器

3）用胜利牌 VC9804A⁺电容档测量：

① 将转换开关置于相应 F 量程范围内，将待测电容插入"COM"和"mA"插座中（注意"COM"端对应于正极，"mA"端对应于负极，操作过程如图 3-2-28 所示）。

② 如果用表笔测量，用表笔对应接入（注意红表笔极性为"＋"极），黑色表笔插入"mA"插孔，红色表笔插入 COM 插孔，而不要插入表笔插孔"COM"和"VΩ"。

③ 将电容端跨接在测试两端进行测量，必须注意极性。

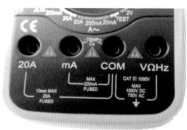

图 3-2-28　用数字万用表 VC9804A⁺的电容档测量电容器

注意：

a）如被测电容超过所选量程的最大值，显示器将只显示"1"，此时则应将转换开关转高一档；电容档最大量程为 200μF。

b）在测试电容之前，显示器可能尚有残留读数，属正常现象，不会影响测量结果。

c）大电容档测量严重漏电电容时，将显示一数字值且不稳定；若击穿短路，则显示"1"，此时配合通断档验证。

d）在测试电容容量之前，对电容应多次充分地放电，以防止损坏仪表。

e）测量大电容时稳定读数需要一定的时间。

4）电容器的损坏总结：

① 开路失效（无容量）。检测无容量，无充放电现象，但要与小电容区分，必要时可以用代换方法加以验证。

② 容量减小。超出误差范围，容量明显减小，不容易测量，可做对比试验，必要时用代换方法加以验证。

③ 漏电严重。漏电阻较小，导致损耗增大，发热严重，是严重的故障隐患，会发展成短路、爆裂等严重故障。

④ 短路。会造成瓷片等小电容转为开路故障，对于高电压下的电容会烧焦、爆裂；对于电解电容会漏液、顶部网格保护破裂、鼓包甚至炸裂、引起危险。如图 3-2-29 所示，对于这种故障，往往伴随着电阻烧毁、二极管、晶体管击穿短路等，或者电压升高，先要彻底查明原因，万万不可一换了事，留下更大的故障隐患。

图 3-2-29　电容器的损坏现象

（四）课堂训练

分组识别实训室所提供的各种电容器，并用万用表检测电容器的质量。

三、任务小结

1）快速识别各种电容器是电子设备安装与调试的前提和基础，特别是有极性的电容器，更要仔细鉴别其各种参数，才能有效避免出错。

2）用万用表检测电容只能粗略判断电容好坏，有些故障只能依靠用新电容代换实验，不能过分依赖万用表的检测结果。

3）电容器在线路中的故障率是很高的，很多与线路环境有密切关系，如在线路维修中怀疑电解电容有故障，先换掉散热器旁边的电解电容，这样可事半功倍。

四、课后任务

1）通过网络查找并仔细识别各种电容器，把课堂没涉及的电容器类型补充整理出来并上交分享。

2）利用网上资料，查找用如图 3-2-30 所示数字电容表检测电容（200mF 以下）的方法，并加以整理和分享。

图 3-2-30　数字电容表

任务 3　电感类元器件的识别与检测

【任务目标】
- 掌握电感类元器件的外观和参数识别。
- 掌握用万用表检测电感类元器件的方法步骤，判断电感类元器件的质量。

【任务重点】　掌握电感类元器件的外观和参数识别。

【任务难点】　掌握用万用表检测电感类元器件的方法步骤，判断电感类元器件的质量。

【参考学时】　6 学时

一、任务导入

电感类元器件是指与电感器相类似，能够用万用表的电阻档进行测量的元器件，包括电感器、变压器、继电器等。

二、任务实施

（一）电感器的相关知识

1　电感器的基本知识

1）电感器：用绝缘导线绕成一匝或多匝以产生一定自感量的电子元器件，常称电感线圈，简称电感或者线圈。是将电能转换为磁能并储存起来的元器件，在电子系统和电子设备中必不可少。文字符号为"L"或者"T"，电感器也是电子电路中常用的元器件之一。

2）电感器的作用：通低频，阻高频，通直流、阻交流，这也是它的一个特性。电感器的应用范围很广泛，在调谐、振荡、耦合、匹配、滤波、陷波、延迟、补偿、缓冲、反馈、阻抗匹配、定时、移相及偏转等电路中，都是必不可少的。

3）符号及单位：在电路中，电感的符号为—〰〰—，基本单位是亨，字母符号为"H"。

常用的电感值还有毫亨（mH）和微亨（μH），其转换关系为

$$1H = 10^3 mH = 10^6 μH$$

电感跟电阻类似，没有正负极，在电路中可以任意连接，但是互相耦合的线圈和变压器必须用特殊的方式连接。

2　电感器的主要参数

1）标称电感量：是指电感器表面所标的电感量，指电感器通过变化电流时产生感应电动势的能力。电感量也称自感系数，是表示电感器产生自感应能力的一个物理量。电感器电感量的大小，由电感线圈的匝数 N、直径 D、长度 L，磁介质的磁导率 $μ$ 来决定。主要取决于线圈的圈数（匝数）、绕制方式、有无磁心及磁心的材料等。通常，线圈圈数越多、绕制的线圈越密集，电感量就越大。有磁心的线圈比无磁心的线圈电感量大；磁心导磁率越大的线圈，电感量也越大。

2）允许误差：是指电感器上标称的电感量与实际电感的允许误差值，它表示电感器的精度。电感器的误差等级有Ⅰ（±5%）、Ⅱ（±10%）、Ⅲ（±20%）。一般用于振荡或滤波等电路中的电感器要求精度较高，允许偏差为 ±（0.2% ~ 0.5）%；而用于耦合、高频阻流等线圈的精度要求不高，允许偏差为 ±（10% ~ 15%）。

3）额定电流：是指电感器正常工作时，允许通过的最大电流。若工作电流超过额定电流，则电感器就会因发热而使性能参数发生改变，甚至还会因过电流而烧毁。

4）品质因数：也称 Q 值，线圈中储存的能量与消耗的能量的比值称为品质因数，是衡量电感器质量的主要参数。是指电感器在某一频率的交流电压下工作时所呈现的感抗与其等效损耗电阻之比。电感器的 Q 值越高，其损耗越小，效率越高。电感器品质因数的高低与线圈导线的直流电阻、线圈骨架的介质损耗及铁心、屏蔽罩等引起的损耗等有关。

$$Q = \frac{\omega L}{R} = \frac{2\pi f L}{R}$$

5）分布电容：是指线圈的匝与匝之间、线圈与磁心之间存在的电容。电感器的分布电容越小，其稳定性越好。

6）感抗：线圈对交流电的阻碍作用称为电感电抗，简称感抗，用符号 X_L 表示，单位是欧姆。感抗的大小与电源频率成正比，与线圈的电感成正比，用公式表示为

$$X_L = \omega L = 2\pi f L$$

3　电感器的型号及命名

固定线圈的型号及命名方法各生产厂家不尽相同，国内较常见的命名有两种，一种由三部分构成，另一种由四部分构成。

三部分构成的主要结构：第一部分用字母表示主称（电感器用 L 表示）；第二部分用数字表示电感量；第三部分用字母表示允许偏差（其中"J"表示 $\pm 5\%$、"K"表示 $\pm 10\%$、"M"表示 $\pm 20\%$）。

四部分构成的主要结构：第一部分用字母表示主称（电感器用 L 表示）；第二部分用字母表示特征（其中"G"表示高频）；第三部分用字母表示形式（其中"X"表示小型）；第四部分用数字表示序号。例如，LGX 型即为小型高频电感线圈。

4　电感器分类

按结构形式分：固定电感器、可变电感器。

按导磁体性质分：空心电感器、铁心电感器、磁心电感器、铜心电感器。

按绕线结构分：单层线圈、多层线圈、蜂房式线圈。

按用途分：天线线圈、振荡线圈、扼流线圈、陷波（滤波）线圈、显像管偏转线圈、校正补偿线圈、隔离线圈等。

5　电感器的磁场能

电感线圈也是一个储能元件。线圈中储存的磁场能量与通过线圈的电流的二次方成正比，与线圈的电感成正比，用公式表示为

$$W_L = \frac{1}{2}LI^2$$

（二）电感器的识别与检测

1　电感器的识别

1）电感器外观的识别：

① 空心电感器。又称空心电感线圈，实物及其符号如图 3-3-1 所示，由导线一圈靠一圈地绕在绝缘管上，导线彼此互相绝缘，绝缘管是空心的。空心电感器没有磁心或铁心，通常线圈绕的匝数较少，电感量小。通过调整空心线圈之间的间隙，可以改变电感量的大小，实现微调。为了防止线圈之间的间隙变化，实用电路中调试结束后，可用石蜡对其密封固定。

② 磁心电感器。又称磁心电感线圈，由漆包线环绕在磁心或磁棒上制成，各种磁心电感器及其符号如图 3-3-2 所示。

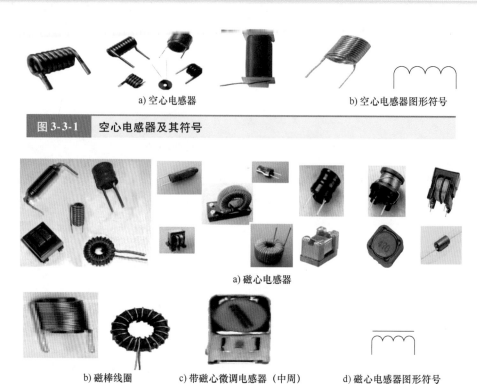

a) 空心电感器　　　　　　　　　　b) 空心电感器图形符号

图 3-3-1　　空心电感器及其符号

a) 磁心电感器

b) 磁棒线圈　　　c) 带磁心微调电感器（中周）　　　d) 磁心电感器图形符号

图 3-3-2　　各种磁心电感器及其符号

③ 铁心电感器。又称铁心电感线圈。铁心电感器是在铁心骨架上绕制线圈而形成，通常其骨架采用硅钢片叠加在一起而组成，如电感镇流器等，铁心电感器及其符号如图 3-3-3 所示。

④ 扼流圈（阻流圈）。常有低频扼流圈和高频扼流圈两大类。

a）低频扼流圈。又称滤波线圈，实物如图 3-3-4 所示，一般由铁心和绕组等构成，常用在低频电路中，如音频电路、电源滤波电路。

a) 电感镇流器　　b) 铁心电感器图形符号

图 3-3-3　　铁心电感器及其符号　　　　　图 3-3-4　　低频扼流圈

b）高频扼流圈。用在高频电路中，主要起阻碍高频信号的通过，实物如图 3-3-5 所示。

图 3-3-5　　高频扼流圈

⑤ 可调电感器。又称可变电感线圈、可调电感线圈，实物及符号如图 3-3-6 所示，是在线圈中加装磁心，并通过调节其在线圈中的位置来改变电感量。

a) 可调电感器　　　　　　　　　　　b) 可调电感器符号

图 3-3-6　可调电感器及其符号

⑥ 印刷电感器。又称微电感，如图 3-3-7 所示，常用在高频电子设备中，它是由印制电路板上一段特殊形状的铜箔构成。

⑦ 色码电感器。是一种高频电感器，实物如图 3-3-8 所示，工作频率范围一般为 10kHz ~ 200MHz，电感量在 0.1 ~ 3300μH 范围内。

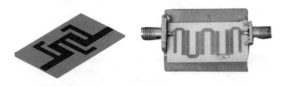

图 3-3-7　印刷电感器　　　　　　　图 3-3-8　色码电感器

⑧ 贴片式电感器。与贴片电阻、电容不同的是贴片电感的外观形状多种多样，实物如图 3-3-9 所示，有的贴片电感很大，从外观上很容易判断，有的贴片电感的外观形状和贴片电阻、贴片电容相似，很难判断，此时只能借助万用表来判断。贴片电感器的功能与普通电感器相同。贴片电感器的标称电感值一般用数码法直接标注在电感上，其标注方法与普通电感器相同，单位为 μH。贴片电感器最常见的标注方法是文字符号法。

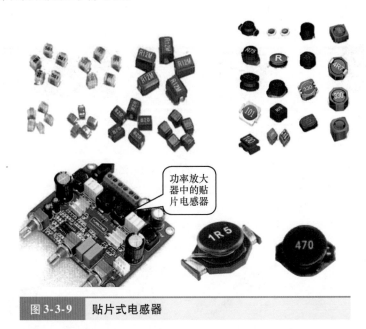

功率放大器中的贴片电感器

图 3-3-9　贴片式电感器

2）电感器参数的识别：

① 直标法。是指在小型固定电感器的外壳上直接用文字标注出电感器的主要参数，如电感量、

误差值、最大直流工作电流等，标注方法如图 3-3-10 所示。

图 3-3-10　电感器直标法

② 文字符号法。是将电感的标称值和偏差值用数字和文字符号法按一定的规律组合标示在电感体上，标注方法如图 3-3-11 所示。采用文字符号法表示的电感通常是一些小功率电感，单位通常为 nH 或 μH。用 μH 做单位时，"R"表示小数点；用"nH"做单位时，"n"表示小数点。文字符号法多用在贴片等小型电感上。

图 3-3-11　电感器文字符号法

③ 数码法。是在电感器上采用三位数码表示标称电感值的方法，标注方法如图 3-3-12 所示。三位数字中，从左至右的第一、第二位为有效数字，第三位数字表示有效数字后面所加"0"的个数。注意：用这种方法读出的色环电感量，默认单位为微亨（μH）。如果电感量中有小数点，则用"R"表示，并占一位有效数字。例如：标示为"330"的电感为 $33 \times 100\,\mu H = 33\,\mu H$。

a)　　　　　　b)　　　　　　c)

图 3-3-12　电感器数码法

④ 色标法。色标法是在电感表面涂上不同的色环来代表电感量（与电阻类似），如图 3-3-13 所示，通常用三个或四个色环表示。识别色环时，紧靠电感体一端的色环为第一环，露出电感体本色较多的另一端为末环。注意：用这种方法读出的色环电感量，默认单位为微亨（μH）。采用这种方法表示电感线圈主要参数的多为小型固定高频电感线圈，也称色码电感。

图 3-3-13　色标电感器法

2　电感器的检测

准确测量电感线圈的电感量 L 和品质因数 Q，可以使用万能电桥或 Q 表。电感是否开路或局部短路，以及电感量的相对大小可以用万用表做出粗略检测和判断。

1）检查外观外观检查：检测电感时，先进行外观检查，看线圈有无松散，引脚有无折断，线圈是否烧毁或外壳是否烧焦等现象。若有上述现象，则表明电感已损坏。应马上查找损坏原因。

2）检测直流电阻：

① 用指针万用表的欧姆档测线圈的直流电阻。电感的直流电阻值一般很小，匝数多、线径细的线圈能达几十欧姆；对于有抽头的线圈，各引脚之间的阻值均很小，仅有几欧姆左右。若用万用表 R×1Ω 档测线圈的直流电阻，阻值无穷大说明线圈（或与引出线间）已经开路损坏；阻值比正常值小很多，则说明有局部短路；阻值为零，说明线圈正常或者完全短路。局部短路和短路对于阻值很小的电感用指针式万用表是测不准的，应配合其他方法进行验证。

② 用数字万用表测量电感器直流电阻。在测量前，首先将电感器从电路板上取下，然后清洁电感器两端的引脚，除掉引脚上的灰尘和氧化物，清洁完成后开始准备测量，将数字万用表的功能转换开关旋至二极管档。接下来将万用表的两只表笔分别接在电感器的两只引脚上，测量的阻值为0，由于测量的阻值接近于0，因此可以判定此电感器没有断路故障。

135

（三）电磁继电器的识别与检测

1　电磁继电器的相关知识

1）电磁继电器的特点：实质上是一种用小电流来控制大电流的自动开关，广泛使用在自动控制电路中。

2）电磁继电器的用途：具有隔离功能的自动开关元件，广泛应用于遥控、通信、自动控制、机电一体化等电力电子设备中，是重要的控制元器件之一。

3）电磁继电器的分类：

① 根据电路特点：电磁继电器主要包括直流电磁继电器、交流电磁继电器和磁保持继电器三种。

② 根据开关触点的形式：可分为常开式、常闭式和转换式三种。

4）电磁继电器的结构和工作原理：是由控制电流通过线圈所产生的电磁吸力驱动磁路中的可动部分而实现触点开、闭或转换功能的继电器。

电磁继电器是由铁心、线圈、衔铁、触点以及底座等构成，如图 3-3-14 所示。当线圈中通过电流时，线圈中间的铁心被磁化而产生磁力，从而将衔铁吸下，衔铁通过杠杆的作用推动簧片动作，使触点闭合；当切断继电器线圈的电流时，铁心失去磁力，衔铁在簧片的作用下恢复原位，触点断开。

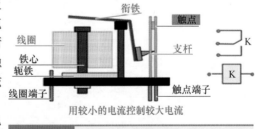

图 3-3-14　电磁继电器的结构

5）电磁继电器的常用符号：在电路中表示继电器时，要画出它的线圈与控制电路的有关触点。电磁继电器的常用符号如图 3-3-15 所示。对于继电器的"动合（常开）、动断（常闭）"触点，可以这样来区分：继电器线圈未通电时处于断开状态的静触点，称为"动合触点"；处于接通状态的静触点称为"动断触点"。

6）电磁继电器的主要技术指标：有直流电阻、线圈额定工作电压、触点额定工作电压和电流、吸合电流、释放电流等。主要技术指标中线圈额定工作电压、触电额点工作电压和电流是最主要的，通常在继电器的外壳上标注。

① 线圈额定电压。使触点稳定切换时线圈两端所加的电压称为额定电压。额定电压分为直流

电压和交流电压。

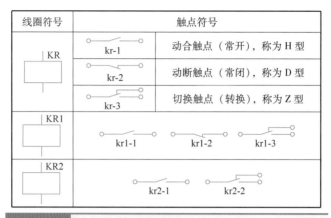

图 3-3-15 电磁继电器的常用符号

② 吸合电压。保持触点吸合，线圈两端应加的最低电压称为吸合电压，通常为额定电压的 70% ~80% 。

③ 吸合电流。触点吸合时线圈通过的最小电流称为吸合电流。在正常使用时，给定的电流必须略大于吸合电流，这样继电器才能稳定地工作。

④ 释放电压。触点吸合后其释放时，线圈两端所加的最高电压称为释放电压，通常比吸合电压低。

⑤ 释放电流。是指继电器产生释放动作时的最大电流。当继电器吸合状态的电流减小到一定程度时，继电器就会恢复到未通电的释放状态。释放电流远远小于吸合电流。

⑥ 线圈电阻。线圈的直流电阻称为线圈电阻。它与线圈匝数及线圈的额定工作电压成正比。

⑦ 线圈消耗功率。继电器线圈所消耗的额定电功率称为线圈消耗功率。

⑧ 触点形式。是指几组触点及常开（D）、常闭（H）或一开一闭（Z）。固态继电器的技术指标较多，包括输入参数和输出参数。

⑨ 触点负荷。是指触点的带载能力，即触点能安全通过的最大电流和最高电压。

7）继电器的型号命名：继电器的型号一般由五部分组成。第一部分用字母 J 表示继电器，第二部分用字母表示功率或形式，第三部分用字母表示外形特征，第四部分用数字表示序号，第五部分用字母表示封装，见表 3-3-1，实例如图 3-3-16 所示。

表 3-3-1 继电器的型号命名方法

第一部分	第二部分	第三部分	第四部分	第五部分
继电器主称	功率或形式	外形	序号	封装形式
J	W：微功率	W：微型		F：封闭式
J	R：弱功率	C：超小型		M：密封式
J	Z：中功率	X：小型		（无）敞开式
J	Q：大功率	G：干式		
J	A：舌簧	S：湿式		
J	M：磁保持			
J	H：极化			
J	P：高频			
J	L：交流			
J	S：时间			
J	U：温度			

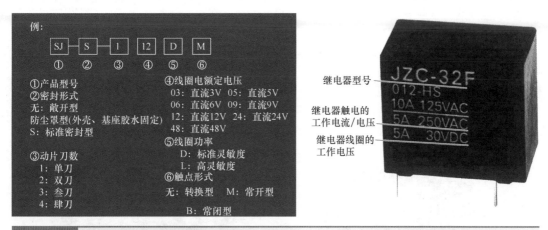

例:

| SJ | S | I | 12 | D | M |
| ① | ② | ③ | ④ | ⑤ | ⑥ |

①产品型号
②密封形式
　无: 敞开型
　防尘罩型(外壳、基座胶水固定)
　S: 标准密封型

③动片刀数
　1: 单刀
　2: 双刀
　3: 叁刀
　4: 肆刀

④线圈电额定电压
　03: 直流3V　05: 直流5V
　06: 直流6V　09: 直流9V
　12: 直流12V　24: 直流24V
　48: 直流48V

⑤线圈功率
　D: 标准灵敏度
　L: 高灵敏度

⑥触点形式
　无: 转换型　　M: 常开型
　B: 常闭型

继电器型号

继电器触电的
工作电流/电压

继电器线圈的
工作电压

图 3-3-16 电磁继电器的型号命名实例

2 继电器的外观识别

常用继电器的外观如图 3-3-17 所示。

图 3-3-17 常用继电器的外观

3 电磁继电器的检测方法

1) 判别是交流继电器还是直流继电器: 在交流继电器的线圈上常标有"AC"字样, 并且在其铁心顶端, 都嵌有一个铜制的短路环; 在直流继电器上则标有"DC"字样, 且在其铁心顶端没有铜环。

2) 判别触点的数量和类别: 只要仔细观察一下继电器的触点结构, 即可知道该继电器有几对触点, 还能看清楚在不通电的情况下, 触点是闭合的还是断开的。也可以用万用表的欧姆档测量触点两个引脚的电阻, 通过电阻的阻值来判断该继电器是常开式还是常闭式。若触点对外有 3 个引脚, 则该继电器属于转换式。若触点对外只有两个引脚, 则该继电器只能属于常开式或是常闭式。

3) 测量触点接触电阻: 可以判断该触点是否良好, 如图 3-3-18 所示。用万用表的"R×1"档, 先测量一下常闭触点间的电阻, 该阻值应为零。然后再测量一下常开触点之间的电阻, 该阻值应为无穷大。接着, 用手按下衔铁, 这时常开触点闭合而常闭触点打开, 常闭触点之间的电阻变为无穷大, 常开触点之间的电阻变为零。如果常开触点和常闭触点的状态转换不正常, 可轻轻拨动相应的簧片, 使触点充分闭合或打开。

如果触点闭合后接触电阻极大，看上去触点已经熔化，那么该继电器已不能再继续使用。若触点闭合后接触电阻时大时小状态不稳定，看上去触点完整无损，只是表面颜色发黑，可用细砂纸轻轻擦蹭触点的表面，使其接触良好，然后在触点空载情况下，给继电器线圈加上额定工作电压，使其吸合、释放几次，再测一下触点的接触电阻是否恢复正常。检测继电器触点时，给继电器线圈接上规定的工作电压，再用万用表"$R \times 1\Omega$"档检测触点的通断情况。未加上工作电压时，常闭触点应导通。当加上工作电压时，应能听到继电器吸合声，这时常开触点应导通，否则应检查触点是否清洁、氧化及接点压力是否足够。

图 3-3-18　测量触点接触电阻

图 3-3-19　测量线圈电阻

4）测量线圈电阻：一般电磁继电器正常时，其电磁线圈的电阻值为 $25\Omega \sim 2k\Omega$。而额定电压较低的电磁式继电器，其线圈的电阻值较小；额定电压较高的电磁继电器，线圈的电阻值相对较大。

根据继电器标称的线圈直流电阻值，将万用表置于适当的电阻档，可直接测出该继电器线圈的电阻值，如图 3-3-19 所示。例如，某继电器标明线圈电阻值为 $R = 1000\Omega$，则将万用表拨至 $R \times 100\Omega$ 档，然后将万用表的两表笔接到继电器线圈的两个引脚，万用表指示应基本符合继电器标称的直流电阻值。

如果测出线圈有开路现象，可查一下线圈的引出端，看是否是线头开焊。如果断头在线圈的内部或看上去线包已烧焦，那么只有更换一个相同的线圈或将继电器整个更换。

用万用表测量线圈电阻指示值的大小应与该继电器的线圈标注阻值基本相符，指示值过大、过小都说明线圈存在着断线和短路的故障。

（四）扬声器件的识别与检测

1　扬声器件的相关知识

1）扬声器件的作用：扬声器是一种把电信号转换成声音信号的电声器件。确切地说，扬声器的工作实际上是把一定范围内的音频电功率信号通过换能方式转变为失真小并具有足够声压级的可听声音。扬声器在电路原理图中常用文字符号"B"或"BL"表示。

2）扬声器件的结构：如图 3-3-20 所示。

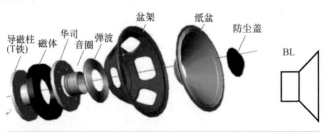

图 3-3-20　扬声器的结构和符号

3）扬声器件的性能指标：

① 额定功率（W）。是指扬声器能长时间工作的输出功率，又称为不失真功率，一般都标在扬声器后端的铭牌上。因此，为保证在峰值脉冲出现时仍能获得很好的音质，扬声器需留足够的功率余量。一般扬声器的最大功率是额定功率的 2~4 倍。

② 频率特性（Hz）。是衡量扬声器放音频带宽度的指标。高保真放音系统要求扬声器系统应能重放 20~2000Hz 的人耳可听音域。

③ 额定阻抗（Ω）。是指扬声器在额定状态下，施加在扬声器输入端的电压与流过扬声器的电流的比值。现在，扬声器件的额定阻抗一般有 2Ω、4Ω、8Ω、16Ω、32Ω 等几种。

4）扬声器件型号命名的组成项目和排列次序：

① 扬声器：主称-分类-辐射形式-形状-功率-序号；

② 传声器：主称-分类-等级-序号；

③ 送、受话器：主称-分类-序号-阻抗；

④ 话筒、耳机：主称-序号-阻抗；

⑤ 组合件：主称-序号-组合形式。

主称中名称与代表符号对应关系：扬声器-Y、扬声器组-YZ、传声器-C、传声器组-CZ、送话器-O、受话器-S、话筒-H、耳机-E、耳机话筒组-EH。

分类中名称与代表符号对应关系：电磁式-C、电动、动圈式-D、压电式-Y、静电、电容式-R、碳粒式-T、铝带式-A、接触式-J、压差式-C、压强式-不表示。

辐射形式、形状、用途中名称与代表符号对应关系：号筒式-H、椭圆式-T、圆形-不表示、耳塞式-S、飞机用通话帽-F、坦克用通话帽-T、舰艇用通话帽-J、一般工作用通话帽-G。

5）扬声器件的分类：

① 按工作原理分：电动式、电磁式、静电式和压电式扬声器件等。

② 按振膜形状分：锥形、平板形、球顶形、带状、薄片形扬声器件等。

③ 按放声频率分：低音、中音、高音、全频带扬声器件等。

④ 按照用途分：扬声器、传声器、传声器组、送话器、受话器、话筒、耳机话筒组。

2 扬声器件的识别与检测

1）常用扬声器件的识别与检测：

① 扬声器外形，如图 3-3-21 所示。

a）微型扬声器   b）手机听筒   c）内磁式扬声器   d）外磁式扬声器

图 3-3-21 常用扬声器的外形

② 扬声器的检测。

a）试听扬声器的声音。用万用表的 R×1Ω 档，两支表笔（不分正、负）断续触碰扬声器两引出端，如图 3-3-22 所示。扬声器中应发出"咯、咯……"声，响声越大越好，无声说明扬声器音圈被卡死或音圈断路损坏，应查看是否断线。若有破声则说明纸盆脱胶或漏气，应粘贴或重换扬声器。音质差故障，这是扬声器的软故障，通常不能发现什么明显的故障特征，只是声音不悦耳，这种故障的扬声器要更换处理。

b）测量扬声器音圈直流电阻。万用表所指示的是音圈直流电阻，应为扬声器标称阻抗的 0.8

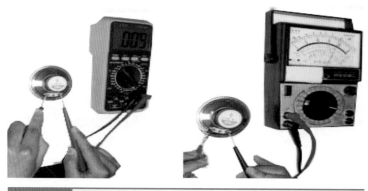

图 3-3-22   常用扬声器的检测

倍左右。如数值过小说明音圈短路，如不通（R 为无穷大）则说明音圈已断路。需要提醒的是，由于扬声器阻抗很低，因此万用表应置于 R×1Ω 档，且不要忘记将欧姆档调零。

c）扬声器的相位。一般扬声器有正负极，正极接电位高的一端，多只扬声器放音，扬声器的正、负极性一定要一致。例如在高保真的音响设备中，几只扬声器在同极性电源的刺激下，若极性不一致，运动方向不一致，会造成声波在空间相互抵消，就会大大降低放音效果。

2）压电蜂鸣片的识别和检测：

① 压电蜂鸣片。由压电陶瓷片和金属振动片粘合而成，因此又被称为"压电陶瓷片"，实物如图 3-3-23 所示，主要应用在电话机、手机、定时器及玩具等电子产品中作为发声器件。

图 3-3-23   压电蜂鸣片

② 压电蜂鸣片的检测。将压电蜂鸣片平放在桌子上，在压电蜂鸣片的两极引出两根引线，两根引线分别与万用表（数字、指针式皆可）的两表笔相接，将万用表置于最小电流档，然后用铅笔橡皮头轻按压电蜂鸣片，若指针式万用表指针明显摆动（数字万用表有显示），说明压电蜂鸣片完好，如图 3-3-24 所示；否则，说明已损坏。用 R×10kΩ 档测两极电阻，正常值应为无穷大，然后轻轻敲击陶瓷片，指针应略微摆动。最简单的方法是用低频信号发生器输入低频信号，观察其能否正常发声。

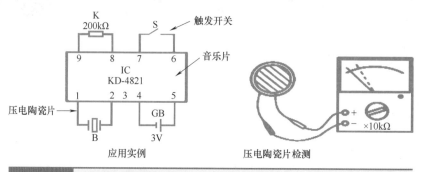

图 3-3-24   压电陶瓷片应用及检测

3）蜂鸣器的识别和检测：

① 蜂鸣器。是一种一体化结构的电子讯响器，采用直流电压供电，将线圈置于由永久磁铁、铁心、高导磁的小铁片及振动膜组成的磁回路中。蜂鸣器在电路中用字母"H"或"HA"表示，在电路原理图中的电路符号如图 3-3-25 所示。主要分为压电式蜂鸣器和电磁式蜂鸣器两种类型；按驱动方式不同，可分为自激式（DC）和他激式（AC）两种。

图 3-3-25　蜂鸣器外形和符号

② 蜂鸣器的检测。用万用表的 R×1Ω 档检测蜂鸣器的阻值时，正常的蜂鸣器就会发出轻微"咯咯"的声音，并在表头上显示出直流电阻值（通常为16Ω左右）；若无"咯咯"响声且电阻值为无穷大，则表明蜂鸣器开路损坏。自激式（DC）的蜂鸣器可以加直流电来判断其好坏，加直流电后若蜂鸣，表明蜂鸣器是好的，否则为损坏；他激式（AC）的可以加方波信号进行判断好坏。

（五）小型变压器的识别与检测

1　变压器的相关知识

1）变压器的功能：根据变压器的工作原理可知，变压器的功能主要是电压变换、电流变换和阻抗变换。如果对一次侧线圈施加较高的电压，在二次侧得到较低的电压，这种变压器叫作降压变压器。如果对一次侧线圈施加较低的电压，在二次侧得到较高的电压，这种变压器叫作升压变压器。

2）变压器的分类：

① 按体积分：小型变压器（电子设备用）、中型变压器（机床设备）、大型变压器（电力设备）。

② 按用途分：电源变压器、调压变压器、音频变压器、中频变压器、高频变压器、脉冲变压器。

③ 按相数分：三相变压器、单相变压器。

④ 按绕组形式分：三绕组变压器、双绕组变压器和自耦变压器（单绕组变压器）。

⑤ 按铁心形式分：心式变压器、壳式变压器、环形变压器。

⑥ 按冷却方式分：油浸式变压器、干式变压器、充气式变压器、蒸发冷却变压器。

⑦ 按工作频率分：低频变压器、中频变压器和高频变压器。

⑧ 按磁心材料分：高频磁心变压器、低频磁心变压器和整体磁心变压器。

注意：本书所涉及的变压器均指电子设备专用的小型单相变压器。

3）小型变压器的符号：图形符号如图 3-3-26 所示，文字符号为 T。

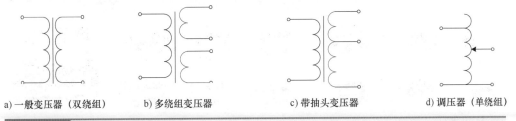

a）一般变压器（双绕组）　　b）多绕组变压器　　c）带抽头变压器　　d）调压器（单绕组）

图 3-3-26　常见变压器的图形符号

2 小型变压器的外观

1）低频变压器：用来传输信号电压和信号功率，还可实现电路之间的阻抗匹配，对交流电具有隔离作用。又可分为电源变压器和音频变压器两种。

① 电源变压器。功能是功率传送、电压变换和绝缘隔离，在电源技术中和电力电子技术中得到广泛的应用，实物如图 3-3-27 所示。

图 3-3-27 小型电源变压器

② 音频变压器。主要用于音频放大电路中，也叫输出、输入变压器，实物如图 3-3-28 所示。在电路中主要起阻抗变换作用。又分为级间耦合变压器、输入变压器和输出变压器。

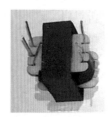

图 3-3-28 音频变压器

2）中频变压器：是指用在中频电路中的变压器。无线电设备采用的中频变压器又称为中周，实物如图 3-3-29 所示。它是将一、二次线圈绕在尼龙支架（内部装有磁心）上，并用金属屏蔽罩封装而成。

a）中频变压器   b）磁心可调变压器的图形符号

图 3-3-29 中频变压器及其图形符号

3）高频变压器：是指用在高频电路中的变压器，实物如图 3-3-30 所示。主要用于高频开关电源中作高频开关电源变压器，也有用于高频逆变电源和高频逆变焊机中作高频逆变电源变压器的。

图 3-3-30 各种高频变压器

4）隔离变压器：主要作用是隔离电源、切断干扰源的耦合通路和传输通道，其一次、二次线圈的匝数比（即电压比）等于1，实物如图3-3-31所示。它又分为抗干扰隔离变压器和电源隔离变压器。

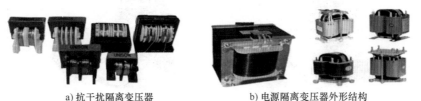

a) 抗干扰隔离变压器　　　　　　　　b) 电源隔离变压器外形结构

图3-3-31	隔离变压器外形结构

5）自耦变压器：自耦变压器的绕组为有抽头的一组线圈，其输入端和输出端之间有电的直接联系，不能隔离为两个独立部分，实物如图3-3-32所示。环形自耦变压器的铁心是用优质冷轧硅钢片无缝地卷制而成，这就使得它的铁心性能优于传统的叠片式铁心。广泛应用于家电设备和其他技术要求较高的电子设备中，主要用途是作为电源变压器和隔离变压器。

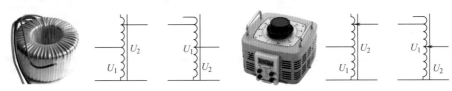

a) 固定自耦式变压器外形及符号图　　　　b) 可调自耦式变压器外形及符号图

图3-3-32	自耦变压器

6）脉冲变压器：用于各种脉冲电路中，实物如图3-3-33所示。其工作电压、电流等均为非正弦脉冲波。常用的脉冲变压器有电视机的行输出变压器、行推动变压器、开关变压器、电子点火器的脉冲变压器、臭氧发生器的脉冲变压器等。其中电视机行输出变压器是能产生多种高（3万V）高电压的脉冲变压器，俗称高压包。

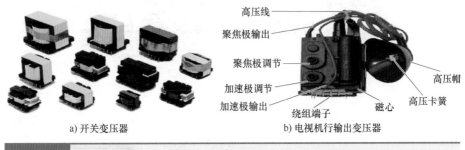

a) 开关变压器　　　　　　b) 电视机行输出变压器

图3-3-33	脉冲变压器

3　变压器的检测

1）变压器的检测方法：

① 气味判断法。在严重短路性损坏变压器的情况下，变压器会冒烟，并会放出高温烧绝缘漆、绝缘纸等的气味。因此，只要能闻到绝缘漆烧焦的味道，就表明变压器正在烧毁或已烧毁。对于电视机行输出变压器更是如此。

② 外观观察法。用眼睛或借助放大镜，仔细查看变压器的外观，看其是否引脚断路、接触不良；包装是否损坏，骨架是否良好，是否融化变形；铁心是否松动等。往往较为明显的故障，用观察法就可判断出来。

③ 电阻测量法。变压器线圈的直流电阻很小，用万用表的 R×1Ω 档检测可判断线圈有无短路

或断路情况，检测方法如图 3-3-34 所示。

a) 检测一次侧线圈　　　　b) 检测二次侧线圈

图 3-3-34　变压器的电阻测量法

2）变压器的检测内容及步骤：主要介绍常用的电源变压器的检测，其他的可以参考。电源变压器的检测分为以下几个步骤。

① 外观检查。主要是通过仔细观察变压器的外貌来检查其是否有明显异常的现象，如线圈引线是否断裂、脱焊，绝缘材料是否有烧焦痕迹，是否闻到绝缘漆、绝缘纸等烧焦的气味，铁心紧固螺杆是否有松动，硅钢片有无锈蚀，线圈是否有外露等。

② 绝缘性能检测。方法如图 3-3-35 所示，用万用表 R×10k 档分别测量铁心与一次侧，一次侧与各二次侧，静电屏蔽层与一、二次侧，二次侧各线圈间的电阻值，万用表指针均应指在无穷大位置不动。否则，说明变压器绝缘性能不良。通常各线圈（包括静电屏蔽层）间，各线圈与铁心间的绝缘电阻只要有一处低于 $10M\Omega$，就应确认变压器绝缘性能不良。如测的绝缘电阻小于几百欧到几千欧时，则已出现线圈间短路或铁心与线圈间的短路故障了。用数字万用表检测变压器的绝缘性能，可用电阻档的 R×100M 检测其绝缘性能。

图 3-3-35　变压器的绝缘检测

③ 检测线圈通断。方法如图 3-3-36 所示，将万用表拨至合适的电阻档或者二极管通断档，按照小型变压器的各线圈引脚排列规律，逐一检查各线圈的通断情况，检测出小型变压器的线圈，进而判断其绕组是否正常。在测试中，如果某个线圈的电阻值为无穷大，则说明此线圈有断路性的故障。若某个线圈的电阻值接近为 0，不能轻易判定该线圈短路，可能是二次线圈阻值很小，通过其他方法配合验证。

一般情况下，电源变压器（降压式）一次侧线圈的直流电阻多为几十至上百欧，变压器功率越小（通常相对体积也小），则电阻值越大。二次侧线圈的电阻值一般为几至几十欧姆甚至多为零点几欧至几欧姆，电压较高的二次侧线圈的电阻值较大些。

故障变压器的处理：变压器损坏后，一般只能更换。对内有温度保险的变压器，可仔细拆开线圈外的保护层，找到温度保险，直接连通温度保险的两个引脚，这可作为应急使用。

图 3-3-36　用万用表检测小型变压器绕组电阻值

④ 判别一、二次侧线圈。

a）根据铭牌判别。电源变压器（降压式）一次侧引脚和二次侧引脚一般都是分别从两侧引出的，并且一次侧线圈多标有 220V 字样，二次侧线圈则标出额定电压值如 12V、15V、24V 等，再根据这些标记进行识别。可以辅助看线的颜色，红的和蓝的一般是一次侧，其他颜色是二次侧线圈。

b）根据外漏线直径判别。电源变压器（降压式）一次侧线圈和二次侧线圈的线径是不同的。一次侧线圈是高压侧，线圈匝数多，线径细；二次侧线圈是低压侧，线圈匝数少，线径粗。因此根据线径的粗细可判别电源变压器的一、二次侧线圈。具体方法是观察电源变压器的接线端子处的线圈，线径粗的线圈是二次侧线圈，线径细的线圈是一次侧线圈。

c）电阻法判别。电源变压器有时没有标初次级字样，并且绕组线圈包裹比较严密，无法看到线圈线径粗细，这时就需要通过万用表来判别一、二次侧线圈。使用万用表测电源变压器线圈的直流电阻可以判别一、二次侧线圈。一次侧线圈（高压侧）由于线圈匝数多，导线细，直流电阻相对大一些，二次侧线圈（低压侧）匝数少，导线粗，直流电阻相对小一些，最后与经验数值比较，判断好坏。最好根据其直流电阻值及线径综合判别一、二次侧线圈。

⑤ 电源变压器短路性或者局部短路故障的综合检测判别。

a）根据发热情况判断。电源变压器发生短路性故障后的主要症状是发热严重甚至发出高温烧绝缘漆、绝缘纸等的气味。通常，线圈内部匝间短路点越多，短路电流就越大，而变压器发热就越严重。当短路严重时，变压器在空载加电后几十秒钟之内便会迅速发热，用手触摸铁心会有烫手的感觉，而正常工作时只是温暖的感觉；

b）根据检测二次侧线圈输出电压情况判断。通电检测会发现二次侧线圈输出电压明显降低；

c）根据空载电流情况判断。检测判断电源变压器是否有短路性故障的简单方法是测量空载电流。存在短路故障的变压器，其空载电流值将远大于满载电流的 10%。

（六）课堂训练

分组识别实训室所提供的各种电感类元器件，并用万用表检测其质量。

三、任务小结

1）电感、继电器和变压器种类繁多，型号各异，识别不能仅仅依靠其外形，而要多参数相互对比，才能用对。

2）电感、继电器和变压器的检测需要慎重，要用多种方法相互配合验证，不要贸然下结论，造成不必要损失。

四、课后任务

1）利用网络图片，查看各种电感类元器件型号和外观，识别其参数，分析其用途，整理总结上报。

2）借助网络，查找用数字式绝缘电阻表判断小型变压器的绝缘电阻的方法和步骤。

将机械式绝缘电阻表的两个接线端分别接被测压器的两个测试端，如图 3-3-37 所示，以 120r/min 的速度用手平稳地摇动手柄。分别用绝缘电阻表测出一次侧线圈与二次侧线圈间的电阻值、一次侧线圈与外壳之间的电阻值、二次侧线圈与外壳之间的电阻值。一般小型变压器（工作电压在 220V 左右的）绝缘电阻值在 2MΩ 以上时为正常，若小于 0.5MΩ 以下时就不能使用了。

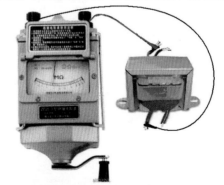

图 3-3-37 绝缘电阻表测量绝缘电阻

145

 电子元器件的安装与拆卸

任务 4 晶体管类元器件的识别与检测

【任务目标】
- 掌握晶体管类元器件的外观和参数识别。
- 掌握用万用表检测晶体管类元器件的方法步骤，判断晶体管类元器件的质量。

【任务重点】 掌握晶体管类元器件的外观和参数识别。

【任务难点】 掌握用万用表检测晶体管类元器件的方法步骤，判断晶体管类元器件的质量。

【参考学时】 19 学时

一、任务导入

晶体管类元器件是指以半导体材料制造的元器件，包括二极管、晶体三极管、晶振、晶闸管、场效应晶体管和三端稳压器等。

二、任务实施

146

（一）二极管的识别与检测

1 二极管的相关知识

1）二极管的作用：有整流、检波、稳压、开关、限幅等作用。起整流作用的二极管叫整流二极管，起检波作用的二极管叫检波二极管等。

2）二极管的主要参数：

① 正向平均电流 I_F。指二极管在室温下长期运行允许通过的最大正向平均电流。超过这一数值二极管将因过热而烧坏。工作电流较大的大功率管子还必须按规定安装散热装置。

② 最高反向工作电压 V_{RM}。指允许加在二极管上的反向电压的最大值。选用时，应保证反向电压在任何情况下都不要超过这一数值，以避免二极管被反向击穿。

③ 反向击穿电压 V_{BR}。二极管反向电流急剧增大到出现击穿现象时的反向电压值。

④ 反向电流 I_R。指二极管在规定的温度和最高反向电压作用下，流过二极管的反向电流。反向电流越小，管子的单向导电性越好。

⑤ 最高工作频率 f_M。二极管具有单向导电性的最高交流信号的频率，f_M 越大管子性能越好。

3）二极管的命名方法：二极管的型号命名通常由 5 部分组成，如图 3-4-1 所示。字母及数字含义见表 3-4-1。

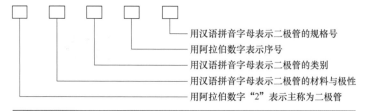

用汉语拼音字母表示二极管的规格号
用阿拉伯数字表示序号
用汉语拼音字母表示二极管的类别
用汉语拼音字母表示二极管的材料与极性
用阿拉伯数字"2"表示主称为二极管

图 3-4-1 二极管的型号命名

例如：2AP9   "2"表示二极管   2CW10   "2"表示二极管

"A"表示 N 型，锗材料   "C"表示 N 型，硅材料

"P"表示普通管   "W"表示稳压管

"9"表示序号   "10"表示序号

表 3-4-1 二极管的型号

第一部分（数字）	第二部分	第三部分（拼音）	第四部分（数字）	第五部分
电极数目	材料与极性	二极管类型	二极管的类型	规格号
2—二极管	A—N 型锗材料 B—P 型锗材料 C—N 型硅材料 D—P 型硅材料 E—化合物材料	P—普通管 W—稳压管 Z—整流管 K—开关管 F—发光管 U—发电管	表示某些性能与参数上的差别	表示同型号中的档别，按照 A、B、C、D … 顺序依次升高

4）二极管的分类：

① 按制作材料分：硅二极管、锗二极管。

② 按结构形式分：点接触型、面接触型、平面型二极管。

③ 按用途分：普通二极管：整流二极管、检波二极管、开关二极管；

特殊二极管：稳压二极管、发光二极管、光电二极管、变容二极管。

5）常见二极管的图形符号：常用二极管的图形符号如图 3-4-2 所示，普通二极管在电路中常用字母"D"或"VD"表示，稳压二极管在电路中用字母"ZD"表示。

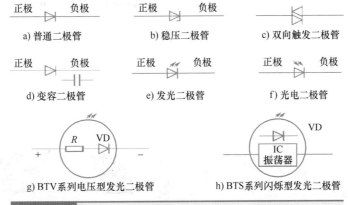

图 3-4-2 常用二极管的图形称号

2 二极管的外形识别

1）整流二极管：整流二极管是用于将交流电能转变为脉动直流电能的半导体器件，实物如图 3-4-3 所示。主要用于整流电路，流过的电流比较大，所以整流二极管都是面结型，因此结电容较大，工作频率较低。一般为 3kHz 以下。整流二极管的外壳封装常采用金属壳封装、塑料封装和玻璃封装三种形式。

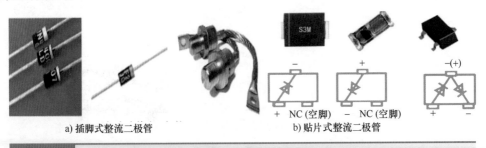

图 3-4-3 整流二极管

2）检波二极管：也称解调二极管，是利用其单向导电性将高频或中频无线电信号中的低频信号或音频信号取出来的器件，具有较高的检波效率和良好的频率特性，实物如图 3-4-4 所示。检波二极管流过的电流比较小。结构为点接触型。其结电容较小、工作频率较高，一般都采用锗材料制成。

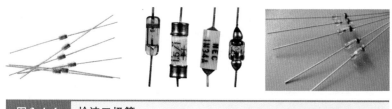

图 3-4-4　检波二极管

3）开关二极管：是为在电路上进行"开""关"而特殊设计的一种二极管，实物如图 3-4-5 所示。它由导通变截止或由截止变导通所需的时间比一般二极管短，即开关速度快。

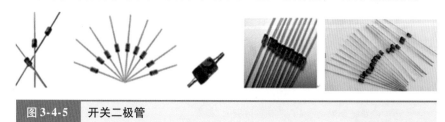

图 3-4-5　开关二极管

4）贴片二极管：有片式矩形和无引线圆柱形两种，在电子产品及通信设备中广泛应用，其实物如图 3-4-6 所示。贴片二极管由于外形多种多样，极性标注也有多种方法。有引线的贴片二极管，管体白色色环的一端为负极；有引线而无色环的贴片二极管，引线较长的一端为正极；无引线的贴片二极管，表面有色带或者有缺口的一端为负极；贴片发光二极管有缺口的一端为负极。

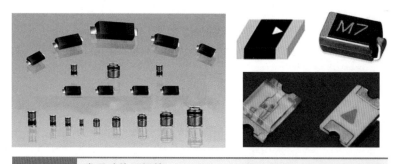

图 3-4-6　常用贴片二极管

贴片二极管有单管和对管两种：单管式贴片二极管内部结构如图 3-4-7 所示，单管式贴片二极管一般有两个极，标有白色横条的为负极，另一端为正极。有些单管式贴片二极管有三个极，其中一个极为空极。

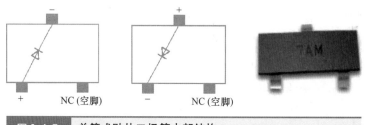

图 3-4-7　单管式贴片二极管内部结构

对管式贴片二极管根据内部两只二极管的连接方式不同，分为共阳极对管（两只二极管共用阳极）、共阴极对管（两只二极管共用阴极）和串联对管，如图 3-4-8 所示。

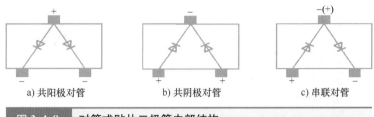

a) 共阳极对管　　　　b) 共阴极对管　　　　c) 串联对管

| 图 3-4-8 | 对管式贴片二极管内部结构 |

5）稳压二极管：又称齐纳二极管，主要用做稳压器或电压基准器件，这种管子是利用二极管的反向击穿特性（雪崩现象）制成的，实物如图 3-4-9 所示。在电路中其两端的电压保持基本不变，起到稳定电压的作用。常用的稳压管有 2CW55、2CW56 等。稳压二极管是加反向偏压的。

a) 实物图　　　　　　　　　　b) 图形符号

| 图 3-4-9 | 稳压二极管 |

6）发光二极管：广泛应用于各种电子电路、家用电器、仪表设备中，作电源指示、电平指示，或者组成文字或数字显示等，正向特性比较特殊，相当部分发光二极管（LED）工作电流为 10～30mA 时，正向电压降约为 1.5～3V，白光 LED 正逐步取代现有灯泡照明，有"绿色照明光源"之称。

① 普通发光二极管。除了具有普通二极管的单向导电特性之外，还可以将电能转化为光能的器件。给发光二极管外加正向电压时，它处于导通状态，当正向电流流过管芯时，发光二极管就会发光，将电能转化成光能。常见的发光二极管发光颜色有红色、黄色、绿色、橙色、蓝色、白色等，实物如图 3-4-10 所示。

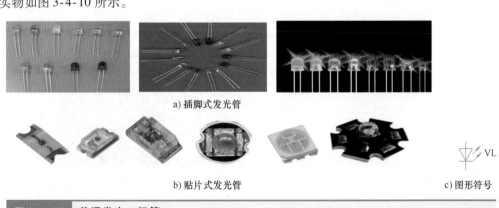

a) 插脚式发光管

b) 贴片式发光管　　　　　　　　c) 图形符号

| 图 3-4-10 | 普通发光二极管 |

② 特殊发光二极管。

a）发可见光二极管。发光二极管发光时，是以电磁波辐射形式向远方发射的。630～780nm 的波长为红光；555～590nm 的波长为黄光；495～555nm 的波长为绿光。

b）发不可见光二极管。即红外线发光二极管，其波长为940nm，人眼无法见到这样的光，常称之为发射二极管或红外线发射二极管，其中遥控手柄中的红外线发射二极管如图 3-4-11 所示。

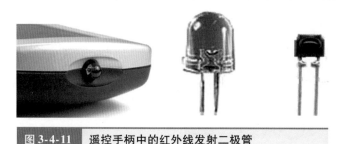

图 3-4-11　遥控手柄中的红外线发射二极管

c）双色发光二极管。是将两种颜色的发光二极管制作在一起组成的，常见的有红、绿双色发光二极管。内部结构有两种连接方式：一是共阳极或共阴极（即正极或负极连接为公共端），二是正负连接形式（即一只二极管正极与另一只二极管负极连接），如图 3-4-12 所示。共阳极或共阴极双色二极管有三只引脚，正负连接式双色二极管有两只引脚。双色二极管可以发单色光，也可以发混合色光，即红、绿管都亮时，发黄色光。

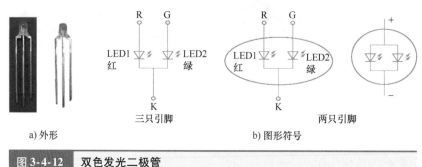

a) 外形　　　　　　　　　　　b) 图形符号

图 3-4-12　双色发光二极管

d）闪烁发光二极管。通电后会时亮时暗闪烁发光，是将集成电路（IC）和二极管制作并封装在一起的，如图 3-4-13 所示。常见的闪烁发光二极管有红、绿、橙和黄四种，正常工作电压一般为 3 ~ 5.5V。

e）红外线接收二极管。是一种光电二极管，如图 3-4-14 所示。在实际应用中要给红外接收二极管加反向偏压，它才能正常工作，亦即红外接收二极管在电路中应用时是反向运用，这样才能获得较高的灵敏度。红外接收二极管一般有圆形和方形两种。

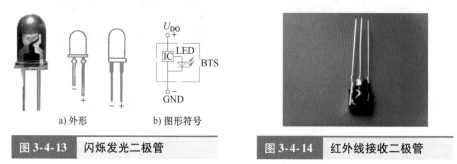

a) 外形　　　　　　　b) 图形符号

图 3-4-13　闪烁发光二极管　　　　　　图 3-4-14　红外线接收二极管

7）变容二极管：是利用反向偏压来改变 PN 结电容量的特殊二极管，如图 3-4-15 所示。在高频调谐、通信等电路中做可变电容器使用，PN 结工作在反偏状态，其结电容随反偏电压增加而减小。其特点是结电容随加到管子上的反向电压大小而变化。在一定范围内，反向偏压越小，结电容越大；反之，反向电容偏压越大，结电容越小。人们利用变容二极管的这种特性取代可变电容器的功能。变容二极管多采用硅或砷化镓材料制成，采用陶瓷或环氧树脂封装。变容二极管在电视机、收音机和数码相机中多用于调谐电路和自动频率微调电路中。

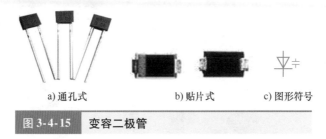

a) 通孔式　　　　　　b) 贴片式　　　　　c) 图形符号

图 3-4-15　变容二极管

8）光电二极管：主要用在自动控制中，作为光电检测器件，如图 3-4-16 所示。光电二极管的 PN 结工作在反偏状态，其反向电流随光照增强而增加。光电二极管是当受到光照射时反向电阻会随之变化的二极管。随着光照射的增强，光电二极管反向电阻由大到小变化，常用做光电传感器件使用。

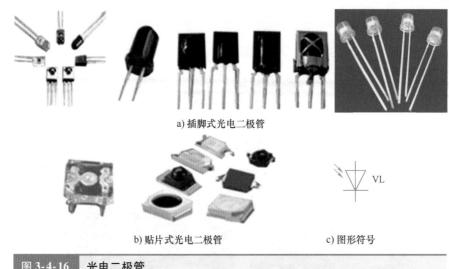

a) 插脚式光电二极管

b) 贴片式光电二极管　　　　　　c) 图形符号

图 3-4-16　光电二极管

9）双向触发二极管：触发二极管是双向触发二极管的简称，亦称两端交流器件，与双向晶闸管同时问世。双向触发二极管是一种硅双向电压触发开关器件，当其两端施加的电压超过击穿电压时，两端即导通，导通将持续到电流中断或降到器件的最小保持电流后会再次关断。触发二极管的结构简单，价格低廉，常用来触发双向晶闸管，构成过电压保护电路、定时器等。双向触发二极管及其电路符号如图 3-4-17 所示，文字符号用 T 表示。它属于三层构造、具有对称性的二端半导体器件。

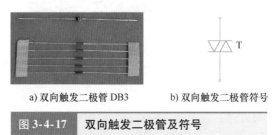

a) 双向触发二极管 DB3　　　　b) 双向触发二极管符号

图 3-4-17　双向触发二极管及符号

10）快恢复二极管：又叫肖特基二极管，如图 3-4-18 所示，是一种开关特性好，反向恢复时间短的二极管，主要应用于开关电源、PWM 脉宽调制器及变频器等电子电路中做整流和续流用，正向导通阻值（高频管）$120 \sim 150\Omega$。

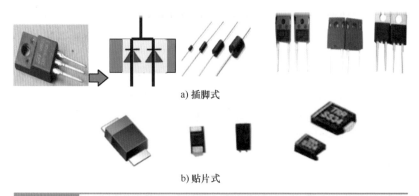

a) 插脚式

b) 贴片式

图 3-4-18 快恢复二极管

11）整流桥：由于整流电路通常为桥式整流电路，将几个整流二极管封装在一起的组件叫整流桥。整流桥及其应用如图 3-4-19 所示。整流桥可分全桥和半桥两种形式。整流桥的表面通常标注内部电路结构或者交流输入端及直流输出端的名称。交流输入端通常用"AC"或者"～"表示，直流输出端通常用"DC"或者"＋""－"表示。

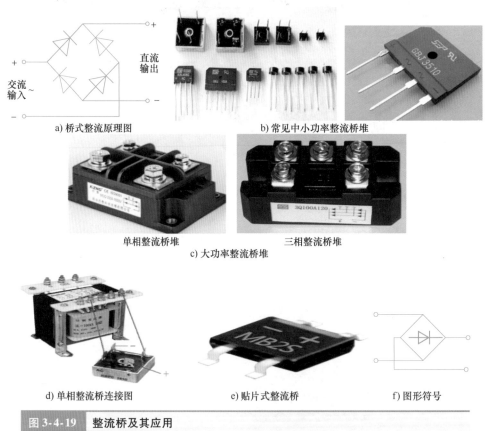

a) 桥式整流原理图　　　　　　　　b) 常见中小功率整流桥堆

单相整流桥堆　　　　　　　三相整流桥堆

c) 大功率整流桥堆

d) 单相整流桥连接图　　　e) 贴片式整流桥　　　f) 图形符号

图 3-4-19 整流桥及其应用

12）二极管排：是将两只或两只以上的二极管通过一定的生产工艺封装在一起，其外形及结构如图 3-4-20 所示。按其内部电路的连接形式，可分为共阴极型（内部所有二极管的阴极连接在一起）、共阳极型（内部所有二极管的阳极连接在一起）、串联型及独立型等。

13）阻尼二极管：多用在高频电压电路中，能承受较高的反向击穿电压和较大的峰值电流。一般用在电视机电路中。常用的阻尼二极管有 2CN1、2CN2、BS-4 等。

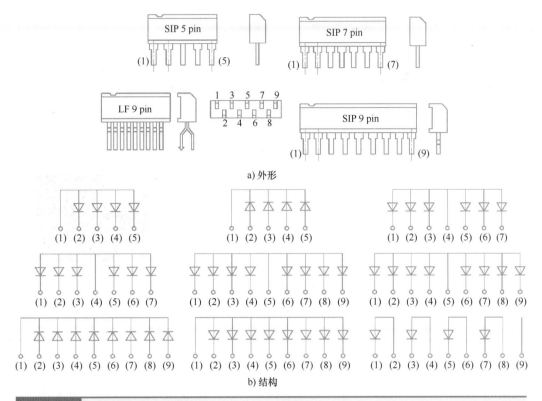

a) 外形

b) 结构

图 3-4-20 二极管排的外形及结构

3 常见二极管的参数和极性识别

1）国产二极管通常将电路符号印在管壳上，直接标示出引脚极性，如图 3-4-21 所示。金属封装二极管的螺母部分通常为负极引线。

2）小型塑料封装的二极管的 N 极（负极），常在负极一端印上一道色环作为负极标记，如图 3-4-22 所示。小功率二极管的负极通常在表面用一个色环标出；金属封装二极管的螺母部分通常为负极引线。

图 3-4-21 用符号直接标出引脚极性

3）有的二极管两端形状不同，平头一端引脚为正极，圆头一端引脚为负极，如图 3-4-23 所示。

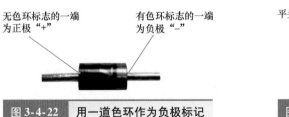

无色环标志的一端为正极"+"　　有色环标志的一端为负极"–"

图 3-4-22 用一道色环作为负极标记

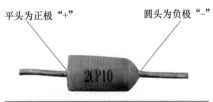

平头为正极"+"　　圆头为负极"–"

图 3-4-23 根据两端形状不同识别

4）稳压二极管极性的识别方法。正、负电极的判别从外形上看，金属封装稳压二极管管体的正极一端为平面形，负极一端为半圆面形。塑料封装稳压二极管管体上印有色环标记的一端为负极，另一端为正极，如图 3-4-24 所示。

5）全新发光二极管的正负极可从引脚长短来识别，长脚为正，短脚为负，如图 3-4-25 所示。

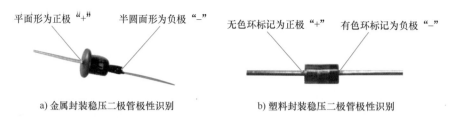

a) 金属封装稳压二极管极性识别　　　　b) 塑料封装稳压二极管极性识别

图 3-4-24　稳压二极管极性的识别方法

透明的还可从内部管极面积大小判断，仔细观察发光二极管，可以发现内部的两个电极一大一小：一般电极面积较小，个头较小的一端是发光二极管的正极，电极面积较大的一端是负极，负极一边带缺口。

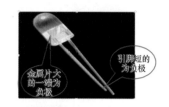

图 3-4-25　全新的发光二极管的极性识别

6）整流桥的极性识别。整流桥的表面通常标注内部电路结构或交流输入端及直流输出端的名称，交流输入端通常用"AC"或者"～"表示；直流输出端通常以"＋""－"符号表示。

7）贴片二极管的极性识别。贴片二极管由于外形多种多样，极性标注也有多种方法，如图 3-4-26 所示：有引线的贴片二极管，管体白色色环的一端为负极；有引线而无色环的贴片二极管，引线较长的一端为正极；无引线的贴片二极管，表面有色带或者有缺口的一端为负极；贴片发光二极管有缺口的一端为负极。总之标志在负极上。

图 3-4-26　贴片二极管的极性识别

4　二极管的检测

1）用指针式万用表检测二极管：用指针式万用表检测普通二极管，包括整流管、检波管、开关管、稳压管、贴片管、二极管排和桥堆，都用同样方法。

① 判断二极管极性。

a）插好表笔，机械调零，选择量程（将转换开关拨到 R×100 或 R×1k 档）。

指针万用表的红表笔接内部电池的负极，黑表笔接内部电池的正极，与数字万用表刚好相反，这是检测有极性元器件的基础。

b）欧姆调零。

c）检测极性。先用表笔分别与二极管的两极相连，测出正、反向两个电阻阻值，如图 3-4-27 所示。测得阻值较小的那一次，与黑表笔相接的一端即为二极管的正极。同理，测得阻值较大的那一次，与黑表笔相接的一端即为二极管的负极。

图3-4-27 用指针式万用表判断二极管极性

② 判断二极管质量（见表3-4-2）。

表3-4-2 用万用表判断二极管质量的方法

序号	万用表1	万用表2
测量方法	测正向电阻。用万用表 R×100 或 R×1k 档，红表笔接二极管的正极，黑表笔接二极管的负极	反向电阻。用万用表 R×100 或 R×1k 档，红表笔接二极管的负极，黑表笔接二极管的正极
示意图		
质量判定	正向电阻：硅管几千欧，锗管几百欧，说明二极管正常	反向电阻：几百千欧以上，硅管大于锗管，接近∞处，说明二极管正常
	正反向电阻测量值均为∞，说明二极管内部开路	
	正反向电阻测量值均为零，说明二极管内部短路	

③ 检测发光二极管。

a）将指针式万用表置于 R×10k 档，欧姆调零。

b）将红、黑表笔分别接至发光二极管两端。若测得阻值为∞，再将红、黑表笔对调后接在发光二极管两端，若测得的电阻阻值为几十欧至200kΩ，说明发光二极管质量良好，如图3-4-28所示。测得电阻阻值为几十欧至200kΩ的那一次，黑表笔接的是发光二极管正极。

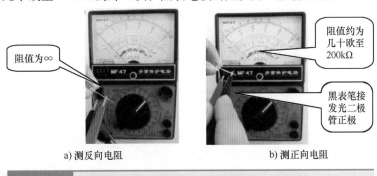

a) 测反向电阻   b) 测正向电阻

图3-4-28 用指针式万用表检测发光二极管

155

c）若两次测得的阻值都很大，则发光二极管内部开路；若两次测得的阻值都较小，则发光二极管内部击穿。

④ 硅二极管和锗二极管的区分。

a）将指针式万用表的转换开关拨到 R×100 或 R×1k 档。

b）用黑表笔接二极管的"＋"极，红表笔接二极管的"－"极，测其正向电阻。如果万用表的指针在表盘中间或中间偏右一点，则为硅管；如果万用表的指针在表盘右端靠近满刻度处，则为锗管，如图 3-4-29a 所示。

c）也可以用万用表红表笔接二极管的"＋"极，黑表笔接二极管的"－"极，即测其反向电阻。如果指针基本不动，指在"∞"处，则为硅管；如果指针有很小偏转，且一般不超过满刻度的 1/4，则为锗管，如图 3-4-29b 所示。

⑤ 稳压管和普通二极管的区分。

a）将万用表的转换开关拨到 R×10k 电阻档。

b）用黑表笔接待区分管的负极，红表笔接其正极，由表内叠层电池（9V）向管子提供反向电压。若指针基本不动，指在"∞"处或有极小偏转的，则为普通二极管；如果指针有一定的偏转，则为稳压二极管，如图 3-4-30 所示。

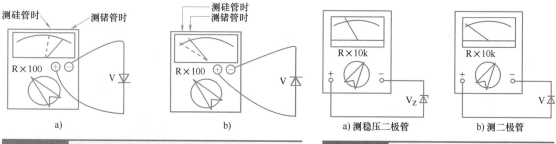

a)   b)   a) 测稳压二极管   b) 测二极管

图 3-4-29 用万用表区分硅二极管和锗二极管   **图 3-4-30** 用万用表区分稳压管和二极管

⑥ 红外光电二极管的检测。将指针式万用表置于 R×1k 档，测它的正、反向电阻值。正常时，正向阻值为 3～10kΩ，反向阻值为 500kΩ 以上。

在测量反向电阻的同时，用电视机遥控器对着被测红外光电二极管的接收窗口，正常时，在按动遥控器上的按键时，其反向阻值会由 500kΩ 以上减小至 50～100kΩ。阻值下降越多，说明它的灵敏度越高。

⑦ 半桥、全桥的检测。整流半桥和全桥的表面通常标有其内部结构，即交流输入端用"AC"或"～"表示，直流输出端用"＋""－"符号表示。其中"AC"或"～"为交流电压的输入端，"＋"为整流后输出电压的正极，"－"为输出电压的负极。检测时，可通过分别测量"＋"极与两个"～"，"－"极与两个"～"之间各整流二极管的正、反向电阻值（与普通二极管的测量方法相同）是否正常，即可判断该全桥是否已损坏。若测得半桥内两只二极管、全桥内 4 只二极管的正、反向电阻值均为 0 或均为无穷大，则可判断桥内部该二极管已击穿或开路损坏。

⑧ 双向触发二极管的检测。双向触发二极管正、反向电阻值的测量，使用指针式万用表的 R×1k 或 R×10k 档。正常时，双向触发二极管正、反向电阻值均应为无穷大。如果测得正反向电阻值均很小或为 0，则说明被测二极管已击穿损坏。

⑨ 光电二极管的检测。光电二极管是利用 PN 结在施加反向电压时，在光线照射下反向电阻由大到小的原理进行工作的。无光照射时，二极管的反向电流很小；有光照射时，二极管的反向电流很大。光电二极管不是对所有的可见光及不可见光都有相同的反应，是有特定的光谱范围的，2DU 是利用半导体硅材料制成的光电二极管，2AU 是利用半导体锗材料制成的光电二极管。

2）用数字万用表检测二极管：

① 用数字万用表检测普通二极管。

a）二极管的极性。用数字万用表专用的测二极管档检测二极管的极性，如图 3-4-31 所示。数字万用表的红表笔接内部电池的正极，黑表笔接内部电池的负极，和指针式万用表刚好相反。将数字万用表置于二极管档，红表笔插入"V/Ω"插孔，黑表笔插入"COM"插孔。将两支表笔分别接触二极管的两个电极，如果显示溢出符号"1"，说明二极管处于反向截止状态，此时黑笔接的是二极管正极，红笔接的是二极管负极。反之，如果显示值在 100mV 以下，则二极管处于正向导通状态，此时与红笔接的是二极管正极，与黑笔接的是二极管负极。操作过程如图 3-4-32 所示，数字万用表实际上测的是二极管两端的压降。

a) 正向   b) 反向

图 3-4-31 用数字万用表检测二极管的档位选择

图 3-4-32 用数字万用表判断二极管的极性

157

b）二极管的材料。将数字万用表调至二极管档，红表笔接二极管正极，黑表笔接二极管负极，此时万用表的显示屏可显示出二极管的正向压降值。不同材料的二极管，正向压降是不同的。如果万用表显示的电压值在 0.150 ~ 0.300V 之间，则说明被测二极管是锗材料制成的；如果万用表显示的电压值在 0.500 ~ 0.700V 之间，则说明被测二极管是硅材料制成的，如图 3-4-33 所示。

c）二极管的质量。用数字万用表测量二极管的质量，如图 3-4-34 所示，总结正常二极管的正向压降应显示为：硅管 0.500 ~ 0.700V，锗管 0.150 ~ 0.300V；肖特基二极管的压降是 0.2V 左右；普通硅整流管约为 0.7V，发光二极管约为 1.8 ~ 2.3V。

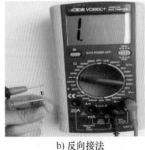

a) 正向接法   b) 反向接法

图 3-4-33 数字万用表判断二极管的材料

图 3-4-34 用数字万用表测量二极管的质量

如果正、反向接法测量时，数字显示 0 左右时，同时发出蜂鸣声，说明二极管短路或者严重漏电；如果均为溢出显示"1"，则说明被测二极管是开路的。如果正反向压降相近，则二极管性能不良，不能使用。测量时，不要用手指捏着引脚和表笔，这样，人体的电阻就相当于与二极管并联，会影响测量的准确度。

② 用数字万用表检测发光二极管（本质上都是利用万用表内部的电源构成回路）。

a）当正向接法时，数字万用表显示出被测发光二极管的正向电压，同时被测二极管发出微亮光点。此时，红表笔所接的引脚为正极，黑表笔所接的引脚为负极，如图 3-4-35a 所示。用数字万用表的二极管档测量正向导通压降，正常值为 1500 ~ 1700mV，且管内会有微光。红色发光二极管约为 1.6V，黄色约为 1.7V，绿色约为 1.8V，蓝、白、紫色发光二极管约为 3 ~ 3.2V 左右。

b) 当反向接法时，数字万用表做溢出显示（显示"1."），被测发光二极管不会发光，如图3-4-35b所示。

c) 利用数字万用表的晶体管测量机构检测。将转换开关拨至"hFE"处，然后将发光二极管的长脚（正极）插入"NPN"的"C"孔中，短脚（负极）插入"E"孔中，管子发光为正常。若不发光，则说明引脚插反或管子已坏。

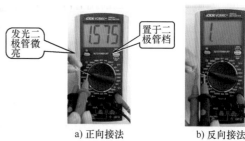

a) 正向接法　　　　b) 反向接法

图 3-4-35　数字万用表测量发光二极管

（二）LED 显示器的识别与检测

LED 显示器是以发光二极管为基础的一种发光器件，常用的 LED 发光器件有数码管和点阵两类。

1　数码管的识别与检测

1）数码管的识别：数码管是以发光二极管作为显示笔段，实物如图3-4-36所示，按照共阴或者共阳方式连接而成。将多个数字字符封装在一起成为多位数码管。

图 3-4-36　常用数码管

2）数码管的分类：

① 数码管按段数分为七段数码管和八段数码管，八段数码管比七段数码管多一个发光二极管单元（多一个小数点显示）。

② 按能显示多少个"8"可分为1位、2位、3位、4位等数码管，实物如图3-4-37所示。

③ 按发光二极管单元连接方式分为共阳极数码管和共阴极数码管。

④ 按字高可分为7.62mm（0.3in）、12.7mm（0.5in）直至数百毫米。

⑤ 按颜色分有红、橙、黄、绿等几种。

⑥ 按发光强度可分为普通亮度 LED 数码显示器和高亮度数码显示器。

1位数码管　2位数码管　3位数码管　4位数码管

图 3-4-37　常用位数数码管外形

3）数码管的结构和原理：数码管内部由七个条形发光二极管和一个小圆点发光二极管组成，根据各管的亮暗组合成字符。常见数码管有10根引脚。数码管的结构和原理如图3-4-38所示。

按发光二极管单元连接方式分为共阳极数码管和共阴极数码管。

共阳数码管是指将所有发光二极管的阳极接到一起形成公共阳极（COM）的数码管。共阳数

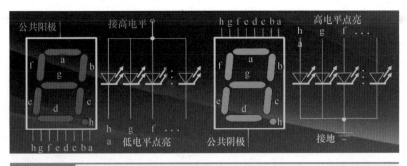

图 3-4-38 数码管的结构和原理图

159

码管在应用时应将公共极 COM 接到 +5V，当某一字段发光二极管的阴极为低电平时，相应字段就点亮。当某一字段的阴极为高电平时，相应字段就不亮。

共阴数码管是指将所有发光二极管的阴极接到一起形成公共阴极（COM）的数码管。共阴数码管在应用时应将公共极 COM 接到地线 GND 上，当某一字段发光二极管的阳极为高电平时，相应字段就点亮。当某一字段的阳极为低电平时，相应字段就不亮。

LED 数码管的 a~g 七个发光二极管。加正电压的发光，加零电压的不能发光，不同亮暗的组合就能形成不同的字型，这种组合称为字型码，共阳极和共阴极的字型码是不同的。共阳数码管每段笔画是用低电平（"0"）点亮的，要求驱动功率很小；而共阴数码管段笔画是用高电平（"1"）点亮的，要求驱动功率较大。通常每段笔画要串一个数百欧的减压电阻。

4）数码管的引脚识别：数码管上数字分别由 a、b、c、…、f 七段笔画组成，DP 为小数点段，各笔画段引脚排列采取双列，和其他元器件排列规律类似，让数码管正对着自己（换种说法让数码管正置俯视），左下角为第一脚，按逆时针依次确定其余各脚，其中第 3、8 脚连在一起，共阳极接电源，共阴极接地，实物和引脚排列原理如图 3-4-39 和图 3-4-40 所示。

图 3-4-39 数码管的引脚实物

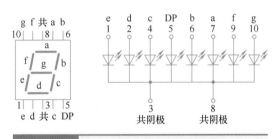

图 3-4-40 共阴极数码管的引脚排列

5）数码管的型号命名：国产 LED 数码管的型号命名由四部分组成，各部分的组成如图 3-4-41 所示。

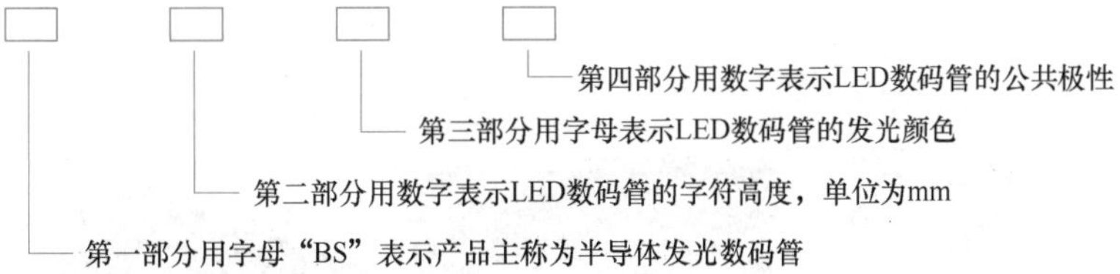

第四部分用数字表示LED数码管的公共极性

第三部分用字母表示LED数码管的发光颜色

第二部分用数字表示LED数码管的字符高度，单位为mm

第一部分用字母"BS"表示产品主称为半导体发光数码管

图 3-4-41 数码管的型号识别

例如：BS12.7R—1（字符高度为 12.7mm 的红色共阳极数码管）

BS——半导体发光数码管；12.7——12.7mm；R——红色；1——共阳极

6）数码管的主要参数：

① 8 字高度。8 字上沿与下沿的距离。比外形高度小，通常用英寸（in）来表示。范围一般为 0.25~20in。

② 长×宽×高。长：数码管正放时，水平方向的长度；宽：数码管正放时，垂直方向上的长度；高：数码管的厚度。

③ 时钟点。四位数码管中，第二位 8 字与第三位 8 字中间的两个点。一般用于显示时钟中的秒。

④ 数码管使用的电流与电压。

a）电流：静态时，推荐使用 10~15mA；动态时，平均电流为 4~5mA，峰值电流 50~60mA。

b）电压：查引脚排布图，看一下每段的芯片数量。当为红色时，使用 1.9V 乘以每段的芯片串联的个数；当为绿色时，使用 2.1V 乘以每段的芯片串联的个数。

7）数码管的检测：

① 指针式万用表检测 LED 数码管。

a）找公共阴极和公共阳极：首先，准备个电源（3~5V）和 1 个 1k 至几百 k 的电阻，U_{CC} 串接一个电阻后和 GND 接在任意两个引脚上，组合形式有很多，但总有一个 LED 会发光的，找到一个就够了，然后 GND 不动，U_{CC}（串电阻）逐个碰剩下的脚，如果有多个 LED（一般是 8 个）点亮，那它就是共阴的。相反用 U_{CC} 不动，GND 逐个碰剩下的脚，如果有多个 LED（一般是 8 个）点亮，那它就是共阳的。

b）数码管的测试同测试普通二极管一样。注意！指针式万用表应放在 R×10k 档，因为 R×1k 档测不出数码管的正反向电阻值。对于共阴极的数码管，红表笔接数码管的"－"，黑表笔分别接其他各脚。测共阳极的数码管时，黑表笔接数码管的 U_{DD}，红表笔接其他各脚。

② 数字万用表检测 LED 数码管。

a）用二极管档检测。将数字万用表置于二极管档时，其开路电压为 +2.8V。用此档测量 LED 数码管各引脚之间是否导通，可以识别该数码管是共阴极型还是共阳极型，并可判别各引脚所对应的笔段有无损坏。

b）用 hFE 档检测。利用数字万用表的 hFE 档，能检查 LED 数码管的发光情况。若使用 NPN 插孔，这时 C 孔带正电，E 孔带负电。检查共阴极 LED 数码管时，从 E 孔插入一根单股细导线，导线引出端接公共（－）级；再从 C 孔引出一根导线依次接触各笔段电极，可分别显示所对应的笔段。若检查共阳极 LED 数码管时，从 C 孔插入一根单股细导线，导线引出端接公共（＋）级；再从 E 孔引出一根导线依次接触各笔段电极，可分别显示所对应的笔段。

③ 对检测结果的判断。检测时，若某笔段发光黯淡，说明器件已经老化，发光效率变低；如果显示的笔段残缺不全，说明数码管已经局部损坏。

注意，检查共阳极 LED 数码管时应改变电源电压的极性。

2 点阵的识别和检测

1）LED 点阵的功能：LED 点阵管可以代替数码管、符号管和米字管。不仅可以显示数字，也可显示所有西文字母和符号。如果将多块组合，可以构成大屏幕显示屏，用于汉字、图形、图表等的显示，如图 3-4-42 所示。被广泛用于机场、车站、码头、银行及许多公共场所的指示、说明、广告等场合。

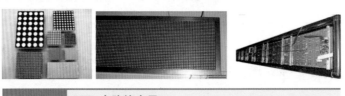

图 3-4-42　LED 点阵的应用

2）LED 点阵的分类：矩阵管是指发光二极管阵列，又称点阵显示器。点阵 LED 数码管显示器根据其内部发光二极管的大小、数量、发光强度及发光颜色的不同，有多种规格，按其发光颜色可为单色型和彩色型，按内部结构可分为共阴（行）和共阳（行），按阵列可分为 4×6、5×7、8×8 个灯等组成的显示器，LED 点阵及其等效电路如图 3-4-43 所示。

3）点阵的检测：

① 指针式万用表检测。将指针式万用表置于电阻档 $R \times 10k$ 档，先用黑表笔（接表内电源正极）随意选择一个引脚，红表笔分别接触余下的引脚，看点阵有没有点发光，没发光就用黑表笔再选择一个引脚，红表笔分别接触余下的引脚，如果点阵发光，则此时黑表笔接触的那个引脚为正极，红表笔接触就发光的 8 个引脚为负极，剩下的 7 个引脚为正极。

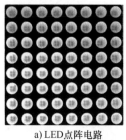

a) LED点阵电路

b) 8×8点阵LED等效电路

图 3-4-43　LED 点阵及其等效电路

② 数字万用表检测。将数字万用表调至二极管档，或调至蜂鸣档，红表笔（接表内电源正极）固定接触某一引脚，黑表笔分别接触其余引脚进行测试，看点阵有没有点发光，没发光就用红表笔再选择一个引脚，黑表笔分别接触余下的引脚。如果点阵发光，则此时红表笔接触的那个引脚为正极，黑表笔接触的引脚为负极。通过测试可分别找出点阵引脚的正、负极。找出引脚正、负极后，用红表笔接某一正极，黑表笔接某一负极，看是哪行哪列点被点亮，在红表笔所接引脚上标出对应行数字，黑表笔所接引脚上标出相应列字母。依此类推，可分别确定各引脚所对应的行或列。

（三）晶体管的识别与检测

1　晶体管的相关知识

1）常见晶体管及其图形符号：晶体管全称应为晶体三极管，是一种电流控制电流的半导体器件。晶体管在电路中常用字母"Q""V"或"VT"加数字表示，其作用是把微弱信号放大成幅值较大的电信号，也用做无触点开关和产生振荡信号。

晶体管基本结构是在一块半导体基片上制作两个相距很近的 PN 结，两个 PN 结把整块半导体分成三部分，中间部分是基区，两侧部分是发射区和集电区，排列方式有 PNP 和 NPN 两种，从三个区引出相应的电极，分别为基极 B、发射极 E 和集电极 C。发射区和基区之间的 PN 结叫发射结，集电区和基区之间的 PN 结叫集电结。硅晶体管和锗晶体管都有 PNP 型和 NPN 型两种类型。晶体管的结构、符号及内部等效图如图 3-4-44 所示。

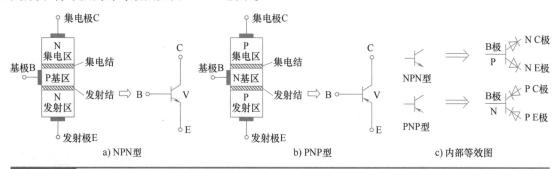

a) NPN型　　　　　　　　b) PNP型　　　　　　　　c) 内部等效图

图 3-4-44　晶体管的结构、符号及内部等效图

记熟内部等效图，即由两个背靠背的 PN 结组成并引出三个电极，对理解和记忆晶体管相关知识很重要。

2）晶体管特性及功能：晶体管具有电流放大作用，其实质是晶体管能以基极电流微小的变化量来控制集电极电流较大的变化量。这是晶体管最基本的和最重要的特性。将 $\Delta I_c / \Delta I_b$ 的比值称为晶体管的电流放大倍数，用符号 β 表示。电流放大倍数对于某一只晶体管来说是一个定值，但随着晶体管工作时基极电流的变化也会有一定的改变。晶体管是一种利用输入电流控制输出电流的电流控制型器件，在电路中主要作为放大（常在功放电路中用于电流放大，工作在放大状态）、振荡和开关（常用于逻辑电路中，工作在饱和或者截止状态）。

3）晶体管的三种工作状态：

NPN 型：

    放大状态 $U_c > U_b > U_e$；

    饱和状态 $U_b > U_c > U_e$（相当于开关合上）；

    截止状态 $U_b < U_e$，$U_b > U_c$（相当于开关断开）。

PNP 型：

    放大状态 $U_e > U_b > U_c$；

    饱和状态 $U_e > U_c > U_b$（相当于开关合上）；

    截止状态 $U_c > U_b > U_e$（相当于开关断开）。

① 截止状态：当加在晶体管发射结的电压小于 PN 结的导通电压，基极电流为零，集电极电流和发射极电流都为零，此时晶体管失去了电流放大作用，集电极和发射极之间相当于开关的断开状态。

② 放大状态：当加在晶体管发射结的电压大于 PN 结的导通电压，并处于某一恰当值时，晶体管的发射结正向偏置，集电结反向偏置，这时基极电流对集电极电流起着控制作用，使晶体管具有电流放大作用。

③ 饱和导通状态：当加在晶体管发射结的电压大于 PN 结的导通电压，并当基极电流增大到一定程度时，集电极电流不再随着基极电流的增大而增大，而是处于某一定值附近不怎么变化，这时晶体管失去电流放大作用，集电极与发射极之间的电压很小，集电极和发射极之间相当于开关的导通。

4）晶体管的主要参数：

① 直流参数。

a）电流放大倍数 $\overline{\beta}$（hFE）。指无交流信号输出时，共发射极电路输出的集电极直流电流 I_C 与基极输入的直流电流 I_B 的比值，即 $\overline{\beta} = \dfrac{I_C}{I_B}$。这是衡量晶体管有无放大作用的主要参数，正常晶体管的 $\overline{\beta}$ 应为几十至几百倍。常用晶体管的外壳上标有不同颜色点，以表明不同的放大倍数。交流放大倍数与直流放大倍数在低频时非常相近，一般作近似处理。

b）集—基极反向饱和电流 I_{CBO}。指在发射极开路（$I_E = 0$），集电极与基极间加上规定的反向电压时的漏电电流。

c）集—射极反向饱和电流 I_{CEO}。也称穿透电流，指基极开路时，集电极与发射极之间加上规定的反向电压时，集电极的漏电电流。

② 极限参数。

a）集电极最大允许电流 I_{CM}。晶体管电流放大系数 β 下降到额定值的 2/3 时的集电极电流，称为集电极最大允许电流。

b）集—射极反向击穿电压 $U_{BR(CEO)}$。当基极开路时，集电极与发射极间允许加的最高电压为 $U_{BR(CEO)}$。

c）集电极最大允许耗散功率 P_{CM}。晶体管集电极温度升高到不至于将集电结烧毁所消耗的功率，称集电极最大耗散功率。

5）国产晶体管的型号命名见（表3-4-3）：

表 3-4-3　国产晶体管的型号命名

第一部分		第二部分		第三部分		第四部分	第五部分
用阿拉伯数字表示器件的电极数目		用汉语拼音字母表示器件的材料和极性		用汉语拼音字母表示器件的类别		用阿拉伯数字表示序号	用汉语拼音字母表示规格号
符号	意义	符号	意义	符号	意义	意义	意义
3	三极管	A B C D E	PNP 型，锗材料 NPN 型，锗材料 PNP 型，硅材料 NPN 型，硅材料 化合材料	K X G D A T Y B J CS BT FH PIN	开关管 低频小功率管（$f_a<3MHz$，PC$<1W$） 高频小功率管（$f_a\geq3MHz$，PC$<1W$） 低频大功率管（$f_a<3MHz$，PC$\geq1W$） 高频大功率管（$f_a\geq3MHz$，PC$\geq1W$） 闸流管 体效应管 雪崩管 阶跃恢复管 场效应晶体管 特殊晶体管 复合管 PIN 管		

163

国产晶体管的型号命名由 5 部分组成，如图 3-4-45 所示，实例如图 3-4-46 所示。

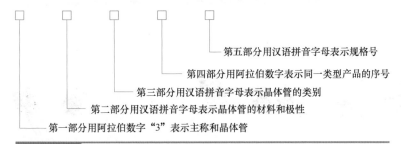

第五部分用汉语拼音字母表示规格号
第四部分用阿拉伯数字表示同一类型产品的序号
第三部分用汉语拼音字母表示晶体管的类别
第二部分用汉语拼音字母表示晶体管的材料和极性
第一部分用阿拉伯数字"3"表示主称和晶体管

图 3-4-45　国产晶体管的型号命名组成

晶体管 3AD50C：锗材料 PNP 型低频大功率晶体管，如图 3-4-46a 所示；
晶体管 3DG201B：硅材料 NPN 型高频小功率晶体管，如图 3-4-46b 所示。

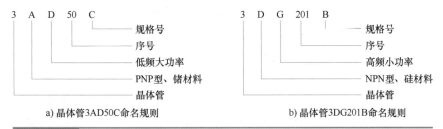

a) 晶体管3AD50C命名规则　　　　b) 晶体管3DG201B命名规则

图 3-4-46　国产晶体管的型号命名举例

6）晶体管的分类：
①按材料分：锗晶体管、硅晶体管；
②按导电类型分：NPN 晶体管（多硅管）、PNP 晶体管（多锗管）；
③按制作工艺分：平面型晶体管、合金型晶体管、扩散型晶体管；
④按封装方式分：金属封装晶体管、塑料封装晶体管；
⑤按功率分：小功率晶体管、中功率晶体管、大功率晶体管；
⑥按工作频率分：低频晶体管、高频晶体管和超高频晶体管；

⑦ 按用途分：普通放大晶体管、开关晶体管、特殊晶体管；

⑧ 按安装方式分：插脚晶体管、贴片晶体管。

2 常用晶体管外形识别

如图 3-4-47a、b 所示为小功率晶体管。通常情况下，把集电极最大允许耗散功率 P_{CM} 在 1W 以下的晶体管称为小功率晶体管。低频小功率晶体管一般用于小信号放大用。高频小功率晶体管主要用于高频振荡、放大电路中。

如图 3-4-47c、d 所示为大功率晶体管。集电极最大允许耗散功率 P_{CM} 在 10W 以上的晶体管称为大功率晶体管。低频大功率晶体管主要应用于电子音响设备的低频功率放大电路和各种大电流输出稳压电源中作为调整管。高频大功率晶体管主要用于通信等设备中作为功率驱动、放大。

按封装方式分，如图 3-4-47a、c 所示为塑料封装晶体管，如图 3-4-47b、d 所示为金属封装晶体管。

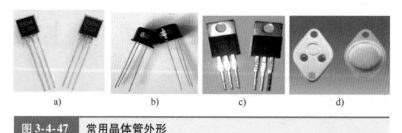

a)   b)   c)   d)

图 3-4-47 常用晶体管外形

中功率晶体管主要用于驱动和激励电路，为大功率放大器提供驱动信号。通常情况下，集电极最大允许耗散功率 P_{CM} 在 1 ~ 10W 的晶体管称为中功率三极管，实物如图 3-4-48 所示。

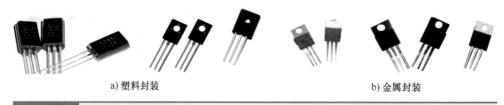

a) 塑料封装   b) 金属封装

图 3-4-48 常用中功率晶体管

3 晶体管引脚识别

1）金属壳封装晶体管引脚分布规律：

金属壳封装晶体管引脚的排列方式具有一定的规律：让引脚面向自己，标志位于左下角，没标志的让三个电极排成等腰三角形（长底边在下），从左向右或者按顺时针依次辨认。

① 有定位销（管键）的晶体管，且有 4 个引脚，从定位销处按顺时针方向依次为 E、B、C、D，其中，D 为外壳屏蔽，接地，如图 3-4-49 的 "B 型" 所示。

② 有定位销标志的管子，从定位销处按顺时针方向依次为 E、B、C，其引脚识别如图 3-4-49 的 "C 型" 所示。

③ 对于国产小功率金属封装晶体管，按照底视图位置放置，使三个引脚构成等腰三角形的顶点上，从左向右依次为 E、B、C，如图 3-4-49 的 "D 型" 所示。

④ 只有两根引脚 "F 型" 大功率金属封装晶体管，识别时：

a）管底面向自己，引脚靠近左安装孔，上面一根为 E 脚，下面一根为 B 脚，管壳为集电极 C，如图 3-4-49 的 "F 型" 所示。

b）让引脚面向自己，以两个引脚和安装孔构成的小三角形为基准的三个顶点，按顺时针方向依次为 E、B、C，C 代表着管壳，如图 3-4-50 所示。

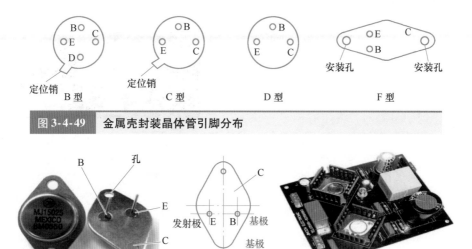

图 3-4-49　金属壳封装晶体管引脚分布

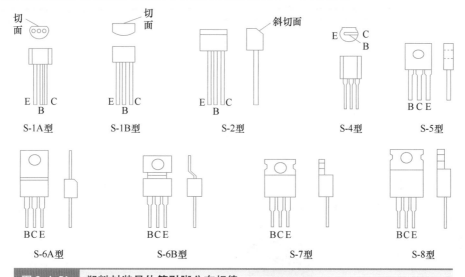

图 3-4-50　大功率金属壳封装晶体管引脚分布规律

2）塑料封装晶体管引脚分布规律：其封装名称如图 3-4-51 所示。

S-1A型　S-1B型　S-2型　S-4型　S-5型

S-6A型　S-6B型　S-7型　S-8型

图 3-4-51　塑料封装晶体管引脚分布规律

① 封装名称为 S-1A、S-1B、S-2、S-4 的中小功率塑料晶体管（不带散热片）。如 9011～9018 系列，只有 9012、9015 是 PNP 管，其他都是 NPN 管。有半圆形的底面。识别引脚时，将引脚朝下，切口面向自己，换句话说，就是让字迹正对着自己，从左到右依次为 E、B、C 脚。其他塑封管规律如图 3-4-52 所示。

图 3-4-52　部分中小功率塑料晶体管（不带散热片）引脚分布

注意：C1815、C945、A1015、A733 等不同厂家、国产与进口会把 E、C、B 交换，上机前要用万用表复查才是硬道理，引脚规律仅供参考。

② 封装名称 S-5、S-6A、S-6B、S-7、S-8 有散热片大、中功率晶体管。

如 TIP41，识别引脚时，将印有型号一面面向自己，引脚向下，从左到右依次为 B、C、E 脚。且 C 脚与散热片相连通，如图 3-4-53 所示。

图 3-4-53　大、中功率塑料封装晶体管引脚识别

3）特种晶体管的识别：

① 带阻尼晶体管。是将晶体管与阻尼二极管、保护电阻封装为一体构成的特殊晶体管，如图 3-4-54所示，常用于彩色电视机和计算机显示器的行扫描电路中。

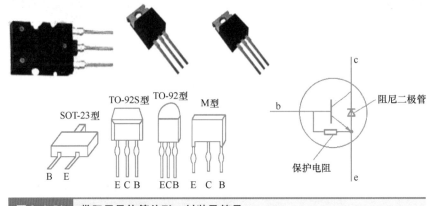

图 3-4-54　带阻尼晶体管外形、封装及符号

② 带阻晶体管。指基极和发射极之间接有一只或两只电阻并与晶体管封装为一体的晶体管，如图 3-4-55 所示。由于带阻晶体管通常应用在数字电路中做电子开关，因此带阻晶体管有时又被称为数字晶体管或者数码晶体管。

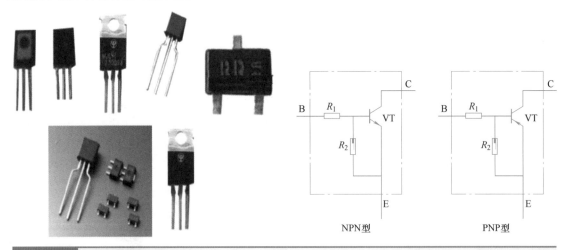

图 3-4-55　带阻晶体管外形及符号

③ 达林顿管。是复合管的一种连接形式，如图 3-4-56 所示。是将两只晶体管或更多只晶体管集电极连在一起，而将第一只晶体管的发射极直接耦合到第二只晶体管的基极，依次级联而成。常用于功率放大器和稳压电源。

166

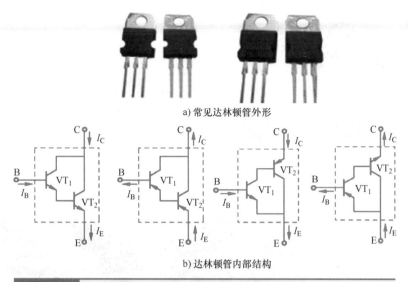

a) 常见达林顿管外形

b) 达林顿管内部结构

图 3-4-56　达林顿管外形、结构

④ 差分对管。是将两只性能参数相同的晶体管封装在一起构成的电子器件，如图 3-4-57 所示，一般用在音频放大器或仪器、仪表的输入电路做差分放大管。

⑤ 光电晶体管。旧称光敏晶体管，作为光传感器的敏感部分，已在光的检测、信息的接受、传输、隔离等方面获得广泛的应用，成为各行各业自动控制必不可少的器件。光电晶体管和普通晶体管相似，也有电流放大作用，只是它的集电极电流不只是受基极电路和电流控制，同时也受光辐射的控制。其基本原理是光照到 PN 结上时，吸收光能并转变为电能。当光电晶体管加上反向电压时，管子中的反向电流随着光照强度的改变而改变，光照强度越大，反向电流越大。常用光电晶体管及结构如图 3-4-58 所示。

图 3-4-57　差分对管

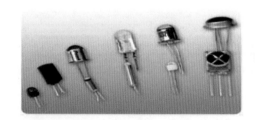

图 3-4-58　常用光电晶体管及结构

⑥ 贴片晶体管。

a）常见贴片晶体管的实物外形。采用表面贴装技术（SMT）的晶体管称为贴片晶体管，贴片晶体管有三个电极的，也有四个电极的，其实物外形如图 3-4-59 所示。贴片晶体管也有 NPN 型和 PNP 型之分，有普通型管、超高频管、高反压管、达林顿管等。

b）贴片晶体管的引脚识别。

Ⅰ. 对于单列贴片晶体管，如图 3-4-60a 所示，让字迹正对着自己（或者俯视：正面朝上，粘贴面朝下），从左到右依次为基极 B、集电极 C、发射极 E；

Ⅱ. 对于双列贴片晶体管，如图 3-4-60b 所示，让字迹正对着自己（或者俯视：正面朝上，粘贴面朝下），对于三个电极的贴片晶体管，上边只有一极的为单极即集电极 C，双极左边为基极 B，右边为发射极 E。对于 4 个电极的贴片晶体管，比较大的一个引脚（单极）是晶体管的集电极，也相当于散热片，与另一列中间的集电极 C 相通，另有两个引脚左边为基极 B，右边为发射极 E。也可以不考虑双列，当作单列贴片晶体管判别，结果相同，如图 3-4-61 所示。

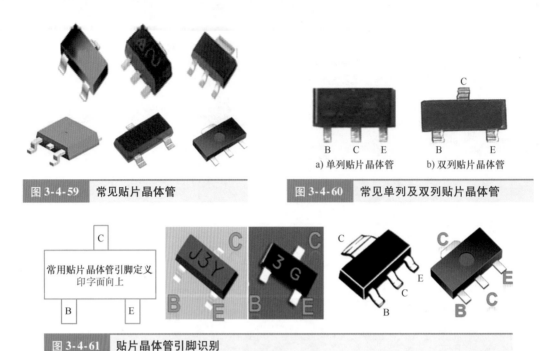

图 3-4-59　常见贴片晶体管

图 3-4-60　常见单列及双列贴片晶体管

a) 单列贴片晶体管　　　b) 双列贴片晶体管

图 3-4-61　贴片晶体管引脚识别

常用贴片晶体管引脚定义
印字面向上

注意：贴片晶体管型号繁多，引脚判断方法很多，多种方法应该互相验证，最后经过万用表确认才能上板安装。

4　晶体管的检测

1）用指针式万用表检测晶体管：

① 判别普通晶体管的类型和引脚。

a）选择量程。

b）欧姆调零。

c）检测类型和基极。任意假定晶体管的一个电极是基极 B，用黑表笔与之相连，用红表笔分别与另外两极相连。当出现两次电阻都很小时，则黑表笔所接的就是基极，且管型为 NPN 型；当出现两次电阻都很大时，则管型为 PNP 型，如图 3-4-62 所示。

黑表笔接假定的基极 B，红表笔分别与另外两个电极相连

当出现两次电阻都很小时，则黑表笔所接的为基极，且管型为 NPN 型

图 3-4-62　晶体管的类型和基极检测

d）检测发射极和集电极。当基极 B 确定后，可接着判断发射极 E 和集电极 C。若是 NPN 型，将两表笔与待测的两极相连，然后用手指捏紧基极和黑表笔，观察指针摆动的幅度，再将黑红表笔对调，重复上述测量过程，比较两次指针摆动幅度，幅度摆动大的这次红表笔接的是发射极 E，黑表笔接的是集电极 C。若是 PNP 型，只要在上述方法中红黑表笔对调即可。如图 3-4-63 所示。

将两表笔与待测的两极相连，然后用手指捏紧基极和黑表笔

比较两次指针摆动幅度，幅度摆动大的这次红表笔接的是E极，黑表笔接的是C极

图 3-4-63　晶体管发射极和集电极检测

② 判别晶体管的质量。

a）检测集电结和发射结的正、反向电阻。检测 NPN 或 PNP 型晶体管的集电极和基极之间的正、反向电阻；检测 PNP 或 NPN 型晶体管的发射极和基极之间的正、反向电阻（即检测发射结正、反向电阻）。正常时，集电结和发射结正向电阻都比较小，约为几百欧至几千欧；反向电阻都很大，约几百千欧至无穷大。

b）检测集电极与发射极之间的电阻。对于 NPN 型晶体管，红表笔接集电极，黑表笔接发射极测一次电阻，互换表笔再测一次电阻，正常时，两次电阻阻值比较接近，约为几百千欧至无穷大。

对于 PNP 型晶体管，红表笔接集电极，黑表笔接发射极测一次电阻，正常约为十几千欧至几百千欧；互换表笔再测一次电阻，与正向电阻值相近。

c）判断质量。如果晶体管任意一个 PN 结的正、反向电阻不正常，或集电极和发射极之间的正、反向电阻不正常，说明晶体管已损坏。如发射结的正、反向电阻阻值均为无穷大，说明发射结开路；集电极与发射极之间的电阻阻值为 0，说明集电极与发射极之间击穿短路。

d）总结口诀。

Ⅰ．三颠倒，找基极；PN 结，定极型。晶体管的内部等效图如图 3-4-44c 所示，测量时要时刻想着此图，从而达到熟能生巧。测量方法如图 3-4-64 所示。

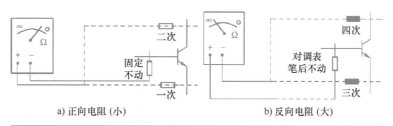

a）正向电阻（小）　　　　　　b）反向电阻（大）

图 3-4-64　找基极、定极型的测量示意图

Ⅱ．顺箭头，偏转大；测不准，沾点水。基极找到之后，判断出 PNP 型或 NPN 型，再找发射极和集电极。沾点水的目的是为了减小图 3-4-65 所示的电阻 R 值，使指针偏转更加明显，测量更准确。

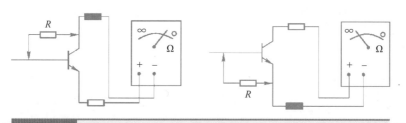

图 3-4-65　判断集电极、发射极的测量示意图

169

③ 特种晶体管的检测。

a）带阻晶体管的检测。与普通晶体管基本类似，但由于其内部接有电阻，故检测出来的阻值大小稍有不同。以图 3-4-55 中的 NPN 型带阻晶体管为例，选用指针式万用表，量程置于 R×1k 档，若带阻晶体管正常，则有如下规律：

Ⅰ．B、E 极之间正反向电阻都比较小（具体测量值与内接电阻有关），但 B、E 极之间的正向电阻（黑笔接 B，红笔接 E）会略小一点，因为测正向电阻时发射结会导通。

Ⅱ．B、C 极之间正向（黑笔接 B，红笔接 C）电阻小，反向电阻接近无穷大。

Ⅲ．E、C 极之间正向电阻和反向电阻（黑笔接 C，红笔接 E）都接近无穷大。

检测结果与上述规律不相符，可判断为带阻晶体管损坏。

b）带阻尼晶体管的检测。与普通晶体管基本类似，但由于其内部接有阻尼二极管，故检测出来的阻值大小稍有不同。以图 3-4-54 中的 NPN 型晶体管为例，选用指针式万用表，量程置于R×1k 档，若带阻尼晶体管正常，则有如下规律：

Ⅰ．B、E 极之间正反向电阻都比较小，但其正向电阻（黑笔接 B，红笔接 E）会略小一点。

Ⅱ．B、C 极之间正向电阻（黑笔接 B，红笔接 C）小，反向电阻接近无穷大。

Ⅲ．E、C 极之间正向电阻（黑笔接 C，红笔接 E）接近无穷大，反向电阻很小（因为阻尼二极管会导通）。

检测结果与上述规律不相符，可判断为带阻尼晶体管损坏。

c）达林顿管（复合管）的检测。如图 3-4-56b 中所示的第一个 NPN 型达林顿管为例，选用指针式万用表，量程置于 R×10k 档，若达林顿管正常，则有如下规律：

Ⅰ．B、E 极之间正向电阻（黑笔接 B，红笔接 E）小，但其反向电阻无穷大。

Ⅱ．B、C 极之间正向电阻（黑笔接 B，红笔接 C）小，反向电阻接近无穷大。

Ⅲ．E、C 极之间正反向电阻都接近无穷大。

检测结果与上述规律不相符，可判断为达林顿管损坏。

2）数字万用表检测晶体管：利用数字万用表不仅可以判别晶体管引脚极性、测量管子的共发射极电流放大系数 hFE，还可以鉴别硅管与锗管。由于数字万用表电阻档的测试电流很小，所以不适用于检测晶体管，应使用二极管档或 hFE 档进行测试。

① 确定 B 极。将数字万用表置于二极管档位，红表笔固定任接某个引脚，用黑表笔依次接触另外两个引脚，如果两次显示值均小于 1V 或都显示溢出符号"1"，则红表笔所接引脚就是基极 B。如果在两次测试中，一次显示值小于 1V，另一次显示溢出符号"1"（视不同的数字万用表而定），则表明红表笔接的引脚不是基极 B，应更换其他引脚重新测量，直到找出基极 B 为止。

② 确定 E 极、C 极。基极确定后，用红表笔接基极，黑表笔依次接触另外两个引脚，如果显示屏上的数值都显示为 0.600~0.800V，则所测晶体管属于硅 NPN 型中、小功率管。其中，显示数值较大的一次，黑表笔所接引脚为发射极。如果显示屏上的数值都显示为 0.400~0.600V，则所测晶体管属于硅 NPN 型大功率管。其中，显示数值大的一次，黑表笔所接的引脚为发射极。

③ 确定管型。用红表笔接基极，黑表笔先后接触另外两个引脚，若两次都显示溢出符号"1"，调换表笔测量，即黑表笔基极，红表笔接触另外两个引脚，显示数值都大于 0.400V，则表明所测晶体管属于硅 PNP 型，此时数值大的那次，红表笔所接的引脚为发射极。

数字万用表在测量过程中，若显示屏上的显示数值都小于 0.400V，则所测晶体管属于锗管。

3）晶体管几个参数的检测：

① 放大系数 hFE 的检测。hFE 是晶体管的直流电流放大系数。用指针式万用表和数字万用表都可以方便地测出晶体管的 hFE。

a）用指针表 MF-47D 测量 hFE。

Ⅰ．先判断出晶体管的管型和管极。

Ⅱ．转动档位开关至 R×10hFE 处，同欧姆档相同方法调零后，将 NPN 或 PNP 型晶体管对应插入晶体管 N 或 P 孔内，档位如图 3-4-66 所示。

图 3-4-66　用指针式万用表 MF 47D 测量 hFE

Ⅲ. 表针指示值即为该管直流放大倍数。如指针偏转指示大于 1000 时应首先检查：

● 是否插错引脚；

● 晶体管是否损坏。本仪表按硅晶体管定标，复合晶体管，锗晶体管测量结果仅供参考。

b）用数字万用表 VC9804A$^+$ 测量晶体管 hFE。

Ⅰ. 先判断出晶体管的管型和管极。

Ⅱ. 将转换开关置于 hFE 档；根据所测晶体管为 NPN 型或 PNP 型，并按发射极 E、基极 B、集电极 C 的排列顺序分别插入相应孔中，如图 3-4-67 所示。若读数为几十到几百，说明管子正常且有放大能力，晶体管的集电极、发射极与插孔上的标注相同；如读数在几到十几之间，则表明插反了；读数大的那个值为该晶体管的 hFE 值。

图 3-4-67　用数字万用表 VC9804A$^+$ 测量晶体管 hFE

② 区别锗晶体管与硅晶体管：通过查看晶体管管帽上的标志，根据晶体管的命名方法即可判别硅、锗管。当遇到标记不清时，可用万用表粗略地区分硅、锗管。可利用硅管 PN 结与锗管 PN 结的正、反向电阻的差异来区分。

数字万用表能直接读出晶体管极与极之间的端电压，由此给判断晶体管极间压降带来方便，端电压是 0.60 ~ 0.70V 是硅管，端电压是 0.15 ~ 0.30V 是锗管。

若用指针式万用表测量晶体管（用 R×1k 或 R×100 档）B-E、B-C 间电阻时，指针落在 200 ~ 300Ω 示数范围内，就可判断为锗管；若指针落在 800 ~ 1000Ω 示数范围内，就可判断为硅管。

③ 估测晶体管穿透电流 I_{CEO}：

a）选择万用表 R×1k 档，欧姆调零。

b）对于 NPN 型晶体管，黑表笔接集电极，红表笔接发射极，基极悬空，如图 3-4-68 所示。若测得的电阻在

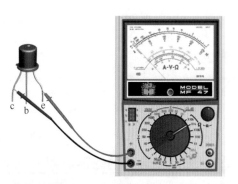

图 3-4-68　估测晶体管穿透电流 I_{CEO}

几十千欧以上，表明管子的 I_{CBO} 较小，性能较好，如果测得的电阻值较小或表针来回摆动，则说明管子的 I_{CEO} 大且管子性能不稳定。如果在测量时用手捏住管壳后，表针缓慢向低阻值方向移动，说明管子的热稳定性差，不宜使用。

c）对 PNP 型三极管进行测量时，应将表笔对换，而且测得的电阻值应在几百千欧以上。如果测得的阻值接近于零，表明三极管已击穿；如果阻值为无穷大，表明三极管内部已开路。

④ 判别高频管与低频管。可以通过查看三极管管帽上标志，根据三极管的命名方法即可判别高、低频管。

将万用表拨到 R×1k 档，测量基极与发射极之间的反向电阻，然后再切换到 R×10k 档。若表针偏转明显，甚至到达满刻度的一半，则表明该管为高频管；若电阻值变化很小，则为低频管。

（四）光电耦合器的识别与检测

1 光电耦合器的相关知识

1）光电耦合器的工作原理及功能：光电耦合器是一种电-光-电转换的器件，亦称光电隔离器，简称光耦，是以光为媒介来传输电信号的器件，实物如图 3-4-69 所示。通常把发光器（红外线发光二极管 LED）与受光器（光敏半导体管）封装在同一管壳内。光电耦合器输入的电信号驱动发光二极管 LED，使之发出一定波长的光，被光探测器接收而产生光电流，再经过进一步放大后输出。完成电—光—电的转换，从而起到输入、输出、隔离的作用。

图 3-4-69　常用光电耦合器外形

2）光耦优点及用途：主要优点是单向传输信号，输入端与输出端完全实现了电气隔离，输出信号对输入端无影响，抗干扰能力强，工作稳定，无触点，使用寿命长，传输效率高。广泛用于电气绝缘、电平转换、信号隔离、开关电路、远距离信号传输、脉冲放大、固态继电器（SSR）、仪器仪表、数据总线、高速数字系统、数字 I/O 接口、模/数转换、数据发送、驱动电路、多谐振荡器、信号隔离、脉冲放大电路、数字仪表、通信设备及单片机、微机接口电路中。

3）光电耦合器的分类：

① 按封装形式分：双列直插型、扁平封闭型、贴片封装型、同轴型光电耦合器。

② 输出形式分：光电二极管型、光电三极管型、光电达林顿型、光控晶闸管型、集成电路型、光敏场效应管型。

③ 按引脚数分：四脚型、六脚型、八脚型光电耦合器。

④ 按通道分：单通道光电耦合器、双通道光电耦合器、多通道光电耦合器。

⑤ 按隔离特性分：普通隔离光电耦合器、高压隔离光电耦合器。

⑥ 按工作电压分：低电源电压型光电耦合器、高电源电压型光电耦合器。

2 光电耦合器的外形识别

1）四脚光电耦合器：常见的四脚光电耦合器（PC817）的实物外形和图形符号如图 3-4-70 所示。

2）六脚光电耦合器：常见的六脚光电耦合器的实物外形和图形符号如图 3-4-71 所示。

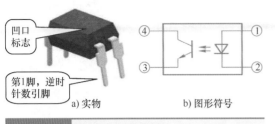

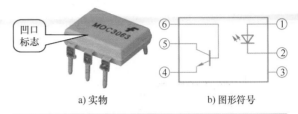

| a) 实物 | b) 图形符号 | | a) 实物 | b) 图形符号 |

图 3-4-70　四脚光电耦合器　　　　　　　　**图 3-4-71**　六脚光电耦合器

3）其他光电耦合器的外形：如图 3-4-72 所示。

a) 贴片式光电耦合器　　b) 管式光电耦合器　　c) 槽形光电耦合器　　d) 反射式光电耦合器　　e) 光电开关

图 3-4-72　不同外形的光电耦合器

173

4）光电耦合器的封装：一般分内封装和外封装两部分。光电耦合器常见的封装形式有双列直插封装型、扁平封装型、贴片封装型等，如图 3-4-73 所示。

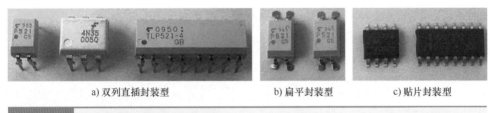

a) 双列直插封装型　　　　　　b) 扁平封装型　　　　　c) 贴片封装型

图 3-4-73　不同封装形式的光电耦合器

3　光电耦合器的引脚识别

把光电耦合器的引脚向下，色点或标记放左边，从左到右，或者逆时针依次编号，如图 3-4-74 所示。对于四脚型光电耦合器，通常 1、2 脚接内部发光二极管，3、4 脚接内部光电晶体管。对于六脚型光电耦合器，通常，1、2 脚接内部发光二极管，3 脚接空脚，4、5、6 脚接内部光电晶体管。八脚型光电耦合器的引脚功能如图 3-4-74d 所示。

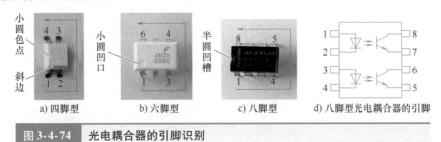

a) 四脚型　　　　　b) 六脚型　　　　　c) 八脚型　　　d) 八脚型光电耦合器的引脚

图 3-4-74　光电耦合器的引脚识别

注意：可以把光电耦合器看成集成电路的特例，按照集成电路的引脚识别方法来识别光电耦合器。

4　光电耦合器的检测

1）用万用表判别四脚光电耦合器的引脚：

① 判别光电耦合器的输入端。将指针万用表拨至 R×100 或 R×1k 档，按照光电耦合器的各引

脚排列规律，逐一检查各引脚的通断情况。当出现光电耦合器的其中两脚阻值较小时，万用表黑表笔接的是发光二极管的正极，红表笔接的是发光二极管的负极，如图 3-4-75 所示。

② 判断光电耦合器的输出端。找出光电耦合器输入端的引脚后，另一侧就是输出端。

a）如图 3-4-76 所示连接，在输入端接 1.5V 干电池串联一只 50～100Ω 的电阻，注意正、负极性。

图 3-4-75 用万用表判断光电耦合器的输入端

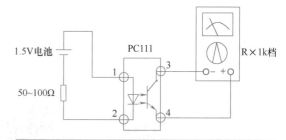

图 3-4-76 用万用表判断光电耦合器的输出端

b）将万用表拨至 R×1k 档，万用表红、黑表笔分别与另两脚相连，测量阻值会出现一大一小的情况。以阻值小的那次测量为准，黑表笔相连的引脚是光电晶体管的集电极 C，红表笔相连的引脚是光电晶体管的发射极 E。

同理，也可用数字万用表的二极管档判别输入端、输出端以及质量检测。

2）用万用表判别四脚光耦合器的质量。

① 检测输入端的好坏。将万用表拨到 R×100 档，测量输入端发光二极管两引脚间的正、反向电阻；

② 检测输出端的好坏。万用表仍选择 R×100 档，测量光电晶体管两引脚间的正、反向电阻；

③ 检测输入端与输出端之间的绝缘电阻。将万用表拨到 R×10k 档，一支表笔接输入端的任意一个引脚，另一支表笔接输出端的任意一个引脚，测量二者之间的正、反向电阻，均为无穷大为正常。

（五）晶闸管的识别与检测

1 晶闸管的相关知识

1）晶闸管的特点：晶闸管是晶体闸流管的简称，旧称可控硅，是一种大功率开关型半导体器件，在电路中经常用的文字符号为"V""VT"（旧标准中用字母"SCR"表示）。晶闸管是在晶体管基础上发展起来的一种大功率半导体器件。它的出现使半导体器件由弱电领域扩展到强电领域。它的功率放大倍数很大，用几十到一二百毫安电流、2～3V 的电压可以控制几十安、千余伏的工作电流电压，换句话说，它的功率放大倍数可以达到数十万倍以上。晶闸管与半导体二极管一样具有单向导电性，但它的导通时间是可控的。

2）晶闸管的特性及其应用：晶闸管具有硅整流器件的特性，在电路中能够实现交流电的无触点控制，以小电流控制大电流，能在高电压、大电流条件下工作，并且不像继电器那样控制时有火花产生，而且具有体积小、重量轻、效率高、动作迅速、维修简单、操作方便、寿命长、容量大（正向平均电流达千安、正向耐压达数千伏）、可靠性好。被广泛应用于可控整流、交流调压、无触点电子开关、逆变及变频等电子电路中，起到调速、调光、调压、调温等作用。

3）晶闸管的分类：

① 按控制方式分：普通（单向）、双向、逆导、可关断（GTO）、温控、光控晶闸管。

② 按引脚和极性分：二极、三极、四极晶闸管。

③ 按封装形式分：金属封装（螺栓型、平板型、圆壳型）、塑料封装（带散热片型、不带散热片型）、陶瓷封装晶闸管。

④ 按电流容量分：大功率（金封）、中功率（塑封）、小功率晶闸管（塑封）。

⑤ 按关断速度分：普通晶闸管、高频（快速）晶闸管。

4）晶闸管的图形符号：常见图形符号如图 3-4-77 所示。

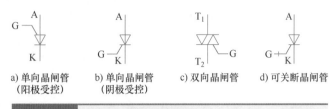

a) 单向晶闸管　　b) 单向晶闸管　　c) 双向晶闸管　　d) 可关断晶闸管
（阳极受控）　　（阴极受控）

图 3-4-77　常见晶闸管的图形符号

2　单向晶闸管的识别与检测

1）单向晶闸管内部结构：单向晶闸管又称普通晶闸管，是应用最普遍的晶闸管。晶闸管的管芯都是由 P 型硅和 N 型硅组成的四层 P1- N1- P2- N2 结构，其内部结构和组合如图 3-4-78 所示。单向晶闸管的 3 个电极分别为阳极（A）、阴极（K）和控制极（G）。

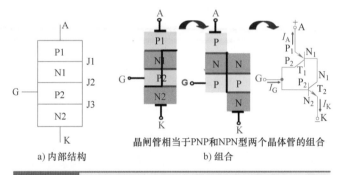

晶闸管相当于PNP和NPN型两个晶体管的组合

a) 内部结构　　　　　　b) 组合

图 3-4-78　单向晶闸管的内部结构示意图和组合图

特性：当阳极（A）接反向电压，或者阳极（A）接正向电压而控制极（G）不加电压时，晶闸管都不导通；而当阳极（A）和控制极（G）同时接正向电压时，变成导通状态。

2）单向晶闸管外观识别：常用的单向晶闸管有金属封装（螺栓型、平板型）单向晶闸管和塑料封装单向晶闸管（带散热片型、不带散热片型），其外形如图 3-4-79 所示，常用型号为 KP 系列。

a) 螺栓型　　　　b) 平板型　　　　c) 带散热片型　　　　d) 不带散热片型

图 3-4-79　常用单向晶闸管的封装

3）单向晶闸管引脚识别：

① 对于金属封装螺栓型单向晶闸管，螺栓一端为阳极 A，较细的引线端为门极 G，较粗的引线端为阴极 K，如图 3-4-80 所示。

② 对于金属封装平板型单向晶闸管，引出线端为门极 G，平面端为阳极 A，另一端为阴极 K，如图 3-4-81 所示。

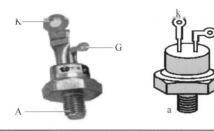

| 图 3-4-80 | 金属封装螺栓型单向晶闸管引脚识别 |

| 图 3-4-81 | 金属封装平板型单向晶闸管引脚识别 |

③ 对于塑料封装带散热片型单向晶闸管，如图 3-4-82 所示，使其平面面向自己，三个引脚朝下放置，则从左到右依次为阴极 K、阳极 A、控制极 G。且阳极 A 与散热片相连通。

④ 对于塑料封装不带散热片型单向晶闸管，按图 3-4-83 所示，使其平面面向自己，三个引脚朝下放置，则从左到右依次为阴极 K、控制极 G、阳极 A。

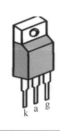

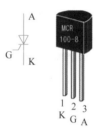

| 图 3-4-82 | 塑封带散热片单向晶闸管引脚识别 |

| 图 3-4-83 | 塑封不带散热片型单向晶闸管引脚识别 |

对晶闸管的电极有的可从外形封装加以判断。如外壳就是阳极，阴极引线比门极引线长。从外形无法判断时，可以用万用表判断。

4）单向晶闸管的检测：

① 判别单向晶闸管引脚。

a）选择量程。

b）欧姆调零。

c）判别引脚。用红、黑两表笔分别测任意两引脚间的阻值。当测量出现小阻值时，以这次测量为准，黑表笔接的引脚是控制极 G，红表笔接的引脚是阴极 K，剩下的引脚为阳极 A，操作如图 3-4-84 所示。

| 图 3-4-84 | 用万用表判别单向晶闸管引脚 |

② 判断单向晶闸管质量。

a）检测控制极 G 与阴极 K 之间的阻值。

b）检测控制极 G 与阳极 A 之间的阻值。

c）检测可控能力。将万用表转换开关拨到 R×1 档，将黑表笔接单向晶闸管的阳极 A，红表笔接阴极 K，此时万用表指针应不动，如图 3-4-85a 所示，如万用表指针偏转，说明该单向晶闸管已击穿损坏。用黑表笔同时短接阳极 A 和控制极 G，此时万用表电阻档指针应向右偏转，阻值读数为

10Ω 左右，如图 3-4-85b 所示。再放开黑表笔短接的控制极 G，但黑表笔仍与阳极 A 相连不断开，阻值读数为 10Ω 左右，如图 3-4-85c 所示，说明单向晶闸管质量是好的。

图 3-4-85　检测单向晶闸管可控能力

3 双向晶闸管识别与检测

1）双向晶闸管的结构和符号：双向晶闸管是由 N-P-N-P-N 五层半导体组成的，相当于两个反向并联的单向晶闸管，两者共用一个控制极，也有 3 个电极，但没有阴极与阳极之分，而称为第一电极 T_1、第二电极 T_2 和控制极 G。双向晶闸管广泛用于工业、交通、家电领域、实现交流调压、交流调速、交流开关、舞台调光和台灯调光等多种功能。双向晶闸管的内部结构和符号如图 3-4-86 所示。无论第一电极 T_1 与第二电扱 T_2 间加正向电压，还是反向电压，其控制极触发信号电压无论是正向电压还是反向电压，都能触发晶闸管导通。

2）双向晶闸管的外观识别：与单向晶闸管相似，双向晶闸管有金属封装（螺栓型、平板型）双向晶闸管和塑料封装双向晶闸管（带散热片型、不带散热片型），其外形如图 3-4-87 所示，常用型号为 KS 系列。

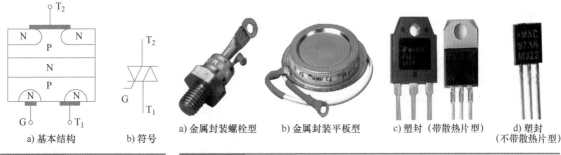

a）基本结构　b）符号

图 3-4-86　双向晶闸管的结构示意图和符号图

a）金属封装螺栓型　b）金属封装平板型　c）塑封（带散热片型）　d）塑封（不带散热片型）

图 3-4-87　常用双向晶闸管

3）双向晶闸管的引脚识别：

① 对于金属封装螺栓型双向晶闸管，如图 3-4-88 所示，螺栓一端为第二阳极 T_2，较细的引线端为门极 G，较粗的引线端为第一阳极 T_1。

② 对于金属封装平板型双向晶闸管，如图 3-4-89 所示，引出线端为门极 G，平面端为第二阳极 T_2，另一端为第一阳极 T_1。

③ 对于塑料封装双向晶闸管，按图 3-4-90 所示，让字迹正对着自己，三个引脚朝下放置，则从左到右依次为主电极 T_1、主电极 T_2、控制极 G。

4）双向晶闸管的检测：

① 判别双向晶闸管引脚。

图 3-4-88　金属封装螺栓型双向晶闸管引脚识别

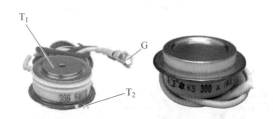

图 3-4-89　金属封装平板型双向晶闸管引脚识别

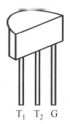

图 3-4-90　塑料封装双向晶闸管引脚识别

a）选择量程。将转换开关拨到 R×1 档。

b）欧姆调零。

c）确定 T_2 极。用红、黑两表笔分别测任意两引脚间正反向电阻，结果其中两组读数为无穷大。当有一组为几十欧姆时，该组红、黑表笔所接的两引脚为第一阳极 T_1 和控制极 G，另一空脚即为第二阳极 T_2，如图 3-4-91a、b 所示，即判断出中间引脚为第二阳极 T_2。

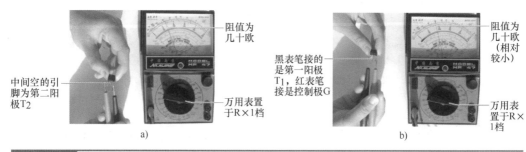

图 3-4-91　判别双向晶闸管引脚

d）确定 T_1 和 G 极。确定 T_2 极后，测量 T_1、G 极间正、反向电阻，读数相对较小的那次测量，黑表笔所接的引脚为第一阳极 T_1，红表笔所接引脚为控制极 G。

② 判断双向晶闸管质量。将指针式万用表调到 "R×1" 档，将黑表笔接第二阳极 T_2，红表笔接第一阳极 T_1，此时万用表指针应不发生偏转，阻值为无穷大。

用短接线将第二阳极 T_2 和控制极 G 瞬间短接，给 G 极加上正向触发电压，这时可测得第二阳极 T_2 和第一阳极 T_1 间的阻值约 10Ω 左右，随后断开第二阳极 T_2 和控制极 G 的短接线，万用表读数应保持 10Ω 左右。

互换红、黑表笔接线，将红表笔接第二阳极 T_2，黑表笔接第一阳极 T_1，同样万用表指针不应发生偏转，阻值为无穷大。

再用短接线将第二阳极 T_2 和控制极 G 间再次瞬间短接，给 G 极加上负的触发电压，这时，第二阳极 T_2 和第一阳极 T_1 间的阻值也应该为 10Ω 左右。随后断开 T_2 和 G 极间短接线，万用表读数应不变，保持 10Ω 左右。

a）检测第一阳极 T_1 与控制极 G 之间的正、反向电阻值。

b）检测第一阳极 T_1 与第二阳极 T_2 之间、第二阳极 T_2 与门极 G 之间的正、反向电阻值。

c）检测可控能力，操作过程如图 3-4-92 所示。

5）数字万用表检测晶闸管：

① 将数字万用表置于二极管档，红表笔固定

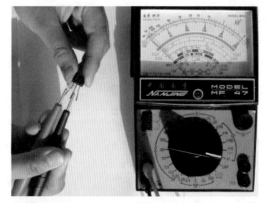

图 3-4-92　检测双向晶闸管可控能力

任接某个引脚，用黑表笔依次接触另外两个引脚，如果在两次测试中，一次显示值小于1V；另一次显示溢出符号"OL"或"1"（视不同的数字万用表而定），则表明红表笔接的引脚不是阴极K（单向晶闸管）就是主电极 T_2（双向晶闸管）。

② 若红表笔固定接任意一个引脚，黑表笔接第二个引脚时显示的数值为 $0.6 \sim 0.8V$，黑表笔接第三个引脚显示溢出符号"OL"或"1"，且红表笔所接的引脚与黑表笔所接的第二个引脚对调时，显示的数值由 $0.6 \sim 0.8V$ 变为溢出符号"OL"或"1"，就可判定该晶闸管为单向晶闸管，此时红表笔所接的引脚是控制极G，第二个引脚是阴极K，第三个引脚为阳极A。

③ 若红表笔固定接一个引脚，黑表笔接第二个引脚时显示的数值为 $0.2 \sim 0.6V$，黑表笔接第三个引脚显示溢出符号"OL"或"1"，且红表笔所接的引脚与黑表笔所接的第二个引脚对调，显示的数值固定为 $0.2 \sim 0.6V$，就可判定该管为双向晶闸管，此时红表笔所接的引脚是主电极 T_1，第二个引脚为控制极G，第三个引脚是主电极 T_2。

（六）场效应晶体管的识别和检测

1　场效应晶体管的相关知识

1）场效应晶体管的控制原理：场效应晶体管是一种带有PN结的新型半导体器件，与晶体管的控制原理不同，是通过电压来控制输出电流的，是电压控制器件，是单极型晶体管，特别适用于高灵敏度、低噪声电路中。

2）场效应晶体管结构：场效应晶体管一般由三个电极组成，其中，G极为栅极（也称控制极），D极为漏极（也称供电极），S极为源极（也称输出极），功能分别对应于双极型晶体管的基极B，集电极C和发射极E，由于场效应晶体管的源极S和漏极D是对称的，实际使用中，可以互换。

3）场效应晶体管的分类：

按沟道材料：N沟道和P沟道。

按导电方式：耗尽型与增强型，结型场效应晶体管均为耗尽型，绝缘栅型场效应晶体管既有耗尽型的，也有增强型的。

4）场效应晶体管型号命名方法：通常有以下两种命名方法：

① 与晶体管相同。

第一位"3"表示电极数。

第二位字母代表材料："D"是P型硅N沟道；"C"是N型硅P沟道。

第三位字母"J"代表结型场效应晶体管，"O"代表绝缘栅场效应晶体管。

第四位用数字表示同一类型产品的序号。

第五位用字母表示规格号。

例如：3DJ6D是结型P型硅N沟道场效应晶体管，3DO6C是绝缘栅型P型硅N沟道场效应晶体管。

② 命名方法为 CSXX#。

CS 代表场效应晶体管。

XX 以数字代表型号的序号。

#用字母代表同一型号中的不同规格。

例如：CS14A、CS45G等。

2　场效应晶体管的结构和符号

结型场效应晶体管（JFET）因有两个PN结而得名；绝缘栅型场效应晶体管（JGFET）则因栅极与其他电极完全绝缘而得名。它们都是利用电场效应控制电流，不同之处仅在于导电沟道形成的原理不同。

1）结型场效应晶体管的工作原理和符号：与晶体管一样，场效应晶体管也是由 P 型半导体和 N 型半导体组成。结型场效应晶体管可分为 P 沟道和 N 沟道两种，工作原理及符号如图 3-4-93 所示。

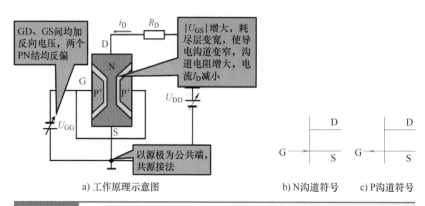

a) 工作原理示意图　　　　b) N沟道符号　　c) P沟道符号

图 3-4-93　结型场效应晶体管的工作原理及符号

以 N 沟道结型场效应晶体管为例，在一块 N 型半导体棒两侧各做一个 P 型区，就形成了 PN 结。把两个 P 区并联在一起，引出一个电极，称为栅极 G，在 N 型半导体棒的两侧引出一个电极，分别称为源极 S 和漏极 D。夹在 PN 结中间的 N 区是电流的通道，称为沟道。这种结构的管子称为 N 沟道结型场效应晶体管。利用半导体内的电场效应，通过栅源电压 U_{GS} 的变化，改变阻挡层的宽窄，从而改变导电沟道的宽窄，控制漏极电流 I_D。

2）绝缘栅型场效应晶体管的结构和符号：绝缘栅场效应晶体管（MOSFET）分为增强型和耗尽型，场效应晶体管的工作方式有两种：当栅压为零时，有较大漏极电流的称为耗尽型；当栅压为零，漏极电流也为零，必须再加一定的栅压之后才有漏极电流的称为增强型。每种又分为 N 沟道和 P 沟道。绝缘栅场效应晶体管具有制造工艺简单，占用芯片面积小，器件的特性便于控制等特点。因此，绝缘栅场效应晶体管是当前制造超大规模集成电路的主要有源器件，并且已开发出许多有发展前景的新电路技术。

① 增强型 MOSFET。如图 3-4-94 所示，增强型和耗尽型 N 沟道绝缘栅型场效应晶体管以一块掺杂浓度较低、电阻率较高的 P 型硅片做衬底，其上有两个相距很近的高掺杂浓度的 N 区，并在其中引出两个电极，分别称为源极 S 和漏极 D。P 型硅片的表面生成一层很薄的二氧化硅绝缘层，在源极和漏极之间的绝缘层上制作一个金属电极，称为栅极 G。栅极和其他电极是绝缘的，故称为绝缘栅型场效应晶体管。

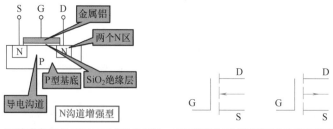

a)N沟道增强型MOSFET的结构和符号　　b)N沟道和P沟道增强型MOSFET符号

图 3-4-94　增强型 MOSFET 的结构和图形符号

② 耗尽型 MOSFET 如图 3-4-95 所示。

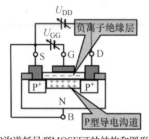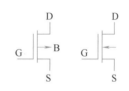

a) P沟道耗尽型MOSFET的结构和图形符号　　　b) N沟道耗尽型MOSFET符号

图 3-4-95 耗尽型 **MOSFET** 的结构和图形符号

3　常见的场效应晶体管的实物及其引脚识别

1）实物：如图 3-4-96 所示。

图 3-4-96 场效应晶体管实物图

2）场效晶体管引脚识别：场效应晶体管有三个电极，分别是栅极 G、源极 S 和漏极 D。场效应晶体管可看做是一只普通晶体管，栅极 G 对应基极 B，漏极 D 对应集电极 C，源极 S 对应发射极 E；N 沟道对应 NPN 型晶体管，P 沟道对应 PNP 型晶体管。

① 大功率场效应晶体管。将场效应管正放，让字迹正对着自己，即有字的一面面向自己，引脚朝下，从左到右依次为：G、D、S（有少数相反为 S、D、G，配合万用表检测），如图 3-4-97 所示。

② 小功率金属封装（如 3DJ6）的场效应晶体管，引脚规律如图 3-4-98 所示。

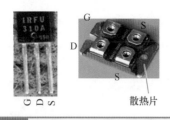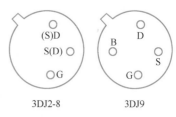

图 3-4-97 大功率场效应晶体管引脚识别　　**图 3-4-98** 小功率金属封装场效应晶体管引脚识别

3）贴片式 MOSFET：外观引脚识别如图 3-4-99 所示。

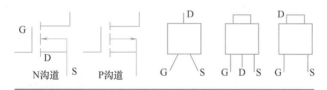

图 3-4-99 贴片式 **MOSFET** 外观及引脚识别

4 场效应晶体管的检测

1）判别结型场效应晶体管的引脚和类型：场效应晶体管因输入电阻高，栅-源间电容非常小，感应少量电荷就会在极间电容上形成相当高的电压（$U = Q/C$），损坏管子。所以，出厂时，各引脚绞合在一起，短接各引脚（不用时，也应短接）。结型场效应晶体管可用万用表定性检测管子的质量，要小心谨慎；MOSFET 一般不能用万用表检查，必须用专门仪器测试。若没有专门仪器，可在确保管子安全（带防静电手环）的前提下用万用表（防静电处理后）检测。

① 结型场效应晶体管的检测。

a）选择量程。将转换开关拨到 R×1k 档。

b）欧姆调零。

c）判别引脚。任选两个电极，分别测出其正、反向电阻值。当某两个电极的正、反向电阻值相等，且为几千欧时，则两个电极分别是漏极 D 和源极 S，另一个电极（中间的引脚）为栅极 G，如图 3-4-100 所示。因为结型场效应晶体管漏极与源极可互换，剩下的电极肯定是栅极 G。

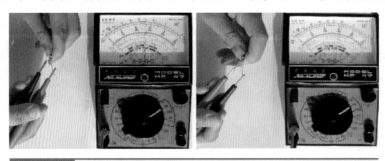

图 3-4-100 用万用表判断场效应晶体管的引脚

d）判别类型。当栅极判定之后，黑表笔接栅极，其余两电极分别为漏极和源极。若两次测出的电阻值均很大，说明是反向 PN 结，即都是反向电阻，可以判定是 P 沟道场效应晶体管；若两次测出的电阻值均很小，说明是正向 PN 结，即是正向电阻，判定为 N 沟道场效应晶体管。

e）放大倍数的测量。用感应信号输入法估测场效应晶体管的放大能力：将万用表置于"R×1k"档或"R×100"档，两只表笔分别接触 D 极和 S 极，用手靠近或接触 G 极，此时表针右摆，且摆动幅度越大，放大倍数越大。

② 判别结型场效应晶体管质量。

a）测漏-源极之间电阻。将转换开关拨到 R×10 或 R×100 档。欧姆调零。漏极 D 与源极 S 之间的电阻，通常在几十欧到几千欧范围。

b）测栅-漏极之间电阻。将转换开关拨到 R×1k 档。欧姆调零。栅极 G 与漏极 D 之间电阻，正常时为∞。

c）测栅-源极之间电阻。将转换开关拨到 R×1k 档。欧姆调零。栅极 G 与源极 S 之间电阻，正常时为∞。

③ 用数字万用表判断结型场效应晶体管的好坏。

a）将数字万用表拨到二极管档（蜂鸣档）。

b）先将场效应晶体管的 3 只引脚短接放电，接着用两支表笔分别接触场效应晶体管 3 只引脚中的 2 只，测量 3 组数据。

如果其中两组数据为 1，另一组数据在 300~800 之间，说明场效应晶体管正常；如果其中有一组数据为 0，则场效应晶体管被击穿。

2）绝缘栅场效应晶体管的检测：绝缘栅场效应晶体管一般不能用万用表检查，必须用专门仪器测试。若没有专门仪器，可在确保安全的前提下用万用表检测。

① 万用表置于"R×10k"档。

② 对于绝缘栅场效应晶体管的管型引脚和性能判断可参考结型场效应晶体管的判断方法。但不能直接用手去捏栅极，必须手捏螺钉旋具的绝缘柄，用螺钉旋具的金属杆去碰触栅极，以防人体感应电荷直接加到栅极上，引起 MOSFET 的栅极击穿。一般在 G-S 极间接一几兆欧的大电阻，分别测量栅极 G_1 与 G_2、栅极与源极、栅极与漏极之间的电阻值，如果测量的各项电阻值均为无穷大，则说明 MOSFET 正常；如果测量的上述各阻值太小或为通路，则说明 MOSFET 已经损坏。对 MOSFET 来说，为防止栅极击穿，一般测量前先在其 G-S 极间接一只几兆欧的大电阻，然后按上述方法测量。

（七）集成稳压器的识别与检测

1　集成稳压器的相关知识

1）集成稳压器的优点：集成稳压器又叫集成稳压电路，将不稳定的直流电压转换成稳定的直流电压的集成电路。具有输出电流大、输出电压高、体积小、可靠性高、使用灵活、价格低廉等优点，在电子电路中应用广泛。集成稳压器在电路中常用字母 Q 加数字表示。

2）集成稳压器的参数：

① 输出电压。指稳压器的各工作参数符合规定时的输出电压值。对于固定输出稳压器，它是常数；对于可调式输出稳压器，它是输出电压范围。

② 输出电压偏差。实际输出的电压值和规定的输出电压 U_0 之间往往有一定的偏差。一般用百分比表示，也可以用电压值表示。

③ 最大输出电流。指稳压器能够保持输出电压不变的最大电流。

④ 最小输入电压。输入电压低于最小输入电压值时，稳压器不能正常工作。

⑤ 最大输入电压。指稳压器安全工作时允许外加的最大电压值。

3）集成稳压器的分类：

① 按引脚数可分为三端式和多端式。

② 按输出是否可调可分为三端固定稳压器、三端可调稳压器。

③ 按输出正负可分为输出正电压、输出负电压。

最简单的集成稳压电源只有输入、输出和公共引出端，故称之为集成三端稳压器。集成三端稳压器又分为固定式和可调式。

2　三端固定式集成稳压器的识别

1）三端固定式集成稳压器的性能特点：

① 输出电流超过 1.5A 要加散热器。

② 基本不需要外接元器件。

③ 内部有过热保护。

④ 内部有过电流保护。

⑤ 调整管设有安全工作区保护。

⑥ 输出电压允许误差为 4%。

⑦ 输出电压额定值有 5V、6V、8V、9V、10V、12V、15V、18V、24V 共 9 级。

⑧ 输出电流额定值有 L（0.1A）、M（0.5A）、T（3A）、H（5A）、P（10A）、无字母（1.5A）6 个等级。

2）三端固定式集成稳压器命名：如图 3-4-101 所示。

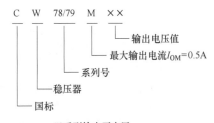

图 3-4-101　三端固定式集成稳压器命名

183

3）三端固定式集成稳压器外形及引脚功能识别，如图3-4-102所示。

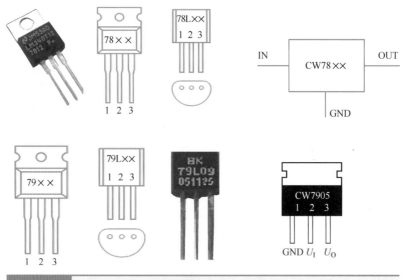

图 3-4-102　三端固定式集成稳压器外形及引脚功能

注意：LM78系列与LM79系列第3引脚均为输出端，第1引脚、第2引脚功能交换。

3　三端可调式集成稳压器的识别

1）三端可调式集成稳压器特点：与固定式集成稳压器相比，除电压连续可调外，还具有输出电压稳定度、电压调整率、电流调整率、纹波抑制比等都比固定式集成稳压器的相应参数高的特点。

2）三端可调式集成稳压器命名：三端可调式集成稳压器的命名方法如图3-4-103所示。

图 3-4-103　三端可调式集成稳压器命名

C：国家标准。

W：稳压器。

1——产品类型：

　　1为军工——军级为金属或陶瓷封装，工作温度−55～150℃；

　　2为工业——工业级为金属或陶瓷封装，工作温度−25～150℃；

　　3为民用——民用民品级多为塑料封装，工作温度范围0～125℃。

17——产品序号：17为输出正电压；37为输出负电压。

L——输出电流：L为0.1A；M为0.5A；无字母表示电流为1.5A。

3）三端可调式集成稳压器外形及引脚功能识别：外形与引脚排列如图3-4-104所示。三个接线端分别为输入端（IN）、输出端（OUT）和调整端（ADJ）。CW117的第1引脚为调整端，第2引脚为输出端，第3引脚为输入端，CW137的第1引脚为调整端，第2引脚为输入端，第3引脚为输出端，其输出电流可从型号的最后一个字母中看出，其字母含义与CW78××、CW79××系列相同。

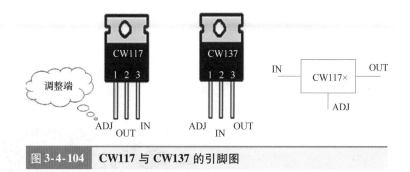

图 3-4-104 CW117 与 CW137 的引脚图

4 集成稳压器检测

1）电阻测量法：将指针式万用表拨至 R×1k 档，或者将数字万用表拨至二极管档，测量各个引脚对地正反向电阻，再与正常值进行对比，没有太大差异或者为 0 或者为无穷大，可认为正常，再通过下面两种方法进一步确认。

2）外加电压检测法：在集成电路输入端加上直流电源电压 U_1，所加电压比该集成电路的输出电压高 3V，最高不得超过 35V。然后将万用表调到直流档，例如测 CW78×× 电路的第 3 脚与第 2 脚间的电压，若测出的电压值与该器件的稳压值相同，就证明器件是好的，否则是坏的。

3）在电路中判别 CW78×× 的好坏：可在保证输入端电压正常的情况下，先断开 CW78×× 的全部负载，再按上述方法测量。

（八）晶体振荡器的识别与检测

1 晶振的工作原理

晶振一般叫作晶体谐振器，是一种机电器件，用电损耗很小的石英晶体经精密切割磨削并镀上电极焊上引线做成。这种晶体有一个很重要的特性，如果给它通电，它就会产生机械振荡，反之，如果给它机械力，它又会产生电，这种特性叫机电效应。有一个很重要的特点，其振荡频率与其形状，材料，切割方向等密切相关。由于石英晶体化学性能非常稳定，热膨胀系数非常小，其振荡频率也非常稳定，由于控制几何尺寸可以做到很精密，因此，其谐振频率也很准确。根据石英晶体的机电效应，可以把它等效为一个电磁振荡回路，即谐振回路。机电效应是机-电-机-电……的不断转换，由电感和电容组成的谐振回路是电场-磁场的不断转换。在电路中的应用实际上是把它当作一个高 Q 值的电磁谐振回路。由于石英晶体的损耗非常小，即 Q 值非常高，做振荡器用时，可以产生非常稳定的振荡，做滤波器用，可以获得非常稳定和陡峭的带通或带阻曲线，晶振的工作原理、等效电路和符号如图 3-4-105 所示。

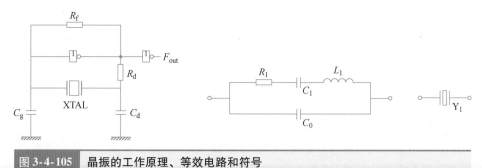

图 3-4-105 晶振的工作原理、等效电路和符号

2 晶振的作用

晶振的作用是与相连的芯片共同组成一个振荡电路产生频率，为系统提供稳定、精确的时钟信号。通常一个系统共用一个晶振，便于各部分保持同步。晶振的标识符号为 X、Y 或 Z。单位为赫兹（Hz）。有些通信系统的基频和射频使用不同的晶振，需要通过电子调整频率的方法保持同步，晶振应用电路及实物如图 3-4-106 所示。

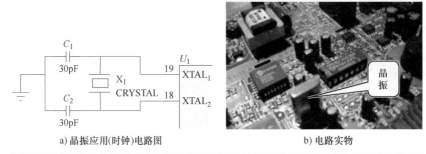

a) 晶振应用(时钟)电路图   b) 电路实物

图 3-4-106   晶振应用电路及实物

3 晶振的识别

晶振的类型有插脚型（DIP）和贴片型（SMD）。又分四个焊点的和两个焊点的。常用晶振的分类与外形如图 3-4-107 所示。

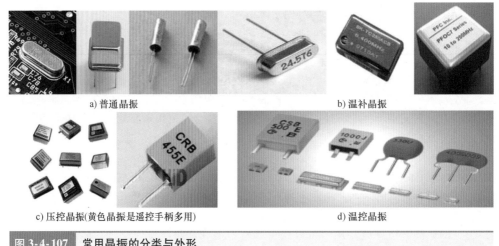

a) 普通晶振   b) 温补晶振

c) 压控晶振(黄色晶振是遥控手柄多用)   d) 温控晶振

图 3-4-107   常用晶振的分类与外形

4 晶振的检测

1）外观检查法：检测石英晶体，首先从外观上检查，正常石英晶体表面整洁、无裂纹，引脚牢固可靠。

2）电阻检测法：用指针式万用表的功能档调至 R×10k 档测量晶振两脚之间的电阻值，测得的电阻值应为无穷大。若测得石英晶体振荡器有一定的阻值或为 0，则说明该石英晶体振荡器已漏电或击穿损坏。若用万用表测得的电阻很小甚至接近于零，则说明被测晶体漏电或击穿，已经损坏。若所测电阻值无穷大，说明石英晶体没有击穿漏电，但不能断定晶体是否损坏。此时，可改用另一种方法进一步判断。

3）电容检测法：通过用电容表或具有电容测量功能的数字万用表测量石英晶体振荡器的电容

量，可大致判断出该石英晶体振荡器是否已变值。例如，遥控发射器中常用的450kHz、480kHz、500kHz和560kHz石英晶体振荡器的电容近似值分别为296～310pF、350～360pF、405～430pF、170～196pF。若测得石英晶体振荡器的容量大于近似值或无容量，则可确定是该石英晶体振荡器已变值或开路损坏。

4）电压测量法：简单说，通电测晶振两个脚的电压。接上电源让其工作，用数字万用表将功能档位调直流电压档20V，黑表笔接负端，红表笔分别接晶振的两只引脚，正常情况下，晶振不工作一只脚为0V，一只脚为供电电压左右。然后让其工作，再用红表笔测晶振的两只引脚，正常情况下，两只引脚的电压均为供电电压的一半左右。若测得数值与正常值相差很大，则晶振工作不正常。

5）波形测量法：用示波器检测晶振对应的波形。

（九）课堂训练

分组识别实训室所提供的各种晶体管类元器件，并用万用表检测其质量。

三、任务小结

1）晶体管类元器件种类繁多，型号各异，单靠记忆是不够的，应借助晶体管使用手册查阅其参数，配合万用表判断其极性和质量，才能正确使用和代换，做到万无一失。

2）用万用表检测晶体管类元器件时，都是以其结构为基础，只有清楚认识其原理，才能对测量结果有一个正确的判断。

四、课后任务

1）借助网上资源，查查市场上还流行哪些新型晶体管类元器件，如何识别？有哪些应用？把图片等资料整理后上报交流。

2）请把晶体管、晶闸管、场效应晶体管的检测方法做一下对比，整理出规律性的东西并做交流分享。

项目四 电子元器件的手工拆装基础

【项目目标】
- 掌握常用电烙铁的结构特点和使用要点。
- 掌握常用防静电恒温电焊台的结构特点和使用要点。
- 掌握常用多功能拆焊台的结构特点和使用要点。
- 掌握电子元器件拆装辅助工具的结构特点和使用要点。

任务 1 常用电烙铁的结构和维护

【任务目标】 掌握常用电烙铁的结构特点和使用要点。
【任务重点】 掌握常用电烙铁的结构特点和使用要点。
【任务难点】 掌握常用电烙铁的结构特点和使用要点。
【参考学时】 2 学时

一、任务导入

任何电子产品，无论是由几个元器件构成的单元电路，还是复杂的由成千上万个元器件构成的电子系统，都是将电子元器件和功能部件按照电路的工作原理，用一定的工艺方法装配而成的。而在电子产品的装配中，使用最广泛的方法是焊接。通过项目一的学习，我们已经知道电子产品批量生产过程中使用的焊接方法主要有浸焊、波峰焊和再流焊，同时，手工焊接也是必不可少的，特别是电子产品的开发和检修环节，其应用如图 4-1-1 所示。

a) 科研部门产品开发　　　　　　　b) 电子产品检修

图 4-1-1　手工焊接的应用

二、任务实施

（一）电烙铁的相关知识

1 分类

1）按照给烙铁头供热方式分：内热式电烙铁、外热式电烙铁。

2）按照功率大小分：25W、35W、50W、75W、100W、150W、300W 等。

3）按照使用功能分：普通电烙铁、恒温电烙铁、温度可调电烙铁、吸锡电烙铁、电焊台、热风枪等。

2 烙铁的结构

常见电烙铁结构对比图如图 4-1-2 所示。

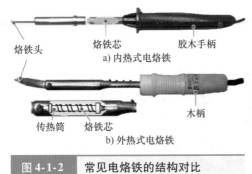

a) 内热式电烙铁

烙铁头　　烙铁芯　　胶木手柄

b) 外热式电烙铁

传热筒　　烙铁芯　　木柄

图 4-1-2　常见电烙铁的结构对比

（二）认识内热式电烙铁

1　传统内热式电烙铁

内热式电烙铁，外观如图4-1-3a、b所示，主要配件如图4-1-3c、d所示，加热芯插在烙铁头里面，热量损失较少，具有发热快、耗电省、效率高、体积小、重量轻和便于操作等优点，常用于焊接小型元器件和印制线路板。

a) 内热式电烙铁　　b) 不同功率电烙铁　　c) 电烙铁芯　　d) 电烙铁头

图 4-1-3　内热式电烙铁及其配件

2　新式长寿命内热式电烙铁

新式长寿命内热式电烙铁的外观和结构特点如图4-1-4所示。

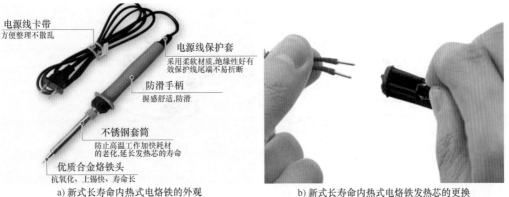

电源线卡带
方便整理不散乱

电源线保护套
采用柔软材质,绝缘性好有效保护线尾端不易折断

防滑手柄
握感舒适,防滑

不锈钢套筒
防止高温工作加快耗材的老化,延长发热芯的寿命

优质合金烙铁头
抗氧化、上锡快、寿命长

a) 新式长寿命内热式电烙铁的外观　　　　　　b) 新式长寿命内热式电烙铁发热芯的更换

图 4-1-4　新式长寿命内热式电烙铁的外观和结构特点

3 长寿命内热式可调温电烙铁

长寿命内热式可调温电烙铁的外观和结构特点如图4-1-5所示。

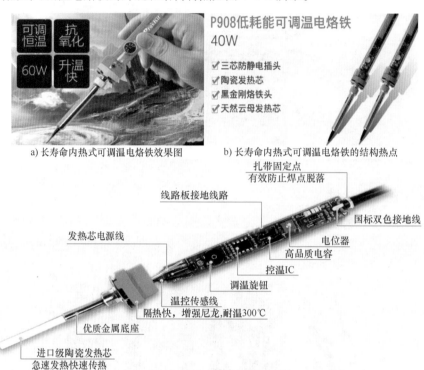

a) 长寿命内热式可调温电烙铁效果图   b) 长寿命内热式可调温电烙铁的结构热点

c) 长寿命内热式可调温电烙铁的结构图

图4-1-5 长寿命内热式可调温电烙铁的外观和结构特点

(三) 认识外热式电烙铁

1 各种功率普通外热式电烙铁

外形图如图4-1-6a、b所示。

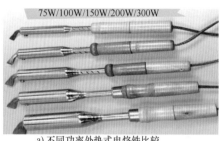

a) 不同功率外热式电烙铁比较   b) 500W外热式电烙铁

图4-1-6 各种功率普通外热式电烙铁

2 长寿命外热式电烙铁

外热式电烙铁加热芯套在烙铁头的外部,部分热量散发到空间,热效率低,加热速度慢,但功率可以做得很大,使用时不灵便,主要用于粗导线、接地线和较大焊件的焊接。烙铁头由纯铜制作，容易锈蚀氧化不沾（吃）锡。为了克服以上不足，市场上又推出了长寿命电烙铁，其烙铁头用合金材料制成，是手工焊接印制电路板最常用的工具，其种类如图 4-1-7a、b 所示，其结构分解图如图 4-1-8 所示，其烙铁头如图 4-1-9 所示，长寿命外热式烙铁头更换如图 4-1-10 所示，外热式烙铁发热芯及其更换如图 4-1-11 所示。

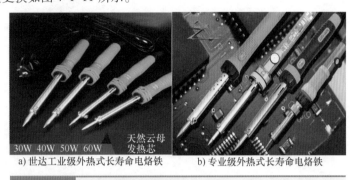

a) 世达工业级外热式长寿命电烙铁   b) 专业级外热式长寿命电烙铁

图 4-1-7   外热式长寿命电烙铁的种类

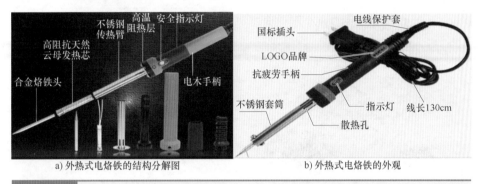

a) 外热式电烙铁的结构分解图   b) 外热式电烙铁的外观

图 4-1-8   外热式电烙铁的结构分解图

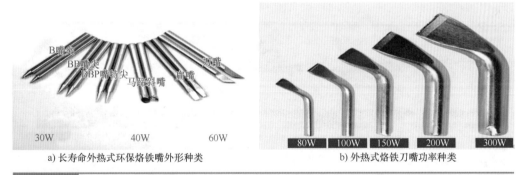

a) 长寿命外热式环保烙铁嘴外形种类   b) 外热式烙铁刀嘴功率种类

图 4-1-9   外热式烙铁头（嘴）

3   吸锡、焊接多用途电烙铁

这种电烙铁结构上是电烙铁、吸锡器两种工具的有机结合，包括多种吸嘴，便于和不同的引脚相配合，实物如项目五任务 4 中的图 5-4-3 所示。

4   手焊枪

1）手焊枪的结构和使用：前面介绍的电烙铁都是左右手配合工作，手焊枪能够解放出一只手，完成更加复杂的焊接工作。其结构和使用如图 4-1-12 所示。

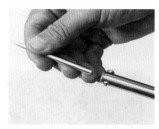

先将电烙铁头部螺钉拧开

再将电烙铁头取下并更换

a) 长寿命外热式烙铁头更换步骤

烙铁头长度可以调节，螺钉固定

b) 外热式烙铁头调整

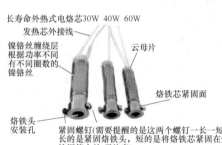

焊头、螺钉易生锈老化

c) 普通外热式烙铁头缺陷

图 4-1-10 **长寿命外热式烙铁头更换**

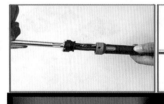

长寿命外热式电烙芯30W 40W 60W
发热芯外接线
镍铬丝缠绕层根据功率不同有不同圈数的镍铬丝
云母片
烙铁芯紧固面
烙铁头安装孔
紧固螺钉(需要提醒的是这两个螺钉一长一短，长的是紧固烙铁头，短的是将烙铁芯紧固在烙铁钢管上的,需注意)

a) 普通外热式烙铁发热芯

b) 长寿命外热式烙铁发热芯

① 拧开手柄位置螺钉

② 将缠绕铜线取下

③ 取下旧的发热芯

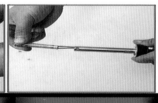

大功率发热芯，带螺钉固定，稳定安全、回温快，寿命长达3000h

具有隔热层螺钉加固，不易断裂

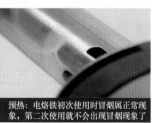

预热：电烙铁初次使用时冒烟属正常现象，第二次使用就不会出现冒烟现象了

④ 换上新的发热芯

⑤ 拧紧手柄位置螺钉

⑥ 通电预热

c) 更换发热芯步骤

图 4-1-11 **外热式烙铁发热芯及其更换**

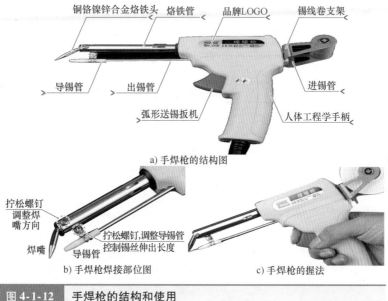

a) 手焊枪的结构图

b) 手焊枪焊接部位图　　　　c) 手焊枪的握法

图 4-1-12　手焊枪的结构和使用

193

2）使用方法：

① 初次使用时，需预热几分钟，有冒烟现象是属于正常的！几分钟便会消失。

② 将安装好的锡线从进锡口插入，然后扣动扳机，直到锡丝送到导锡管口为止，就可以正常工作了。

③ 停止使用时需要退出或者更换锡丝时，只要将扳机向上推动，同时取出锡丝。

④ 更换发热芯时，先把防护盖拆下，拆下发热芯连线，再拆下烙铁头，就可以更换发热芯了。

⑤ 在工作时，烙铁头和烙铁筒的温度高达400℃以上，严禁灼伤和乱放（应放回支架上）。

5　袖珍（USB）电烙铁

当没有220V交流电源而要紧急焊接维修时，可就地取材使用袖珍电烙铁，如图4-1-13所示。

a) 袖珍电烙铁　　　b) 袖珍电烙铁握法　　　c) 袖珍电烙铁使用

图 4-1-13　袖珍电烙铁及使用

（四）课堂训练

分组拆卸和安装实训室分发的各种电烙铁，配合万用表进行测量检查，相互交流操作心得。

三、任务小结

常用电烙铁的结构识别是使用和维修的基础，也是提高电子元器件拆装技能水平的有力武器。

四、课后任务

手焊枪是在传统电烙铁的基础上通过技术改造而获得的国家专利产品，仔细研究该产品结构，你能获得哪些灵感？你周围有哪些工具和设备能够进行创新改造？整理出你的创新想法和同学们分享。

任务 2　防静电调温恒温电焊台的结构认识与使用

【任务目标】
- 掌握防静电调温恒温电焊台结构特点和使用要点。

【任务重点】　掌握防静电调温恒温电焊台结构特点和使用要点。

【任务难点】　掌握防静电调温恒温电焊台结构特点和使用要点。

【参考学时】　4 学时

一、任务导入

上一任务中我们所熟悉的内热式和外热式电烙铁，虽然轻巧方便，但其最突出的缺点是防静电措施不令人满意，在焊接 CMOS 器件和大规模集成电路芯片等对防静电要求很高的场合，需要换一种防静电效果更好的电烙铁——防静电调温电焊台，它是各种电子产品的生产制造和售后维修中常用的工具设备，良好的使用和保养方法，对于提高工作效率和延长其使用寿命有着很大的意义。本任务以 936 数显无铅防静电恒温控温高级电焊台（以下简称 936 电焊台）为例认识电焊台的结构和使用要点。

二、任务实施

（一）电焊台的相关知识

1　电焊台的应用场合

1）工业生产进行电子产品装配。

2）科研部门进行产品开发。

3）维修行业进行电子产品检修。

4）各企事业单位电工进行锡焊操作。

5）电子技术爱好者进行电子装配。

6）各类院校电类学生进行技能实训。

2　电焊台的功能特点

1）整部焊台采用导电性材料制成，专为防止静电和无尘车间环境而设计。

2）发热体采用进口耐温材料配先进工艺制成，寿命长。

3）发热芯与烙铁头分体设计，烙铁头与品牌标准相同，可根据用户不同工作条件，选配各烙铁头，节省使用成本，更换方便。

4）24V 低压输出，稳定的接地阻抗，绝对能够保护敏感元器件及工作人员的安全。

5）智能数码控制，控温精确、稳定。

6）LED 数码管显示，旋钮调节输入数据，显示直观，操作方便快捷。

7）数字式校温，校正准确。

8）焊台采用导电性材料制成，做到真正的防静电。

9）故障自我检测，发热体损坏 LED 显示屏显示"－"提示。

194

（二）认识 936 电焊台整体结构及其配件

1 电焊台的特点

936 电焊台和其他普通烙铁的最大区别是能快速地升温（达到设置的温度），并且能够根据烙铁头热负荷自动调节发热量、实现温度恒定。防静电效果好，使用放心。配有高效率陶瓷发热芯，回温快。橡胶手柄、采用隔热构造，防止热量向手传导，舒适作业。能更换各种形状的烙铁头，当发热芯达到寿命时，只需要买个发热芯装上即可，其他烙铁坏了只能扔掉。

936 电焊台其整体外观和结构特点如图 4-2-1 所示。

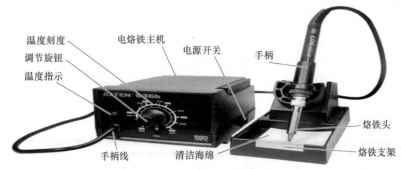

a) 936 电焊台的外观组成

b) 936 调温电焊台的结构特点

| 图 4-2-1 | 936 电焊台的外观组成及其结构特点 |

2 936 电焊台手柄整体结构及其配件

936 电焊台手柄整体结构及其配件如图 4-2-2 所示。

3 电源线

电源线及其特点如图 4-2-3 所示。

4 发热芯

1）分类和识别：936 焊台常用的发热芯有 3 种，引线四根，功率 60W，其外形如图 4-2-4a 所示，其中，1323 为不锈钢发热芯，寿命最长；1231/1322 为陶瓷发热芯，1321 芯体上有一条凹槽，寿命长于 1322，其接线方法如图 4-2-4b ~ d 所示。

2）代换：1323 金属芯和 1322 陶瓷芯都是通用的，和 1321 发热芯是不通用的，本质区别在于传感器阻值，1322 和 1323 都是 2Ω 左右，1321 的传感器阻值是在 50Ω 左右，所以接上会有不恒温的后果，时间长了烧坏热芯、晶闸管或变压器。外观区别是1321芯体上开有 条四槽，没有开槽的4根线的陶瓷芯就是1322，能够用1323替换。

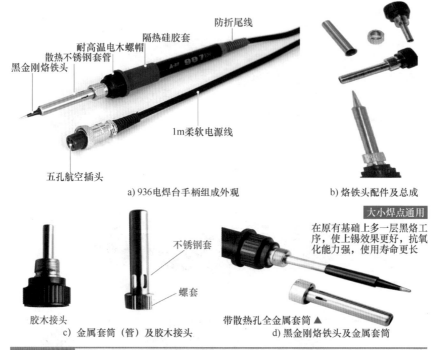

a) 936电焊台手柄组成外观　　　b) 烙铁头配件及总成

c) 金属套筒（管）及胶木接头　　　d) 黑金刚烙铁头及金属套筒

图 4-2-2　936 电焊台手柄整体结构及其配件

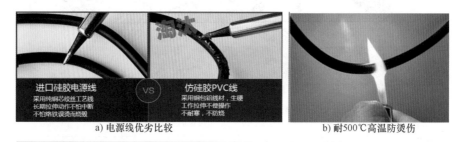

a) 电源线优劣比较　　　b) 耐500℃高温防烫伤

图 4-2-3　936 电焊台手柄电源线及其特点

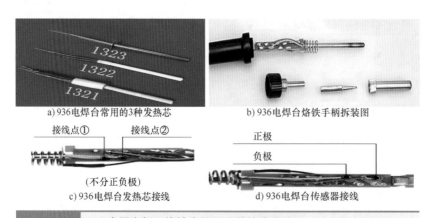

a) 936电焊台常用的3种发热芯　　　b) 936电焊台烙铁手柄拆装图

c) 936电焊台发热芯接线　　　d) 936电焊台传感器接线

图 4-2-4　936 电焊台恒温烙铁发热芯及其接线方法

196

3）接线方法：金属芯 1323 和陶瓷芯 1322 都是 24V 电压，4 根接线以长短区分，短的两根为发热芯，不分正负极，不同厂家接线颜色不同，代换时和以前的接法一样；长的两根为传感器，有正负极，接错会导致温度失控，直接后果是把烙铁头和钢管烧得通红，简单判断方法是有一根是带磁的，另一根则不带。在拆旧发热芯时，先用磁铁来区分，做好记号，接上即可；如若区分不开先接上开机，把温度调到最小，温控线如果反了，温度就不受控制一直升高，这时需要把温控线反接即可。接线图例如图 4-2-4 所示。

4）发热芯产品升级及其更换过程：如图 4-2-5 所示。

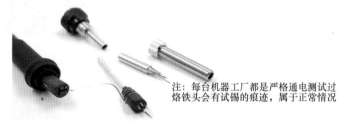

注：每台机器工厂都是严格通电测试过烙铁头会有试锡的痕迹，属于正常情况

a）将接线式发热芯产品升级为拔插式

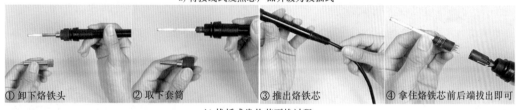

① 卸下烙铁头　　② 取下套筒　　③ 推出烙铁芯　　④ 拿住烙铁芯前后端拔出即可

b）拔插式发热芯更换过程

图 4-2-5　拔插式发热芯及其更换过程

5　烙铁头

936 电焊台采用环保烙铁头，内层采用纯紫铜，利于烙铁头迅速升温，外层镀合金，光洁如新，有的再外加黑铬，成为黑金刚烙铁头，焊接效果更好，寿命更长，严格经过环评，与普通含铅焊头比较如图 4-2-6 所示。

淘汰

黑金刚无铅烙铁头　　VS　　普通含铅烙铁头
镀锡层牢固、抗氧化、防虚焊使用寿命　　镀锡层易氧化脱落，易发黑长
是普通烙铁头的10倍以上　　时间放置易生锈

图 4-2-6　黑金刚无铅烙铁头与普通含铅焊头比较

1）烙铁头外形及选用：936 电焊台手柄上配备各种烙铁头，可以根据焊接的需要，随时转换。电焊台常用烙铁头如图 4-2-7 所示。

① I 型（尖端细，特尖 I、弯特尖 SI）。

特点：烙铁头尖端细小，如图 4-2-8 所示。

应用范围：适合精细的焊接，或焊接空间狭小的情况，也可以修正焊接芯片时产生的锡桥。

② B 型/LB 型（圆尖 B、锥形 BI）。

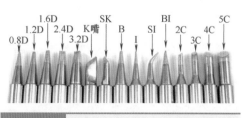

0.8D　1.2D　1.6D　2.4D　K嘴　3.2D　SK　B　I　SI　2C　3C　4C　BI　5C

图 4-2-7　电焊台常用烙铁头分类

特点：B 型烙铁头无方向性，整个烙铁头前端均可进行焊接，如图 4-2-9 所示。LB 型是 B 型的一种，形状修长。能在焊点周围有较高身的元器件或焊接空间狭窄的焊接环境中灵活操作。

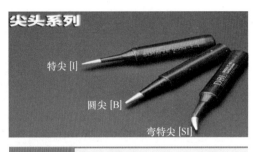

图 4-2-8　尖头系列

图 4-2-9　圆尖系列

应用范围：适合一般焊接，无论大小的焊点，也可使用 B 型烙铁头。

③ D 型/LD 型（一字形、一字批嘴形）。

特点：用批嘴部分进行焊接，如图 4-2-10 所示。

应用范围：适合需要多锡量的焊接，例如焊接面积大、粗端子、焊垫大的焊接环境。

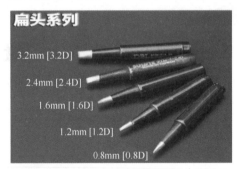

图 4-2-10　扁头系列

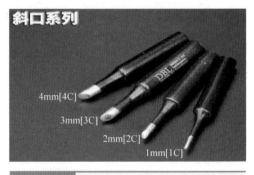

图 4-2-11　斜口系列

④ C 型/CF 型（斜切圆柱形、马蹄形）。

特点：用烙铁头前端斜面部分进行焊接，适合需要多锡量的焊接，如图 4-2-11 所示。CF 型烙铁头只有斜面部分有镀锡层，焊接时只有斜面部分才能沾锡，故此沾锡量会与 C 型烙铁头有所不同，根据焊接的需要而选择。

应用范围：适合需要多锡量的焊接，例如焊接面积大、粗端子、焊垫大的焊接环境。

0.5C、1C/CF、1.5CF 等烙铁头非常精细，适用于焊接细小元器件，或修正表面焊接时产生的锡桥，锡柱等。如果焊接只需少量焊锡的话，使用只在斜面有镀锡的 CF 型烙铁头比较适合。

2C/2CF，3C/3CF 型烙铁头，适合焊接电阻，二极管的之类的元器件，齿距较大的 SOP 及 QFP 也可以使用；4C/4CF，适用于粗大的端子，电路板上的接地处。

⑤ K 型（刀形）。

特点：使用刀形部分焊接，竖立式或拉焊式焊接均可，属于多用途烙铁头，如图 4-2-12 所示。

应用范围：适用于 SOP、PLCC、QFP 等芯片，电源，接地部分元器件，修正锡桥，连接器等焊接。

2）烙铁头保养：所供应的烙铁头全都是合金头，如果使用得当，将会有较长的使用寿命。

① 进行焊接工作前。新电烙铁或者新的烙铁头在初次使用时要经过烙铁头的上锡处理，才能更好地使焊接流畅，上锡处理方法如图 4-2-13 所示，插上电源，等一会儿烙铁头的颜色会变、轻微冒烟均属正常，证明烙铁发热了，在烙铁头温度达到 200～250℃时，用含有松香的锡丝均匀地涂在烙铁头上，反复几次即可。如有必要，把烙铁头浸泡在松香和焊锡里面烧几分钟，以保证烙铁头和焊锡能够亲密地团结在一起。如果初次处理不好，会造成使用几天后，烙铁头不能上锡，严重的

只能重新更换烙铁头。

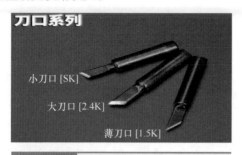

图 4-2-12　刀口系列

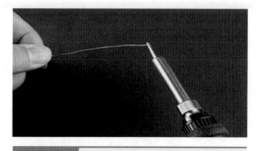

图 4-2-13　烙铁头最初使用时上锡处理

② 进行焊接工作时。

a）尽量使用低温焊接。不要让烙铁头长时间停留在过高温度，高温会使烙铁头加速氧化，使烙铁头表面镀层龟裂，降低烙铁头使用寿命。温度越高，烙铁头使用寿命越短，每提高20℃，烙铁头寿命减少一半，所以，在能满足焊接的前提下，尽量采用低温焊接（可辅助选用低温锡线）。

b）勿施压过大。在焊接时，不要给烙铁头加以太大的压力摩擦焊点，此过程并不会改变导热性能，反而会使烙铁头变形，镀层破裂受损。只要烙铁头能充分接触焊点，热量就可以传递，为提高热传输，必须使焊锡熔化，形成一个热传递的焊锡桥梁，另外选择合适的烙铁头也能帮助传热。

c）保持烙铁头始终挂锡。在使用中，应使烙铁头保持清洁，并保证烙铁的尖头上始终有焊锡，这可以降低烙铁头的氧化机会，使烙铁头更耐用。

d）保持烙铁头清洁及时清理氧化物。如果烙铁头上有黑色氧化物，烙铁头就可能会不上锡，此时必须立即进行清理。清理时先把烙铁头温度调到约200～250℃，再用清洁海绵清洁烙铁头，然后再上锡。不断重复动作，直到把氧化物清理为止，清洁过程如图4-2-14所示。切勿使用砂纸或锉刀清洁烙铁头，严禁用刀片或者金属的东西刮烙铁头，会造成镀层受损。

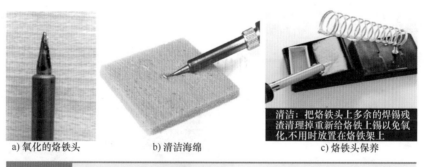

a) 氧化的烙铁头　　　b) 清洁海绵　　　c) 烙铁头保养

图 4-2-14　烙铁头上氧化物的清洗

e）选用活性低的助焊剂。活性高或腐蚀性强的助焊剂在受热时会加速腐蚀烙铁头的镀层，所以应选低腐蚀性的助焊剂。焊接过程中使用的助焊剂、焊料中含卤含酸越多，烙铁头使用寿命越短。最好使用免清洗型焊丝，烙铁头寿命最长，助焊剂采用合成或者活性化树脂助焊剂。

f）把烙铁放在烙铁架上。不需使用烙铁时，应小心地把烙铁摆放在合适烙铁架上，以免烙铁头受到碰撞而损坏。

g）选择合适的烙铁头。选择正确的烙铁头尺寸和形状是非常重要的，合适的烙铁头能使工作更有效率并增加烙铁头的耐用程度。选择错误的烙铁头会影响烙铁不能发挥最高效率，焊接质量也会因此而降低。烙铁头的大小与热容量有直接关系，烙铁头越大，热容量相对越大，烙铁头越小，热容量也越小。进行连续焊接时，使用越大的烙铁头，温度跌幅越小。此外，大烙铁头的热容量高，焊接的时候能够使用比较低的温度，烙铁头不易氧化，增加它的寿命。短而粗的烙铁头传热较长，而且比较耐用。扁的、钝的烙铁头比尖锐的烙铁头能传递更多的热量。一般来说，烙铁头尺寸以不影响邻近元器件为标准。选择能够与焊点充分接触的几何尺寸能提高焊接效率。

h）烙铁头有残留的焊锡时应在湿海绵上擦拭掉，杜绝手握烙铁柄敲击烙铁架或者工作台面而甩锡伤人和损坏发热芯。

③ 进行焊接工作后。使用后，切断电源，除去烙铁头氧化物，待烙铁头温度稍微降低后再加上新焊锡，使镀锡层有更佳的防氧化效果。另外，定期（每24h或最少一星期一次）将烙铁头取出清理并清除套筒内异物，避免影响发热效率。

3）烙铁头寿命：烙铁头的寿命是根据焊点次数来决定的，而保证其寿命长短则由头部的镀层厚度决定。镀层越厚，烙铁头的寿命也越长，但传导热效率会大大降低。对于同样温度系列的烙铁头，细的烙铁头寿命比粗的烙铁头的寿命要短一些。因为烙铁头在工作中，不可避免会在表面产生磨损缩短烙铁头寿命，所以细的烙铁头更容易产生磨损而减低烙铁头寿命。

6 线路板

936 电焊台的线路板如图 4-2-15 所示，包括调温电路、恒温控制电路等。

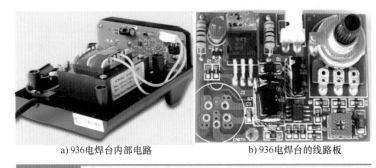

a) 936电焊台内部电路   b) 936电焊台的线路板

图 4-2-15 936 电焊台的线路板

7 烙铁架

烙铁架就是为了防止烙铁乱放、跌落，有效保护电烙铁及时防范事故，如图 4-2-16 所示。

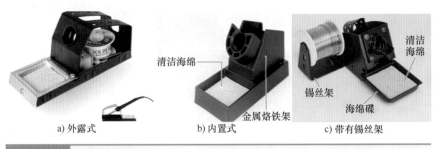

a) 外露式   b) 内置式   c) 带有锡丝架

图 4-2-16 电焊台的烙铁架

（三）电焊台使用注意事项

电焊台在使用当中会有一些不当的操作，使变压器与一些电子配件烧坏。所以要用正确的方法来使用。

1）本产品使用三线接地插头，必须插入三孔接地插座内。不能更改插头或使用未接地三头插座而使接地不良。如需加长电线，请使用接地的三线电源线。

2）首先将电源线插好，在这之前开关键必须是关的，如将开关打开或是将调整温度设置键打到最高温度，在电压不稳定的情况下，变压器会极容易烧坏。

3）打开电源开关之前，将温度调节按钮打到最低温度。

4）在200℃持续加热5min后，再将温度设定控制钮转至适当的使用温度位置。到达适当的温度后，即可开始使用。

5）正常开机后，再将温度按钮调到适当的温度，一般建议使用带温度锁定功能的无铅焊台，这样防止一些员工随意调节焊台温度，从而影响焊接效果；937数显插卡控温设计，生产流水线防止人员随意调节温度，安全插入锁卡即可调节温度，操作方便，如图4-2-17所示。

6）焊台的加热速度很快，在室温情况下打开电源开关，只需大约20～30s的时间，烙铁头的温度就能达到350℃左右，随后会自动处于恒温状态，因此，如果暂时不使用焊台，可以暂时先关掉电源开关，一方面节约用电，另一方面，也可以避免烙铁头长期处于高温下，而加速它的老化。

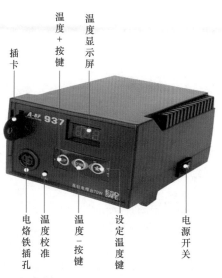

图4-2-17　937数显电焊台主机

7）切勿使用烙铁头进行焊接以外的工作；切勿擅自改动电焊台；切勿弄湿电焊台，或手湿时使用电焊台；切勿将电烙铁敲击工作台以清除残锡，此举可能严重震损电烙铁；切勿作任何可能伤害人身或损坏设备的妄动。

（四）电焊台烙铁使用方法介绍

1）电烙铁的温度调至约（330±30）℃之间。将烙铁头放置在焊盘和元器件引脚处，使焊接点升温，如图4-2-18a所示。

2）当焊点达到适当温度时，及时将松香焊锡丝放在焊接点上熔化。

3）焊锡熔化后，应将烙铁头根据焊点形状稍加移动，使焊锡均匀布满焊点，并渗入被焊面的缝隙。焊锡丝熔化适量后，应迅速拿开焊锡丝。

a）电焊台烙铁的拿法　　　　　b）电烙铁撤离方向

图4-2-18　电焊台烙铁的操作方法

4）拿开电烙铁，当焊点上焊锡已近饱满，焊剂（松香）尚未完全挥发，温度适当，焊锡最亮，流动性最强时，将烙铁头沿元器件引脚方向迅速移动，快离开时，快速往回带一下，同时离开焊点，烙铁撤离方向以与轴向成45°的方向撤离，如图4-2-18b所示，这样才能保证焊点光亮、圆滑、无毛刺。用偏口钳将元器件过长的引脚剪掉，使元器件引脚稍露出焊点即可。

（五）课堂训练

1）拆解936电焊台，观察里面的结构。

2）对比936电焊台和普通电烙铁，指出在结构和使用方法上的异同点。

三、任务小结

936电焊台有防静电（一般为黑色）的，也有不防静电（一般为白色）的，选购936电焊台最

201

好选用防静电可调温电焊台。在功能上，936电焊台主要用来焊接，使用方法和普通电烙铁无异，突出优点是防静电和多头可供选择，只要用电烙铁头对准所焊元器件焊接即可，焊接时最好使用无卤无酸助焊剂，有利于焊接良好又不造成短路和腐蚀。

四、课后任务

936电焊台只是众多电焊台的一个典型代表，借助网络，查找一下市场上再有哪些新式电焊台，和936电焊台相比较在结构和性能上有哪些异同？请总结出来以备分享。

任务 3　热风枪的结构认识与使用

【任务目标】
- 掌握热风枪的结构特点和使用要点。

【任务重点】　掌握热风枪的结构特点和使用要点。

【任务难点】　掌握热风枪的结构特点和使用要点。

【参考学时】　2学时

一、任务导入

热风枪是防静电可调式恒温热风枪拆焊台的简称，性价比较高的赛克852D^{++}（简称852D^{++}）相当于一台热风枪和一台937电焊台的二合一产品，电焊台的使用要点在上一任务中已经学习过，本任务重点学习热风枪部分的结构特点和使用要点。

二、任务实施

（一）热风枪的相关知识

1　热风枪的应用场合

1）工业生产进行电子产品装配。

2）科研部门进行产品开发。

3）维修行业进行电子产品检修（计算机、手机行业维修必备）。

4）各企事业单位电工进行锡焊操作。

5）电子技术爱好者进行电子装配。

6）各类院校电类学生进行技能实训，各级各类电子技能大赛必备。

2　热风枪的功能特点

1）整部热风枪采用导电性材料制成，专为防止静电和无尘车间环境而设计。

2）发热体采用进口骨架式发热芯，耐高温材料配先进工艺制成，超长寿命。

3）用无刷风机寿命极长，噪声极小，出柔和风，保护芯片。

4）发热芯与烙铁头分体设计，风嘴与品牌标准相同，可根据用户不同工作条件，选配各风嘴，节省使用成本，更换方便。

5）智能数码控制，双数显温度显示，控温精确、稳定。

6）LED数码管显示，旋钮调节输入数据，显示直观，操作方便快捷。

7）数字式校温，校正准确。

8）焊台采用导电性材料制成，做到真正的防静电。

9）故障自我检测，发热体损坏LED显示屏显示"－"提示。

（二）852D^{++}热风枪的面板功能和配件特点

1 应用场合

适合多种元器件的拆装，尤其适合电烙铁、电焊台完成不了的拆焊、焊接工作，如 SOP（Standard Operation Procedure）集成电路、QFP（Quad Flat Pack）、PLCC（Plastic Leaded Chip Carrier）、BGA（Ball Grid Arrag）等（特别适用于计算机、手机排线及排线座的拆焊）。

2 工作状态指示灯指示说明

1）风枪工作状态指示灯：

① 灯"常亮"表示风枪处于加热工作状态；

② 灯"闪亮"表示风枪处于恒温工作状态；

③ 灯"不亮"表示风枪处于不加热停止工作状态。

2）风机工作状态指示灯：

① 灯"亮"表示风机处于吹风工作状态；

② 灯"不亮"表示风机处于不吹风停止工作状态。

3）烙铁工作状态指示灯：

① 灯"常亮"表示烙铁处于加热工作状态；

② 灯"闪亮"表示烙铁处于恒温工作状态；

③ 灯"不亮"表示烙铁处于不加热停止工作状态。

3 852D^{++}热风枪的结构特点

1）概述：852D^{++}热风枪集成热风枪和高级电焊台于一体，是一种适合贴片元器件和贴片集成电路的拆焊、焊接的工具，852D^{++}是在 850、852D^{+}的基础上对电路板的性能、结构及包装进行了优化处理、进行改造升级而成的，电性能更稳定可靠。852D^{+}的主要功能是风枪，最大作用是能焊接 2 边、4 边及特殊封装（BGA 等）几十个引脚甚至几百个引脚的集成块（芯片），能一次焊接取下，一次焊上，不需要像烙铁一个引脚一个引脚的处理。同时焊接贴片的电阻（排阻）、电容、电感、三极管、场效应晶体管等都能自如的操作。目前高科技都采用集成芯片，因此维修必备 852D^{++}热风枪，如果功率小就选功率更大一些的 952D^{++}热风枪。852D^{++}热风枪主机面板如图 4-3-1 所示。

2）热风枪的结构：主要由气泵、线性电路板、气流稳定器、外壳、手柄组件组成。

① 气泵具有噪声小、气流稳定的特点，而且风流量较大，一般为 27L/mm；采用螺旋式出风口和挡风片设计，避免烧坏元器件，如图 4-3-2 所示。

② 线性电路板能使调节符合标准温度（气流调整曲线），从而获得均匀稳定的热量、风量，如图 4-3-2b 所示。852D^{++}能够数码显示风枪和烙铁温度，功率大，升温迅速，不受出风量影响，真正实现无铅拆焊。程序以毫秒为单位高速跟踪风枪和烙铁实际温度，神奇的温度补偿速度进一步加强了温度的稳定性，温度稳态误差小，温度补偿快，用于焊接、拆焊、热收缩、烘干、除漆、解冻、预热、胶焊接等，能适应各种恶劣环境。

③ 手柄组件采用消除静电材料制造，可以有效地防止静电损伤。手柄装有敏感磁控感应开关，只要拿起手柄，风枪即迅速进入工作状态；系统设有自动冷风功能，可延长发热体寿命及保护热风枪，手柄放在手柄架上，风枪便会停止加热进入延迟吹风降温后停止工作，系统便会进入待机状态，显示窗口无显示（即黑屏）。热风枪能够产生旋转风，风量、热量均匀，一般不会吹坏塑料元器件。手柄结构和用法如图 4-3-3 所示。为了提高效率和解放双手，厂家开发升级了专利产品——带焊接支架的热风枪，如图 4-3-4a 所示，热风枪使用时所需配套工具如图 4-3-4b 所示。

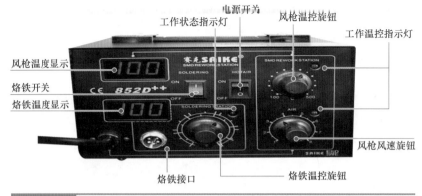

电源开关
工作状态指示灯
风枪温控旋钮
工作温控指示灯
风枪温度显示
烙铁开关
烙铁温度显示
烙铁接口
烙铁温控旋钮
风枪风速旋钮

图 4-3-1   852D⁺⁺ 热风枪主机面板

204

温度均匀,柔和出风使元件0损坏
大风量设计
柔和旋转风温度均匀
挡风片设计出风柔和
无刷涡流风机长寿命

a) 柔和风枪分析

风量大 出风柔和
气流量可调,旋转出风,风量大且出风柔和,
不会烧坏元器件,热量散布均匀

b) 出风特点分析

图 4-3-2   气泵出风特点

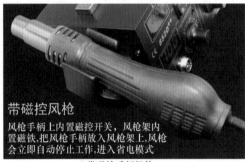

带磁控风枪
风枪手柄上内置磁控开关,风枪架内置磁铁,把风枪手柄放入风枪架上,风枪会立即自动停止工作,进入省电模式

a) 带磁控手柄组件

风枪发热芯

(不分正负极)发热芯
传感器负极
传感器正极
(固定在发热芯的底部)磁控开关

b) 风枪发热芯

四个风嘴 满足不同大小芯片焊接使用

小:5mm   中:7.5mm   大:10mm   方形嘴 12mm×12mm

c) 风嘴型号

d) 风嘴使用

图 4-3-3   手柄组件结构特点及使用方法

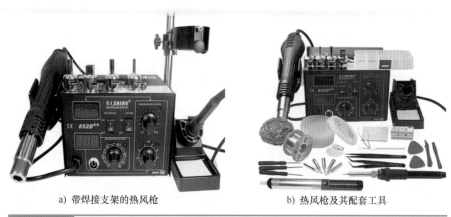

a) 带焊接支架的热风枪　　　　　　　b) 热风枪及其配套工具

| 图 4-3-4 | 热风枪（升级版）及其配套工具 |

（三）热风枪的使用方法

1　热风枪部分使用方法

1) 将拆焊台摆放好，连接好风枪手柄后，必须把手柄搁置在手柄架上，否则风枪将不工作（保护功能，有效地防止风枪在未知的情况下搁置在其他地方引起火灾或其他事故）。

2) 连接好电源，装置所需风嘴（尽量使用大口径喷嘴或不使用风嘴）。

3) 打开风枪电源开关，显示窗口显示"－－－"，此时风枪为待机状态。

4) 在热风枪喷头前 10cm 处放置一纸条，调节热风枪风速开关，当热风枪的风速在 1~8 档变化时，观察热风枪的风力情况。或者用手感觉风筒风量与温度。

5) 用纸观察热量分布情况，找出温度中心。在热风枪喷头前 10cm 处放置一纸条，调节热风枪的温度开关，当热风枪的温度在 1~8 档变化时，观察热风枪的温度情况。观察风筒内部呈微红状态，防止风筒内过热。或者用手感觉风筒温度，有无温度不稳定现象。再或者用最低温度吹一个电阻，记住能吹下该电阻的最低温度旋钮的位置。

6) 元器件拆卸方法。拿起风枪，对所要拆卸元器件进行加热，加热时，枪口与元器件脚距离保持 5~10mm，且不能触碰元器件本体，并且要来回轻轻地摆动均匀加热，当锡全部融化后，使用镊子或者真空笔将元器件轻轻地取下。

7) 元器件焊接方法，整理好 PCB 上的焊盘，把元器件引脚上蘸适量助焊剂放在离焊盘较近的地方，为了让其也受一点热。用热风枪加热 PCB，待板上焊锡发亮，说明已熔化，迅速把元器件准确放在焊盘上，这时风枪不能停止移动加热，在短时间内用镊子把元器件调整对位，马上撤离风枪即可。这一方法也适用于安装功放集成电路及散热面积较大的电源集成电路等。对怀疑有虚焊的部位加焊可用同样方法。有些器件可方便地使用烙铁焊接，就不要使用风枪了。

8) 短时间不使用热风枪时，要使其进入休眠状态（852D++ 热风枪手柄带有磁控开关，放在带有磁铁的风枪架上才能休眠省电；有的热风枪手柄上有休眠开关，按一下开关即可，手柄上无开关的，风嘴向下为工作，风嘴向上为休眠），超过 5min 不工作时要把热风枪关闭。

9) 工作完毕，必须把手柄放置在手柄架上，此时风枪自动切断加热电流，进入送冷风冷却发热体模式；当温度低于 100℃ 拆焊台显示"－－－"表示机器即将进入待机状态；当发热体温度真正低于 70℃ 时机器状态（当有断续的微风送出时，表示发热体温度高过 70℃）送风才会停止工作。此时，方可切断电源。将热风枪电源开关关闭过早，阻断热风枪向外继续喷气，会减少热风枪的寿命。

10）长期不操作，须关闭电源开关。

2 风枪部分使用注意事项

1）热风枪出风口及周边可能有高温度，应该小心谨慎，谨防烫伤。

2）使用热风枪拆卸元器件时，枪口不能太低，防止由于温度过高而损坏 PCB 以及元器件。由于计算机、手机都是广泛采用粘合的多层印制电路板，在焊接和拆卸时要特别注意通路孔，应避免印制电路与通路孔错开。

3）使用时必须来回晃动或者按一定方向均匀加热，避免 PCB 或者元器件局部受高温而损坏。

4）不能将旁边的元器件损坏或者吹飞。

5）若所拆卸元器件旁边有高的元器件（电解电容器等），或者塑料件等容易损坏的零件，要注意遮挡和散热保护。

6）使用镊子拿取元器件时，不要触碰到旁边的元器件。焊接完毕后，等 PCB 冷却后再移动。

7）使用时，请保持出风口畅通，不能有阻塞物，出风口距离物体必须大于 2mm（以出风口计算），避免发热丝烧坏。

8）在能完成作业的情况下，尽量使用低的温度及大的风量，这样有助于发热体的寿命和集成电路的安全。根据工作需要，选择不使用风嘴、使用合适的风嘴；不使用风嘴、不同的风嘴，温度和出风量有差别。

9）工作完毕后，必须把加热手柄放在手柄架上，让设备自动冷却到 100℃ 以下（进入待机状态）才能关闭电源。不使用时，加热手柄必须放在手柄架上，决不能放在工作台面或者其他地方。

10）有些金属氧化物互补型半导体（CMOS）对静电或高压特别敏感而易受损。这种损伤可能是潜在的，在数周或数月后才会表现出来。在拆卸这类元器件时，必须放在接地的台子上，接地最有效的办法是维修人员戴上导电的手套和静电环并接地良好，不要穿尼龙衣服等易带静电的服装。

11）温度显示窗口显示"S-E"，表示设备的传感器有问题，需要更换发热体（发热材料及传感器组件）。

12）当工作时，显示温度小于 50℃，并不升温，表示设备的发热体可能损坏，需要更换发热体（发热材料及传感器组件）。

（四）数显恒温防静电烙铁部分使用方法

烙铁部分使用方法和普通电烙铁、电焊台一致，突出优点是防静电和多头可供选择。

1）烙铁手柄连接好后，将手柄放在烙铁架中。

2）打开烙铁电源开关，等待几分钟，将电烙铁的温度开关分别调节在 200℃、250℃、300℃、350℃、400℃、450℃，去触及焊锡，观察电烙铁的温度情况。可根据需要设定好烙铁温度，在加热过程中烙铁指示灯常亮，当指示灯有规律的闪动时烙铁进入恒温状态，这时便能正常作业了。

3）温度一般设置在 300℃，如果用于小元器件焊接，可把温度适当调低；如果被焊接的元器件较大或在大面积金属上（如地线的大面积铜箔）焊接，适当把温度调高。

4）烙铁头沾锡必须保持金属光亮，如果呈灰暗色说明已经氧化须用专用海绵处理后重新上锡。

5）焊接时不能对焊点用力压，否则会损坏 PCB 和烙铁头。

6）长时间不用要关闭烙铁电源，避免空烧。

7）电烙铁一般在拆焊小元器件、处理焊点、处理短路、加焊等工作中的使用。

（五）其他拆焊台介绍

胜利牌868A⁺二合一拆焊台，如图4-3-5所示。

a) 面板图

b) 背面图

图 4-3-5　胜利牌 868A⁺二合一拆焊台前后面板

（六）课堂训练

1）反复拆装旧的热风枪，掌握其原理和使用要点。

2）反复使用赛克852D⁺⁺热风枪，掌握各种旋钮的作用和调整要点。

三、任务小结

多功能、一体化热风枪出现以后，替代了电烙铁和电焊台，成为维修中的万能焊接工具，引脚少的电子元器件可以用电烙铁拆装，当然也可以用热风枪拆装，对于大规模集成电路和特种集成电路只能用热风枪拆装。

四、课后任务

利用网络工具，查找一下市场上还存在哪些热风枪（整理好图片和视频）？和我们任务中介绍的有何异同？整理一下分享。

任务 4　电子元器件拆装辅助工具的认识与使用

【任务目标】

掌握电子元器件拆装辅助工具的认识与使用。

【任务重点】　掌握电子元器件拆装辅助工具的认识与使用。

【任务难点】　掌握电子元器件拆装辅助工具的认识与使用。

【参考学时】　3 学时

一、任务导入

电子元器件拆装不是光用电烙铁或者热风枪就能完成的，还需要很多的辅助工具，图 4-4-1 所示的市场流行的多功能工具包，就包含电子元器件拆装过程中最常用的工具。

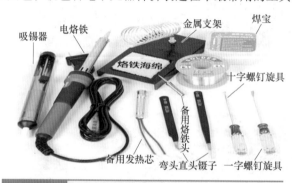

图 4-4-1　电子拆装辅助工具

二、任务实施

（一）常用的辅助材料

1　常用的焊接材料

1）钎料特点：电子产品生产中，最常用的钎料称为锡铅合金钎料（又称焊锡），它具有熔点低、机械强度高、抗腐蚀性能好的特点。

2）钎料作用：达到元器件在电路上的导电要求和元器件在 PCB 上的固定要求。

3）焊料应用场合：主要应用于电子及通信设备制造业，如电路基片烧结、元器件搪锡、元器件波峰焊、元器件手工焊接等。

4）钎料的形状：有丝状、球状、块状、粉末状（与助焊剂调成膏状）、带状和管状等几种，如图 4-4-2 所示。下面主要介绍手工焊接中最常见的松香芯焊锡丝。

a) 丝状　　　　b) 球状　　　　c) 块状　　　　d) 膏(浆)状

图 4-4-2　焊料的形状

5）丝状松香芯焊锡丝：

① 结构。焊锡丝，又叫焊锡线、锡线、锡丝，是由锡合金和助焊剂两部分组成，合金成分分为锡铅、无铅，助剂均匀灌注到锡合金中间部位。

② 特点。焊锡丝的特点是具有一定的长度与直径的锡合金丝，在电子元器件的焊接中可与电烙铁配合使用，优质的电烙铁提供稳定持续的熔化热量，焊锡丝以作为填充物的金属加到电子元器件的表面和缝隙中，固定电子元器件，成为焊接的主要成分，焊锡丝的组成与焊锡丝的质量密不可分，将影响到焊锡丝的化学性质、机械性能和物理性质。焊锡丝种类不同助焊剂也就不同。

③ 分类。

a）按金属合金材料来分类：可分为锡铅合金焊锡丝、纯锡焊锡丝、锡铜合金焊锡丝、锡银铜合金焊锡丝、锡铋合金焊锡丝、锡镍合金焊锡丝及特殊含锡合金材质的焊锡丝。

b）按焊锡丝助剂的化学成分来分类：可分为松香芯焊锡丝，免清洗焊锡丝，实心焊锡丝，树脂型焊锡丝，单芯焊锡丝，三芯焊锡丝，水溶性焊锡丝，铝焊焊锡丝，不锈钢焊锡丝。

c）按熔解温度来分类：可分为低温焊锡丝，常温焊锡丝，高温焊锡丝。

d）按合金成分来分类：有铅焊锡丝和无铅焊锡丝。

e）按照粗细（直径）分类：焊锡丝的直径有 0.5～2.4mm 的 8 种规格，应根据焊点的大小选择焊丝的直径。

④ 焊锡丝对人体的危害。焊锡产生的烟尘有可能引起锡尘肺，通常职业危害是对呼吸道、肺影响比较大；如果锡的氧化物、二氧化锡吸入，可能对呼吸道产生机械性刺激，长期反复接触，可能对肺损伤，导致良性尘肺病（锡尘肺）。铅及其化合物可导致中毒。所以在电子产品焊接生产线上都加装安全防护措施，如图 4-4-3 所示。

a）排气防护系统　　　　　　　b）抽风筒

图 4-4-3　焊接生产线上加装的排气防护系统

⑤ 有铅焊锡丝和无铅焊锡丝的比较。

a）成分不同，标注如图 4-4-4 所示。

图 4-4-4　有铅焊锡丝和无铅焊锡丝的比较

有铅焊锡丝：Sn/Pb = 63/37，63% 的锡，37% 的铅。

无铅焊锡丝：Sn/Ag/Cu = 96.5/3.0/0.5，96.5% 的锡，3.0% 的银，0.5% 的铜。

b）熔点不同。有铅焊锡丝的熔点低于无铅焊锡丝的熔点。有铅焊锡丝焊接温度为（180 ± 15）℃，无铅焊锡丝焊接温度为（260 ± 20）℃。

c）焊接效果不同。有铅焊锡丝的焊点光滑、亮泽，无铅焊锡丝的焊点条纹较明显、暗淡，焊点看起来显得粗糙、不平整。无铅焊接导致发生焊接缺陷的概率增加，如易发生桥接、不润湿、反润湿以及钎料结球等缺陷。但无铅焊锡丝最大优点是环保、无铅无毒。

2 助焊剂（焊剂）

1）助焊剂的作用：助焊剂是进行焊接的辅助材料。

① 清除污物。助焊剂是一种具有化学及物理活性的物质，能够除去被焊金属表面的氧化物或其他杂质、表面膜层（如油污）以及焊锡本身外表上所形成的氧化物。

② 防止氧化。在焊接物表面形成液态的保护膜，隔离高温时四周的空气，防止金属面的再氧化。

③ 增加流动。增强焊锡的浸润作用，降低焊锡表面张力，增大焊接面积，促进焊锡的分散和流动等。

④ 快速焊接。焊接的瞬间可以让熔融状的焊锡取代，顺利完成焊接，提高焊接的可靠性。

2）助焊剂的要求：

① 具有一定的化学活性；

② 具有良好的热稳定性；

③ 具有良好的润湿性；

④ 对钎料的扩展具有促进作用；

⑤ 留存于基板的焊剂残渣，对基板无腐蚀性；

⑥ 具有良好的清洗性；

⑦ 氯的含有量很低。

常用的助焊剂有：无机焊剂、有机助焊剂和松香类焊剂，其中松香类焊剂在电子产品的焊接中常用。

3）助焊剂的种类：根据助焊剂的发展历程，结合目前市场上客户的使用习惯以及助焊剂的用途等，对助焊剂进行了以下分类，常用助焊剂如图4-4-5所示。

① 松香类助焊剂。相对来讲含有较多的松香或树脂，因此固含量较高，多在15%～20%或以上，含有少量卤素，所以可焊性较强。必要时可用无水酒精溶解成松香酒精溶液使用，俗称松香水。焊接完成后必须用酒精或者洗板水清洗，否则，时间久了会吸潮导致线路板漏电。

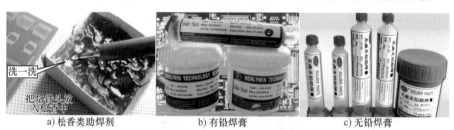

a）松香类助焊剂   b）有铅焊膏   c）无铅焊膏

图4-4-5 常用助焊剂

② 免清洗低固态助焊剂。含有松香或树脂，但含量不多，一般固含量在8%～10%或以下，多数含少量卤素也有的不含卤素，卤素含量基本要求控制在0.2%以下。

③ 特殊配套使用的助焊剂。

a）免清洗无残留助焊剂。在目前的免清洗无残留助焊剂中，分为含松香（树脂）及不含松香（树脂）两类，如图4-4-6a所示。此两类焊剂固含量均可保证在2%左右或以下，所以，焊后表面残留均能够达到要求；同时，因为不含松香或松香含量较少，大多数焊剂生产商为加强可焊性能，从多加活化剂与润湿剂方面努力提高助焊剂的可焊性能。

b）SMT专用免洗性锡膏。采用特殊的助焊膏与氧化物含量极少的球形锡粉炼制而成，具有卓越的连续印刷性，如图4-4-6b所示。焊锡膏所含有的助焊膏，采用具有高信赖度的低离子性活化剂系统，使其在回焊之后的残留物极少，并且具有相当高的绝缘阻抗。即使不清洗也能拥有极高的可靠性。免洗焊锡膏可提供不同合金成分、不同锡粉粉径以及不同的金属含量，以满足客户不同的产品及工艺要求。

　　c）免清洗助焊笔，如图4-4-6c所示。

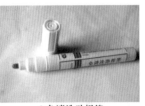

a) 免清洗无残留助焊剂　　　　b) SMT专用免洗性锡膏　　　　c) 免清洗助焊笔

图 4-4-6　特殊配套使用的助焊剂

　　d）低温无铅环保锡膏。如图4-4-7所示，焊锡粉末和助焊剂混合物，冰箱冷藏，在贴片生产线上的锡膏印刷工艺就用这种锡膏，也分有铅和无铅两种。

　　此外，还有其他助焊剂，如搪锡用助焊剂、线路板预涂层助焊剂、线路板热风整平助焊剂、水清洗助焊剂、水基助焊剂等。

211

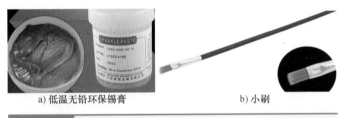

a) 低温无铅环保锡膏　　　　　　　　　b) 小刷

图 4-4-7　低温无铅环保锡膏及小刷

3　清洗剂

　　在完成焊接操作后，要对焊点进行清洗，避免焊点周围的杂质腐蚀焊点。常用的清洗剂有：无水乙醇（无水酒精）、航空洗涤汽油和洗板水等，前面几种我们熟悉，现只介绍洗板水，如图4-4-8所示。

图 4-4-8　常用洗板水

　　1）洗板水的分类：

　　①　氯化溶剂洗板水。是以氯化溶剂与其他溶剂混合而成，其溶解松香和去除助焊剂速度快，清洗后无残留易挥发无须烘干。

　　②　碳氢溶剂洗板水。随着碳氢清洗剂的广泛使用，碳氢溶剂也被用于PCB的清洗；碳氢溶剂洗板水有快干型和慢干型；快干型清洗效果一般较好，碳氢溶剂洗板水具有环保、无毒、气味小、可蒸馏回收使用的优点，多用于高端精密类PCB的清洗，如碳氢溶剂洗板水FRB-143。

③ 水基型洗板水。因水基清洗剂具有环保、安全、无毒、无刺激性气体挥发的特点，市面也出了水基类洗板水，但因电路板都有金属元器件引脚，如果水基型洗板水不具有防锈功能时应慎用，因水基清洗剂易加快引脚的腐蚀生锈。

2）清洗对象：洗板水的适用范围很广，一般需要清洗松香助焊剂的地方都可以用到洗板水。主要有以下几类：

① 电路板、线路板、PCB（单面板、双面板、多面板）。

② 焊接后残留有松香助焊剂的 SMT 网板。

③ 通信模块、通信器件、芯片等精密电子松香助焊剂清洗。

④ 电池、蓝牙耳机、智能手机、平板计算机等清洗。

⑤ 家电、机械设备等的线路板清洗。

3）使用方法：

① 人工刷法。将有需要的电路板沾上些溶剂片刻后再用毛刷刷洗电路板，有松香和助焊剂的地方，可加速松香的溶解和助焊剂的脱落，如图 4-4-9 所示。

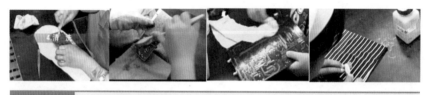

图 4-4-9 线路板的手工清洗

② 超声波清洗。一般将电路板放置在夹具中防止因超声波振动造成对电子元器件的损坏，再放入超声波清洗槽中，确定好超声波的频率和清洗时间。

4）其他清洗剂：除了洗板水，还有其他清洗溶剂，如天那水（俗称香蕉水）等，不是对人有毒，就是对环保有害，建议不采用，尽量采用新研制的无毒无害效果好的清洗剂。

4 阻焊剂

阻焊剂就是 PCB 上常见的"绿漆"，是一种耐高温的涂料，其作用是保护印制电路板上不需要焊接的部位。

（二）焊接辅助工具

1 烙铁架、焊丝支架

烙铁放入烙铁支架后应能保持稳定、无下垂趋势，护圈能罩住烙铁的全部发热部位，如图 4-4-10所示。

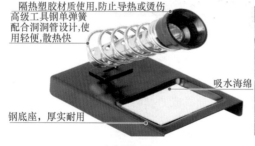

隔热塑胶材质使用,防止导热或烫伤
高级工具钢单弹簧
配合洞洞管设计,使用轻便,散热快

吸水海绵

钢底座,厚实耐用

a）烙铁架　　　　　　　　　b）焊丝支架

图 4-4-10 烙铁架、焊丝支架

2　烙铁头清洗工具

烙铁头在空气中暴露时，烙铁头表面被氧化形成氧化层，表面的氧化物与锡珠没有亲合性，焊锡时焊点强度弱。普通纯铜烙铁头可以蘸一下松香，让松香消除氧化物，严重时可以蘸松香在砂纸上打磨把氧化物磨去漏出纯铜利于沾锡；但市场上流行的长寿命烙铁头镀层合金，不能打磨，遇到氧化和污垢只能清洗，清洗工具主要有两种。

1）清洁海绵：支架上的清洁海绵必须加适量清水，使海绵湿润，如图4-4-11所示，以将海绵放在掌心，半握拳不滴水为宜，这样才可以使烙铁头得到最好的清洁效果。清洗的原理很简单，水分适量时，烙铁头接触的瞬时，水会沸腾波动，达到清洗的目的。烙铁头清洗时海绵用水过量，烙铁温度会急速下降，导致电气镀金层脱离，并且锡渣不容易落掉；水量不足时海绵会被烧焦。如果使用非湿润的清洁海绵，烙铁会熔化海绵，会使烙铁头受损而导致不上锡。推荐使用纯净水润湿海绵，因为自来水中的漂白粉等会腐蚀烙铁头。

a) 不同形状的清洁海绵　　　b) 海绵泡水前后对比　　　c) 擦拭方法

图4-4-11　烙铁头的清洗

2）清洗注意事项：

① 每次在焊接开始前都要清洗烙铁头，及时清洗带污渍的海绵，否则以前清洗的异物又会重新沾回。

② 控制水量，轻握拳头可挤出3～4滴水珠为宜，尽量避免扭拧。

③ 海绵孔及边都可以清洗烙铁头，要轻轻地均匀擦拭，顺着单一方向擦拭比来回擦拭更有效。

3）铜丝球（烙铁头洁嘴器）。如图4-4-12所示，具有如下优点：

① 无须加水，避免烙铁头降温，不会爆溅锡珠，提高焊接效率。

② 有效防止烙铁头氧化，增加烙铁头使用寿命。

③ 球顶设计，锡渣不会溅到工作台上，保持工作环境清洁。

④ 烙铁头插入铜丝球时，多点接触以达到多点清洁，有效提高工作效率。

⑤ 取代传统清洁海绵。

图4-4-12　用铜丝球清洁烙铁头

3　镊子

端口闭合良好，镊子尖无扭曲、毛刺和折断，这样可以避免损伤线路板，另外，拆装贴片小元器件时，必须用不锈钢镊子，如图4-4-13a所示，否则镊子受磁吸上小贴片元器件很是麻烦，拆装大规模集成电路时，要用防静电镊子，如图4-4-13b所示。

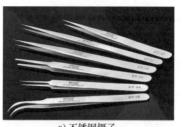 

a) 不锈钢镊子   b) 防静电镊子

图 4-4-13   镊子

4   护目镜

防止电子安装过程对眼睛的损伤，如图 4-4-14 所示世赛赛场上选手所佩戴的护目镜。

图 4-4-14   护目镜

5   静电环

静电环能够把人体所带的静电通过静电环和生产线上的接地装置相连接，防止静电对人体、设备和电子元器件造成损坏，如图 4-4-15 所示。

 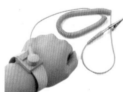 

图 4-4-15   静电环及其使用方法

6   偏口钳（斜口钳）

1）用途：电子元器件剪切，塑料水口（也叫飞边）剪切，偏口钳及其使用方法，如图 4-4-16 所示。

图 4-4-16   偏口钳及其使用方法

2）注意事项：

① 为保证安全，请使用防护眼镜。

② 请勿超出剪钳工作范围使用，否则会损坏剪钳。

③ 如有钳身回不到位，请多闭合几次即可。

7　带灯放大镜

带灯放大镜能够帮助质检员快速查出微小、精密电子产品的缺陷和故障，常见带灯放大镜如图 4-4-17 所示。

图 4-4-17　带灯放大镜

8　真空吸笔

1）真空吸笔（见图 4-4-18）结构特点：由塑料或者橡胶壳体、真空吸盘、吸笔头组成。真空吸笔非常轻巧，操作起来也非常简单。真空吸笔是用于吸取芯片等不可用手直接触摸的一种小型辅助工具，能灵活地运用于小零件的装配。大部分的电子元器件等高端电子、仪器设备容易受到静电以及洁净度的影响从而导致产品质量下降以及产品的灵敏度降低，甚至导致不可恢复的损坏。为避免此情况的产生，大部分产品在组装，运转过程中会使用防静电、防尘辅助工具来夹取，从而对产品起到一定的保护作用。真空吸笔可分为气动吸笔和手动吸笔两大类。气动吸笔的气源要求是 4 ~ 6kg 的压缩空气，手动吸笔的动力是橡胶皮囊。两者相比气动吸笔动力十足但活动范围有限，手动吸笔活动方便但动力不如气动吸笔。

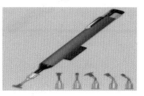

图 4-4-18　真空吸笔

2）真空吸笔的适用范围：

① 贴片集成电路芯片吸取；

② 半导体 LED 芯片、外延片、晶圆吸取；

③ 太阳能硅片吸取；

④ 光学仪器、玻璃显示镜片等吸取。

9　芯片起拔器

1）PLCC 封装专用 IC 芯片 ROM 起拔器：

① 图 4-4-19 所示为拔取主板 BIOS 针对 PLCC 封装所设计的专用拔取器。本体为不锈钢材质，适应于不同规格尺寸的 PLCC，可轻易地将从基板中取出芯片而不伤任何 IC 导体，可于 PCB 中拔起 PLCC、PGA、PCLL、DIP 封装的 IC，可起拔 PLCC 尺寸从 20 个脚至 84 个脚。可直接上板使

用，方便拔取 PLCC 封装的芯片，是起拔各种芯片、集成块的好工具，用干主板、单片机、编程器。

a) 指握式起拔器　　　　b) 掌握式起拔器　　　　c) PLCC封装ROM芯片

图 4-4-19　PLCC 封装 ROM 芯片起拔器

② 用握手方式，将 IC 以垂直方向平稳地拔起（非用强行拉起），而使拔出的 IC 能获得完整的 PIN。

③ 对密集排列的 IC 可直接拔出，不需动到其他 IC。

④ 接触面 5.5cm 以内的不同大小 IC 可在很短时间内将其拔出，操作简单而且省力。拔取PLCC芯片，如果用一字螺钉旋具，因周围有其他元器件，很不顺手，如果没有专用的拔取夹，是很难取下的，操作不当，会导致插座或芯片受损，甚至造成芯片折裂、断脚。芯片起拔器，具体使用方法，将起拔器的两脚分别从芯片插座的两个缺口外插入，然后握住夹子，稍用力握紧夹子，即可将芯片方便拔出。对于 PLCC 封装的芯片，由于它的特殊封装形式，要采用专用的芯片拔取器来操作。用 ROM 拔取器夹住 BIOS 芯片的一角及其对角，压住拔取夹，笔直地将芯片从插座中向上拔出。注意夹住的是芯片非斜角所在的一角，拔取器的爪应尽可能深入插座中。拔取芯片时，需相当谨慎小心，不正确的处理或是用力不当，可能会损伤主板或 BIOS 芯片本身。

2）热风枪 IC 起拔器（拆焊台芯片专用）：用热风枪吹焊芯片时，用钢丝插进 IC 的两边腿，轻轻一拔，如图 4-4-20 所示，IC 很容易被拔起，并且不会损坏。

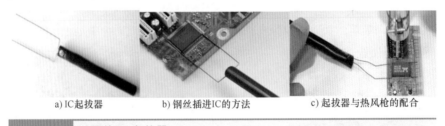

a) IC起拔器　　　　b) 钢丝插进IC的方法　　　　c) 起拔器与热风枪的配合

图 4-4-20　热风枪 IC 起拔器

（三）课堂训练

1）对比有铅焊锡丝和无铅焊锡丝的铭牌，识别其中的区别。

2）对比各种助焊剂、清洗剂，根据铭牌选择最佳使用场合。

3）练习护目镜、静电环、带灯放大镜、真空吸笔和芯片起拔器的使用方法。

三、任务小结

电子产品拆装工具很多，只有熟练掌握各种工具的特点，才能在使用过程中熟练选择和应用，提高自己的技能水平，并在工作实践过程中钻研和创新开发新的工具和新的方法，真空吸笔和 IC 起拔器就是很好的例子。

四、课后任务

借助网络，查阅更多的拆装辅助工具。整理出来分享。

项目五　插脚元器件手工拆装技巧

【项目目标】

- 熟练掌握焊接的基本操作规范。
- 熟练掌握焊接的基本操作步骤。
- 掌握手工焊接的质量检查标准和方法。
- 掌握手工拆焊的方法和操作规范。

任务 1　手工焊接的准备工作

【任务目标】

- 手工焊接保证正确的焊接姿势。
- 熟练掌握焊接的基本操作步骤。
- 掌握手工焊接的基本要领。

【任务重点】　熟练掌握焊接的基本操作步骤。

【任务难点】　掌握手工焊接的基本要领。

【参考学时】　3 学时

一、任务导入

手工焊接虽然已难于胜任现代化的生产，但仍有广泛的应用，比如电路板的设计、初装、调试和维修，焊接质量的好坏也直接影响到电子设备的功能和效果。在电路板的生产制造过程中的地位非常重要、必不可少。

二、任务实施

（一）手工焊接的相关知识

1　手工焊接技术应用场合

1）产品试制，作为产品设计人员的焊接工具。

2）电子产品的小批量生产或单件生产产品的焊接。

3）电子产品的调试与维修。

4）某些不适合自动焊接的场合。

① 机械自动焊后焊接面的修补及加强焊；

② 温度敏感的元器件及有特殊抗静电要求的元器件焊接；

③ 整机组装中各部件装联焊接；

④ 补焊：纠正歪斜元器件，检查漏件，修剪引出脚。

2　正确的焊接姿势

一般采用坐姿焊接，如图 5-1-1 所示，工作台和座椅的高度要合适。

a) 生产线焊接姿势　　　　　　　　　b) 主板维修工位焊接姿势

图 5-1-1　正确的焊接姿势

3　焊接的基本条件

完成锡焊并保证焊接质量，应同时满足以下几个基本条件：

1）被焊金属应具有良好的可焊性；

2）被焊件应保持清洁；

3）选择合适的钎料；

4）选择合适的焊剂；

5）保证合适的焊接温度。

（二）电烙铁的使用方法

1　选用电烙铁

1）功率：根据焊接需要选择不同功率的电烙铁，见表 5-1-1。无铅焊接推荐使用高频涡流加热原理电烙铁，因为温度更高。

2）绝缘：不同电烙铁，绝缘等级不同。如果焊接制成板、MOS 器件和大规模集成电路等需要防范静电的场合，应确认电烙铁接地、操作者戴防静电腕带并良好接地。手工焊接使用的电烙铁需带防静电接地线，焊接时接地线必须可靠接地，防静电恒温电焊台插头的接地端必须可靠接交流电源保护地线。

3）温度：温度的选择，见表 5-1-1。

表 5-1-1　电烙铁的选用方法

焊件及工作性质	选用烙铁	烙铁头温度（室温 220V 电压）/℃
一般印制电路板，安装导线	20W 内热式，30W 外热式、恒温式	300～400
集成电路	20W 内热式，恒温式、储能式	
焊片，电位器，2～8W 电阻，大电解电容	35～50W 内热式、恒温式，50～75W 外热式	350～450
8W 以上大电阻，粗导线等较大元器件	50W 内热式，150～200W 外热式	400～550
汇流排、金属板等	300W 外热式	500～630
维修、调试一般电子产品	20W 内热式，恒温式、感应式、储能式、两用式	300～400

2　选用烙铁头

1）大小：烙铁头的大小与焊盘直径大小相当为宜。烙铁头的大小与热容量有直接关系，烙铁头越大，热容量相对越大，烙铁头越小，热容量也越小。进行连续焊接时，使用越大的烙铁头，温度跌幅越小。此外，因为大烙铁头的热容量高，焊接的时候能够使用比较低的温度，烙铁头就不易氧化，增加它的寿命。短而粗的烙铁头传热较长而细的烙铁头快，而且比较耐用。扁的、钝的烙铁头比尖锐的烙铁头能传递更多的热量。一般来说，烙铁头尺寸以不影响邻近元器件为标准。选择能够与焊点充分接触的几何尺寸能提高焊接效率。烙铁头的几何形状对优良的热量传输很关键，选择合适的烙铁头形状和大小以保持与焊点焊盘的最大接触面积以达到最佳的热量传输效果，因而应选择尽可能最大和尽可能低温的烙铁头，大小选择如图 5-1-2 所示。

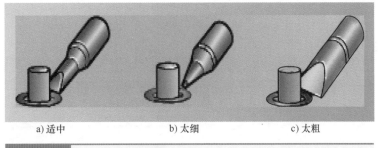

a) 适中　　　　　　　　b) 太细　　　　　　　　c) 太粗

图 5-1-2　　烙铁头大小的选用

　　2）形状：选用烙铁头形状要根据焊接面积的大小方便灵活确定，烙铁头形状如图 5-1-3 所示，没有固定的模式，一般而言，尖而细的烙铁头适合焊接小元器件，粗而钝的适合焊接大元器件和焊盘大的场合。

　　① 平头适合需要多锡量的焊接，例如焊接面积大、粗端子、焊盘大的焊接环境。

　　② 马蹄形烙铁头适合需要多锡量的焊接，由于用途广泛被称为"万能头"，例如焊接面积大、粗端子、焊盘大的焊接环境；特别适合除去由于制造过程造成的短路、空焊、少锡、多锡等情况；以及 0402、0603、0805 的 SMD 贴片电阻、电容、电感的焊接。

　　③ 尖头适合一般焊接，无论大小的焊点，除去由于制造过程造成的短路、少锡、多锡等。

　　④ 使用刀形部分焊接，竖立式或拉焊式焊接均可，属于多用途烙铁头，可以代替前三种烙铁头。特别适合焊接 1206 及以上的 SMD 贴片电阻、电容、电感和各种集成电路。

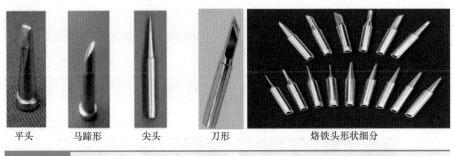

平头　　　　马蹄形　　　　尖头　　　　刀形　　　　　　烙铁头形状细分

图 5-1-3　　烙铁头形状的选择

3　检测电烙铁

　　1）检测发热芯电阻，正常值为几十到几百欧姆，功率越大，阻值越小，排除短路和开路的可能。

　　2）检测接地电阻，必要时，将万用表选择在电阻档，表笔分别接触烙铁头部和电源插头接地端，接地电阻值稳定显示值应小于 3Ω；否则接地不良，会对线路板造成损坏。

　　3）检测绝缘电阻，电烙铁绝缘电阻应大于 10MΩ，电源线绝缘层不得有破损。

　　4）检查烙铁漏电压，用万用表交流档测试烙铁头和地线之间的电压，做好记录，要求小于 5V，否则严格条件下不能使用。

5）检测温度，焊接特殊元器件时，检查烙铁头温度是否符合所要焊接的元器件要求，如有条件，每次开启烙铁和调整烙铁温度都必须进行温度测试，并做好记录。

6）检查烙铁头发热是否正常，烙铁头不得有氧化、烧蚀、变形等缺陷。烙铁头是否氧化或有脏物，纯紫铜烙铁头的氧化物可用细砂纸或者细锉刀打磨掉再浸好焊锡；长寿命烙铁头不允许磨锉，可在湿海绵上擦去脏物，烙铁头在焊接前应挂上一层光亮的焊锡。焊接作业时烙铁头也必须均匀留有余锡，这样锡会承担一部分热并且保证烙铁头不被空气氧化，可以方便作业并且延长烙铁寿命。如果烙铁头上有黑色氧化物，烙铁头就可能会不上锡，此时必须立即进行清理。清理时先把烙铁头温度调到约250℃，再用清洁海绵清洁烙铁头，然后再上锡。不断重复动作，直到把氧化物清理为止。

4 使用方法

1）电烙铁握法：

① 反握法：适合于热风枪手柄的握法和较大功率的电烙铁（＞75W）对大焊点的焊接操作，动作稳定，长时间操作不宜疲劳，如图5-1-4a所示。

② 正握法：适用于大、中功率的电烙铁及带弯头的电烙铁的操作，或直烙铁头在大型机架上的焊接，如图5-1-4b所示。

③ 笔握法：适用于小功率的电烙铁焊接印制板上的元器件，如图5-1-4c所示。

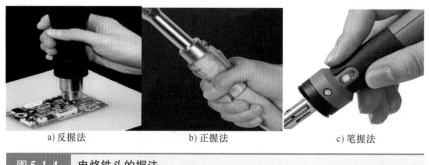

a) 反握法　　　　　　　b) 正握法　　　　　　　c) 笔握法

图 5-1-4　电烙铁头的握法

2）焊锡丝拿法：一般有两种拿法，如图5-1-5所示。

如图5-1-5a所示的拿法是进行连续焊接时采用的拿法（正握），这种拿法可以连续向前送焊锡丝。手掌自然握住焊锡线，拇指、食指和小指构成支撑点，这种方法可连续地送出焊锡线以及面积大而广的操作。

如图5-1-5b所示的拿法（反握）在只焊接几个焊点或断续焊接时适用，不适合连续焊接，适用于焊接面积小而且焊点少的操作，作业时注意熔化适量焊锡。

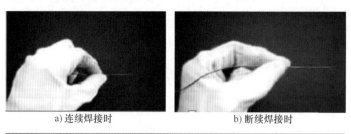

a) 连续焊接时　　　　　　　　b) 断续焊接时

图 5-1-5　焊锡丝拿法示意图

3）焊接操作法：焊接时，一般左手拿焊锡，右手拿电烙铁，如图5-1-6所示。把元器件插装后，加热焊点，上锡固定。

a) 后视图　　　　　　　　b) 前视图　　　　　　c) 生产线上的焊接岗位

图 5-1-6 　**焊接左右手配合示意图**

4）电烙铁的接触方法及加热方法：用电烙铁加热被焊工件时，烙铁头上一定要粘有适量的焊锡，为使电烙铁传热迅速，要用烙铁的侧平面接触被焊工件表面，用烙铁的底（平面）接触焊盘，同时应尽量使烙铁头同时接触印制板上焊盘和元器件引线（要点就是同时、大面积），这是防止产生虚（假）焊（最严重的焊接缺陷）的有效手段，如图 5-1-7 所示。

221

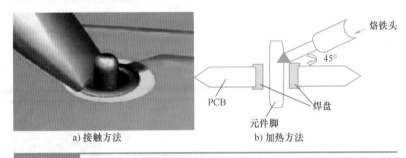

a) 接触方法　　　　　　　　　　　b) 加热方法

图 5-1-7 　**烙铁头的接触及加热方法**

5）烙铁使用时的注意事项：

① 在使用前或更换烙铁芯时，必须检查电源线与地线的接头是否正确。尽可能使用三芯的电源插头，注意接地线要正确地接在烙铁的壳体上。有些元器件特别是 CMOS 集成电路很容易因静电而损坏。

② 新烙铁首次使用时，因电热芯发热而冒烟，这属于正常现象，一会就好；电烙铁在使用时发现不锈钢套管外发红，是电热芯发热所致，属于正常现象，但要禁止磕碰，发热丝高温时易断。

③ 使用电烙铁过程中，烙铁线不要被烫破，应随时检查电烙铁的插头、电线，发现破损老化应及时更换。

④ 电烙铁的使用温度可以选择和设定，对于无铅烙铁，除了客户指定外，烙铁温度为（380±10）℃；对于有铅烙铁，除了客户指定外，烙铁温度为（350±20）℃，所以，无铅烙铁比有铅烙铁温度更高，烙铁头对应温度也更高。但是高温会使烙铁头加速氧化，降低烙铁头寿命。如果烙铁头温度超过470℃，它的折寿是380℃的两倍。

⑤ 使用电烙铁的过程中，一定要轻拿轻放，不能用电烙铁敲击被焊工件；烙铁头上多余的焊锡不要随便乱磕乱甩，避免磕坏发热芯、伤及人身和甩出的锡粒锡渣造成的短路事故。

⑥ 焊接时不宜采用较强酸性的助焊剂，易腐蚀；应采用与焊锡丝对应的助焊剂，甚至是环保免清洗助焊剂。

⑦ 操作者头部与烙铁头之间应保持30cm以上的距离，以避免过多的有害气体（铅及助焊剂加热挥发出的化学物质）被人体吸入，必要时加装排气设备。

⑧ 不焊接时，要将烙铁放到烙铁架上，以免灼热的烙铁烫伤自己、他人或其他物品；若长时间不使用应切断电源，断电后，应等到烙铁头温度稍微减低后再加上新焊锡，使镀锡层有更佳的防氧化效果。

⑨ 在焊接时，请勿施压过大，否则会使烙铁头受损变形。只要烙铁头能充分接触焊点，热量

就可以传递，另外，选择合适的烙铁头也能帮助传热。

⑩ 烙铁头的保养。

a）新头上锡（也叫搪锡）。新的电烙铁不能拿来就用，需要先在烙铁头镀上一层焊锡，才能更好地使焊接流畅。方法是：插上电源，等一会儿烙铁头的颜色会变、轻微冒烟均属正常，证明烙铁发热了，烙铁头开始能够熔化焊锡的时候，镀上一层含有松香的锡丝，使烙铁头的尖部0.5 ~ 2cm 被新鲜的焊锡层包裹，避免烙铁头高温氧化，从而加强烙铁头寿命，必要时反复几次即可，具体操作过程如图5-1-8所示。

a) 新烙铁头
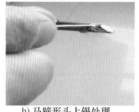
b) 马蹄形头上锡处理
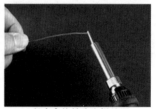
c) 长寿命烙铁头上锡处理

图 5-1-8 新头上锡处理

b）烙铁头的耐腐蚀性。应尽量采用长寿命烙铁头，如图5-1-9所示，它是在铜基体表面镀上一层铁、镍、铬或铁镍合金，这种镀层不仅耐高温，而且具有良好沾锡性能。

c）纯铜烙铁头在出现不沾焊锡时，如图5-1-10a所示，应用细砂纸加上松香、焊锡趁热打磨烙铁头，并保持烙铁头始终挂锡，如图5-1-10b所示，遇到氧化、腐蚀严重变形的烙铁头，可用锉刀整形后再用上述方法浸锡。

图 5-1-9 长寿命烙铁头

d）如果长寿命烙铁头上有黑色氧化物，烙铁头就可能会不上锡，此时必须立即进行清理。对于长寿命烙铁头不能用打磨方法处理，容易把外涂的长寿命铬层损坏而缩短其寿命，只能在蘸水的高温海绵上清洗。清理时先把烙铁头温度调到约200 ~ 250℃，再用清洁海绵清洁烙铁头，如图5-1-10c所示，然后再上锡。不断重复动作，直到把氧化物清除为止。切勿使用砂纸或锉刀清洁烙铁头，严禁用刀片或者金属的东西刮烙铁头，都会造成镀层受损。

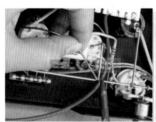
a) 氧化的烙铁头不沾锡

b) 打磨纯铜烙铁头

c) 清洗长寿命烙铁头

图 5-1-10 烙铁头的去氧化物处理

（三）课堂训练

1）分组练习电烙铁的握法、角度，焊锡丝的送法；

2）分组练习新电烙铁的镀锡处理和使用注意事项；

3）讨论选择烙铁头的办法。

三、任务小结

焊接工艺是一种综合艺术，基础很重要，这就要求从严规范，反复练习才能形成技能。

四、课后任务

借助网络，查阅一下还有哪些新式烙铁头？整理出来分享。

任务 ➋ 手工焊接的操作步骤

【任务目标】
- 掌握"五步焊接法"和"三步焊接法"及其操作要点。

【任务重点】 掌握"五步焊接法"和"三步焊接法"及其操作要点。

【任务难点】 掌握"五步焊接法"和"三步焊接法"及其操作要点。

【参考学时】 3 学时

一、任务导入

现在的电子元器件按照封装形式可以分为贴片式和插脚式两种，它们的安装和焊接方法有很大的不同，本任务以插脚式元器件安装为例，学习插脚式元器件的手工安装焊接方法和技巧。

二、任务实施

（一）插脚式元器件插装方法

插脚式元器件在电路板上的安装焊接一般采用插焊方法。

1）对于轴向两端元器件均指卧式插法。元器件体距印制板表面距离应在 1.5mm 左右，对于大功率的二极管、电阻高度距离应为 2 ~ 5mm，以便散热。

2）插装时，应将元器件的标识置于便于辨认的方向（除特殊要求外），对于卧焊的元器件，元器件标志位于元器件的上方。对于呈行列顺次排列的元器件，其标识应以整齐美观为原则。

3）特殊原因需要立焊时，元器件标志的起始端应剪为短腿，元器件标志位于元器件的外侧。

4）一般情况，两端元器件的引线应弯成"⌐⌐⌐"形状，特殊情况可弯成"ℸ⌐⌐⌐ᒕ"形状。在折弯引线的过程中，禁止从元器件引线的根部进行折弯。

（二）装焊工艺和顺序

1 焊接过程

锡焊是使用锡铅合金钎料进行焊接的一种焊接形式。其过程分为下列三个阶段：

1）润湿阶段。

2）扩散阶段。

3）焊点的形成阶段。

2 装焊顺序

一般焊接的顺序是：先小后大、先轻后重、先里后外、先低后高、先普通后特殊的顺序焊装。即先焊贴片再焊插件；先焊分立元器件，后焊集成块。对外连线要最后焊接。

（三）手工焊接工艺要求

1 对焊接点的基本要求

1）应具有可靠的导电连接，即焊点必须有良好的导电性能。

2）应有足够的机械强度。

3）钎料适量。

4）焊点不应有毛刺、空隙和其他缺陷。

5）焊点表面必须清洁。

2 焊点的理想情况如图 5-2-1 所示

1）无空洞区域或瑕疵，焊点表层是凹面的。

2）引脚和焊盘润湿良好。

3）焊点内引脚形状可辨识。

4）引脚周围 100% 有焊锡覆盖。

5）焊锡覆盖引脚，在焊盘或导线上有薄而顺畅连接的边缘。

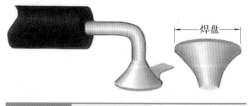

图 5-2-1　焊点的理想情况

（四）手工焊接的方法

1 手工焊接方法的选择

1）对热容量较大的焊件，可采用五步焊接法。

2）对热容量较小的焊件，可将上述五步操作法简化为三步操作法。

3）开始学习可采用五步焊接法，熟练后三步操作法自然就会了。

2 手工焊接方法原则

按规范步骤操作，避免发生焊锡不良，产生焊接缺陷。

（五）手工焊接的步骤

手工焊接的步骤如图 5-2-2 所示，左边部分为五步焊接法，右边部分为三步焊接法。

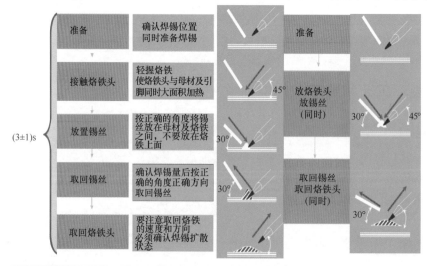

图 5-2-2　手工焊接方法操作要点

1　准备

将电烙铁、被焊件、焊锡丝、烙铁架、助焊剂和其他辅助工具等放在工作台上便于操作的地方。

1）烙铁头清洁：

① 加热并清洁烙铁头工作面，搪上少量的新鲜焊锡。

② 烙铁头工作面因助焊剂污染，易引起焦黑残渣，妨碍烙铁头前端的热传导。

③ 清洁频次根据烙铁头残渣程度而定。

④ 每天使用前用清洁剂将海绵清洗干净，沾在海绵上的焊锡附着在烙铁头上，会导致助焊剂不足，同时海绵上的残渣也会造成二次污染烙铁头。

⑤ 纯铜烙铁头的温度超过松香溶解温度时立即插入松香，使其表面涂覆一薄层松香，然后再开始进行正常焊接。

2）被焊件清洗：

① 被焊接物表面要清洁，有污物和锈蚀都不能焊接，要用砂纸进行打磨或用小刀、断锯条刮出新鲜的焊接面。

② 检查 PCB 上的焊盘是否有氧化、油污，及时清洗。

3）待焊：一手拿焊丝，一手握烙铁，看准焊点，随时待焊，如图 5-2-3 所示。

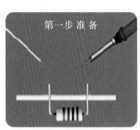

准备。一手拿焊锡丝，一手握烙铁，看准焊点，随时待焊。

图 5-2-3　准备

225

2　加热

1）对热容量较大的焊件，可采用五步焊接法；

2）对热容量较小的焊件，可将上述五步焊接法简化为三步焊接法；

3）开始学习可采用五步焊接法，熟练后三步焊接法自然就会了；

4）操作要点如图 5-2-4 所示。

① 加热方法。将烙铁头尖端放置在焊接处，注意同时接触焊盘和元器件引脚，把热量同时传送到焊接对象上。烙铁头工作面搪有焊锡，可加快升温的速度，如果一个焊点上有两个以上元器件引脚，应尽量同时加热所有被焊件的焊接部位。焊件通过与烙铁头接触获得焊接所需要的温度。

② 接触方法和位置。烙铁头应同时接触需要互相连接的两个焊件，烙铁头一般倾斜45°，应该避免只与一个焊件接触或接触面积太小的现象。烙铁头接触的方法（同时加热焊件，烙铁头放在被焊金属的连接点，并以最大面积加热）。

③ 接触压力。烙铁头与焊件接触时应施以适当压力，以对焊件表面不造成损伤为原则，不可用力过大，损伤烙铁头和线路板。

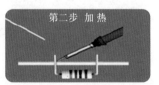

加热。烙铁尖先送到焊接处，注意烙铁尖应同时接触焊盘和器件引线，把热量传送到焊接对象上。

a）烙铁头加热位置

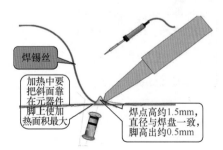

加热中要把斜面靠在元器件脚上使加热面积最大

焊锡丝

焊点高约1.5mm，直径与焊盘一致，脚高出约0.5mm

b）马蹄形烙铁头加热方法

图 5-2-4　加热

3 送焊锡（熔化钎料）

焊点加热到工作温度时，立即将焊锡丝触到被焊件的焊接面上。焊锡丝应对着烙铁头方向加入，但不能直接触到烙铁头上，操作过程如图5-2-5所示。

1）送锡时机：原则上是焊件温度达到焊锡溶解温度时立即送上焊锡丝。

2）供给位置：焊锡丝应接触在烙铁头的对侧。因为熔融的焊锡具有向温度高方向流动的特性，在对侧加锡，它会很快流向烙铁头接触的部位，可保证焊点四周均匀布满焊锡。若供给的焊锡丝直接接触烙铁头，焊锡丝很快熔化覆盖在焊接处，若焊件其他部位未达到焊接温度，易形成虚焊点。

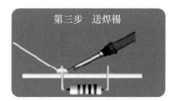

送焊锡。焊盘和引脚被熔化了的助焊剂所浸湿，除掉表面的氧化层，钎料在焊盘和引线连接处呈锥状，形成理想的无缺陷的焊点。

图5-2-5 送焊锡

3）焊锡供应量的判断：焊锡部位大小不同，锡量不同，一般焊点确保润湿角在15～45°，面积大的强电焊点适当增加。焊点圆滑且能看清焊件的轮廓。

4）焊锡丝供应的时间：加热后1～2s，还要根据焊锡部位大小判断。

5）撤锡时机：当焊锡丝熔化适量后，焊盘和引脚被熔化了的助焊剂所浸润，除掉表面氧化层，钎料在焊盘和引脚连接处成锥状，形成理想焊点。此时应迅速移开焊锡丝。

6）焊接要避免虚焊和短路：正确的焊接原则是用尽量少的焊锡充满焊孔，并在引脚处形成一个光洁的锥体。正确的焊接会见到熔融状态的焊锡被焊孔吸入的现象发生。出现球状焊点，肯定都是不好的焊接。

4 去焊丝（移开焊锡丝）

当焊锡丝熔化适量后，应迅速移开焊锡丝，操作过程如图5-2-6所示。

1）脱落时机：焊锡已经充分润湿焊接部位，而焊剂尚未完全挥发，形成光亮的焊点时，立即脱离，若焊点表面沙哑无光泽而粗糙，说明撤离时间已晚。

2）脱离动作要迅速：一般沿焊点的切线方向拉出或沿引脚的轴向拉出，即将脱离时又快速的向回带一下，然后快速脱离，以免焊点表面拉出毛刺。

5 完成（移开电烙铁）

1）移开时机：在钎料完全浸润焊点后，即焊点已经形成，但焊剂还没挥发完之前，迅速将电烙铁移开，操作过程如图5-2-7所示。

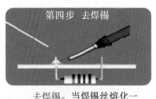

去焊锡。当焊锡丝熔化一定量之后，迅速移开焊锡丝。

图5-2-6 去焊丝

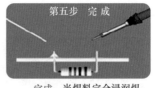

完成。当焊料完全浸润焊点后迅速移开电烙铁。

图5-2-7 完成

2）加热终止的时间：根据焊锡扩散状态确认判断。

3）一次结束：焊接要求是一次性结束，每个焊点焊接时间2～3s。

4）焊接时不要将烙铁头在焊点上来回磨动：应将烙铁头搪锡面紧贴焊点，等到焊锡全部熔化，并因表面张力收缩而使表面光滑后，迅速将烙铁头从斜面上方约45°的方向移开。这时焊锡不会立即凝固，一定不要使被焊件移动，否则焊锡会凝成砂粒状或造成焊接不牢固而形成虚焊。

（六）电烙铁的撤离方向与钎料的留存量

电烙铁的撤离方向与钎料的留存量比较如图5-2-8所示。

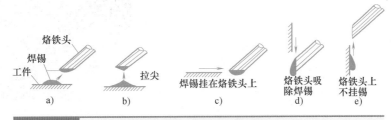

焊锡
烙铁头
工件
a)

拉尖
b)

焊锡挂在烙铁头上
c)

烙铁头吸除焊锡
d)

烙铁头上不挂锡
e)

图 5-2-8　电烙铁的撤离方向与钎料的留存量比较

（七）整体焊接的注意事项

1）电烙铁，一般应选内热式20～35W恒温230℃的烙铁，但温度不要超过300℃的为宜。接地线应保证接触良好。

2）焊接时间在保证润湿的前提下，尽可能短，一般不超过3s。

3）耐热性差的元器件应使用工具辅助散热。如微型开关、CMOS集成电路、瓷片电容，发光二极管，中周等元器件，焊接前一定要处理好焊点，施焊时注意控制加热时间，焊接一定要快。还要适当采用辅助散热措施，以避免过热失效。

4）焊接时不要用烙铁头摩擦焊盘。

5）集成电路若不使用插座，直接焊到印制板上、安全焊接顺序为：地端→输出端→电源端→输入端，若考虑散热，按照对角线方向焊接。

6）焊接时应防止邻近元器件、印制板等受到过热影响，对热敏元器件要采取必要的散热措施。

7）焊接时绝缘材料不允许出现烫伤、烧焦、变形、裂痕等现象。

8）在焊料冷却和凝固前，被焊部位必须可靠固定，可采用散热措施以加快冷却。

9）焊接完毕，必须及时对板面进行彻底清洁（必要时进行清洗），去除残留的焊剂、油污和灰尘等脏污。

（八）课堂训练

1）分组在万能板上练习"五步焊接法"。

2）分组在万能板上练习"三步焊接法"。

3）在练习中体会比较电烙铁头撤离方向对钎料的留存量的控制。

4）在练习中体会电烙铁使用注意事项。

三、任务小结

好的焊点才会有好的品质，好的焊点才会有好的可靠度，正确的焊接方法能够省时还可防止空气污染、增进品质、降低成本。好品质是制造出来的！

四、课后任务

如图5-2-9所示，请总结出每个步骤的操作要点。

如图5-2-10所示，请总结出焊接这种集成电路的步骤和操作要点。

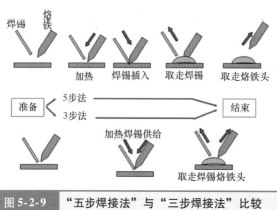

图 5-2-9　"五步焊接法"与"三步焊接法"比较

图 5-2-10　集成电路的焊接

任务 **3**　插脚元器件焊接质量的检查

【任务目标】
- 掌握插脚元器件焊接质量的检查标准。
- 掌握插脚元器件焊接质量的检查方法。

【任务重点】　掌握插脚元器件焊接质量的检查标准。

【任务难点】　掌握插脚元器件焊接质量的检查方法。

【参考学时】　3 学时

一、任务导入

手工焊接操作完成以后应马上自查，把焊接缺陷消灭在萌芽状态，不能留下隐患！

二、任务实施

（一）插脚元器件焊点的合格标准

1）焊点有足够的机械强度：为保证被焊件在受到振动或冲击时不至脱落、松动，因此要求焊点要有足够的机械强度。

2）焊接可靠，保证导电性能：焊点应具有良好的导电性能，必须要焊接可靠，防止出现虚焊。

3）焊点表面整齐、美观：焊点的外观应明亮、光滑、圆润、清洁、均匀、对称、整齐、美观、钎料量充足并呈裙状拉开（或者说形如弯月），与焊盘大小比例合适，钎料与焊盘结合处轮廓隐约可见，无裂纹、针孔、拉尖等现象。

同时满足上述三个条件的焊点，才算是合格的焊点，如图 5-3-1 所示。

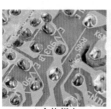   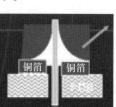

a）合格焊点　　　b）合格焊点形象图　　　c）合格焊点放大图　　　d）合格焊点剖面图

图 5-3-1　合格焊点

（二）插脚元器件焊接正确与错误对比分析

必须将焊盘和被焊器件的焊接端同时加热，焊盘和被焊器件的焊接端要同时大面积受热，注意烙铁头和焊锡投入及取出角度，焊接正确与错误对比分析如图 5-3-2 所示。

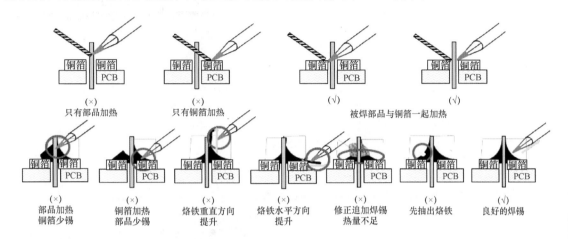

图 5-3-2　缺陷焊点、合格焊点对比分析图

229

（三）焊接质量检查

1）元器件不得有错装、漏装、错连和歪斜松动等。

2）焊点应吃锡饱满，无毛刺、针孔、气泡、裂纹、挂锡、拉点、漏焊、碰焊、虚焊等缺陷。

3）焊点的表面应光洁且应包围引线 360°，钎料适量、最多不得超过焊盘外缘，最少不应少于焊盘面积的 80%。

4）焊接后印制板上的金属件表面应无锈蚀和其他杂质。

5）经焊接后的印制板不得有斑点、裂纹、气泡、发白等现象，铜箔及敷形涂覆层不得脱落、不起翘、不分层。

6）元器件面应渗锡均匀。

7）常见的不良类型。焊点的常见缺陷有虚（假）焊、连锡（桥接）、空焊、毛刺（拉尖）、锡多、锡少、裂锡、半焊、球焊、印制电路板铜箔起翘、焊盘脱落、导线焊接不当等，部分缺陷如图 5-3-3 所示。

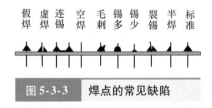

图 5-3-3　焊点的常见缺陷

（四）焊点的常见缺陷识别及原因分析

1　虚焊（假焊）

1）特征：指焊接时焊点内部没有形成金属合金的现象。焊锡与元器件引脚或与铜箔之间有明显黑色界线，焊锡向界线凹陷，如图 5-3-4 所示。本质上虚焊使焊点成为有接触电阻的连接状态，从而使电路工作时噪声增加，产生不稳定状态，电路工作时好时坏。假焊是电路完全不通，是虚焊

的一种特殊状态。

图 5-3-4　虚焊缺陷

2）原因：

① 印制板和元器件引线未清洁好（焊接面氧化或有杂质、油污等）。

② 焊锡质量差（钎料中杂质过多）。

③ 助焊剂性能不好或用量不当。

④ 加热不够充分（焊接温度掌握不当，造成钎料浸润不良）。

⑤ 焊接结束但焊锡尚未凝固时焊接元器件移动造成裂焊，再发展成虚焊等。

⑥ 元器件自身发热，日久变成虚焊。

3）后果：信号时有时无，噪声增加，电路工作不正常等"软故障"。

4）补救措施：严格排查，对重点部位补焊甚至大面积重焊。

2　拉尖（拖焊）

1）特征：拉尖是指焊点表面有尖角、毛刺的现象，如图 5-3-5 所示。

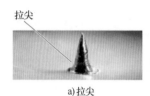

拉尖

a)拉尖　　　　　b) 拖焊(拉尖)

图 5-3-5　拉尖缺陷

2）原因：

① 钎料过多，助焊剂过少。

② 焊接时间过长。

③ 烙铁撤离角度不当（烙铁头离开焊点的方向应为 45°，方向过高或者过低都会造成拉尖）。

④ 电烙铁离开焊点太慢。

⑤ 钎料质量不好，钎料中杂质太多。

⑥ 焊接时的温度过低等。

3）后果：外观不佳、易造成桥接现象；对于高压电路，有时会出现尖端放电的现象。

4）补救措施：严格排查，对重点部位重焊，或者用偏口钳剪掉尖端。

3　桥接

1）特征：指焊锡将电路之间不应连接的地方（相邻的印制导线）误焊接起来而造成短路的现象，如图 5-3-6 所示。

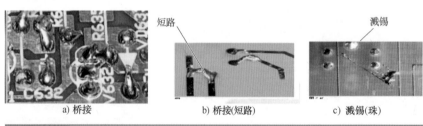

短路　　　　　　　濺锡

a)桥接　　　　b) 桥接(短路)　　　c) 濺锡(珠)

图 5-3-6　桥接缺陷

2）原因：

① 焊锡用量过多。

② 电烙铁焊接时间过长。

③ 温度过高或过低。

④ 烙铁撤离角度不当，还会造成烙铁头上的焊锡脱落形成溅锡、锡珠甚至造成短路故障等。

3）后果：导致产品出现电气短路、有可能使相关电路的元器件损坏。

4）补救措施：借助放大镜严格排查，发现桥接部位用烙铁头划开。

4 球焊

1）特征：焊点形状像球形、焊锡量虽然多但与印制板只有少量连接的现象，如图5-3-7所示。

2）原因：印制板面有氧化物或杂质造成不浸润。

3）球焊造成的后果：由于被焊部件只有少量连接，因而其机械强度差，略微振动就会使连接点脱落，造成虚焊或断路故障。

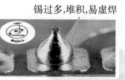

锡过多,堆积,易虚焊

图 5-3-7 球焊缺陷

4）补救措施：借助放大镜严格排查，发现球焊部位用烙铁重焊。

5 松香焊

1）特征：焊缝中还将夹有松香渣，如图5-3-8所示。

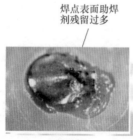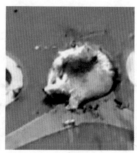

焊点表面助焊剂残留过多

a) 松香焊   b) 松香污渍

图 5-3-8 松香焊缺陷

2）原因：

① 焊剂过多或已失效。

② 焊剂未充分挥发作用。

③ 焊接时间不够，加热不足。

④ 表面氧化膜未去除。

3）后果：遇潮湿会漏电而损坏设备。

4）补救措施：用洗板水清洗，必要时重新焊接，避免演变成虚焊。

6 印制板铜箔起翘、焊盘脱落

1）特征：铜箔从印制电路板上翘起，甚至脱落，如图5-3-9所示。

2）原因：

① 焊接时间过长。

② 温度过高、反复焊接造成的。

③ 在拆焊时，钎料没有完全熔化就拔取元器件造成的。

④ 焊盘上金属镀层不良。

3）后果：使电路出现断路或元器件无法安装的情况，甚至整个印制板损坏。

4）补救措施：借助放大镜严格排查，发现起翘、焊盘脱落部位用烙铁重焊，力避故障隐患。

7 不对称

1）特征：焊锡未流满焊盘，如图5-3-10所示。

2）原因：钎料流动性差、助焊剂不足或质量差、加热不足。

图 5-3-9 焊盘脱落缺陷   图 5-3-10 不对称缺陷

8 气泡和针孔

1）特征：引线根部有喷火式钎料隆起，内部藏有空洞，目测或低倍放大镜可见有孔，如图5-3-11所示。

2）原因：引线与焊盘孔间隙大、引线浸润性不良、焊接时间长，孔内助焊剂过多遇热膨胀。

 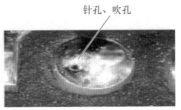

针孔、吹孔

图 5-3-11 气泡和针孔缺陷

9 钎料过多（堆焊）

1）特征：引脚折弯处的焊锡接触元器件本体（插脚元器件）或者密封端（贴片元器件），钎料面呈凸形，如图5-3-12所示。

2）原因：钎料撤离过迟。

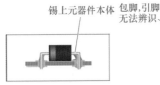 

锡上元器件本体   包脚,引脚无法辨识

图 5-3-12 焊料过多缺陷

10 偏焊（钎料过少）

1）特征：钎料四周不均匀，焊接面积小于焊盘的80%，钎料未形成平滑的过渡面，出现不对称、偏焊和出现空洞，如图5-3-13所示。

2）原因：

① 焊锡流动性差或焊丝撤离过早。

② 助焊剂不足。

③ 焊接时间太短。

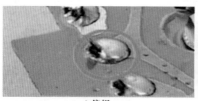
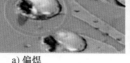
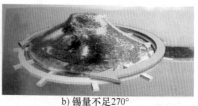

a) 偏焊　　　　　　　　　　　　b) 锡量不足270°

图5-3-13　焊料过少缺陷

11 过热（焊盘过热发黑）

1）特征：

① 过热：焊点发白，无金属光泽，表面较粗糙，呈霜斑或颗粒状。

② 焊盘过热发黑：焊料尚未流入、但有烧毁助焊剂的残留物，如图5-3-14所示。

2）原因：烙铁功率过大，加热时间过长、焊接温度过高。

3）后果：产生漏焊、虚焊、裂焊等故障隐患。

4）补救措施：过热的问题通常可以补焊修复，对于过热发黑则需要清洗后进行修复，用刀尖或小异丙醇和牙刷仔细刮干净，再补焊修复。预防方法将烙铁头清洗干净，助焊剂加适量，烙铁头温度不要过高等。

12 松动（裂焊）

1）特征：外观粗糙，似豆腐渣一般，且焊角不匀称，导线或元器件引线可移动，如图5-3-15所示。

2）原因：焊锡凝固前引线移动造成空隙引线未处理好（浸润差或不浸润）。

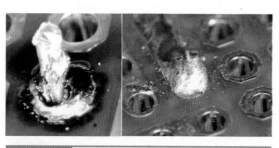

图5-3-14　焊盘过热发黑

引脚与焊点之间破裂

图5-3-15　裂焊缺陷

13 焊锡从过孔流出（包括半焊、空焊）

1）特征：焊锡从过孔流出，如图5-3-16所示。

半焊：元器件引脚及焊盘已润湿，但焊盘上钎料覆盖不足1/2，插入孔仍有部分漏出。

空焊：PCB 基材、元器件和插入孔全部漏出，元器件引脚及焊盘未被钎料润湿。

2）主要原因：过孔太大、引线过细、焊料过多、加热时间过长、焊接温度过高。

14 引脚过长

如图 5-3-17 所示，发现就用偏口钳剪去。

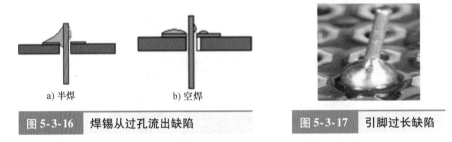

a) 半焊　　　　b) 空焊

| 图 5-3-16 | 焊锡从过孔流出缺陷 |

| 图 5-3-17 | 引脚过长缺陷 |

15 导线焊接不当

如图 5-3-18 所示。

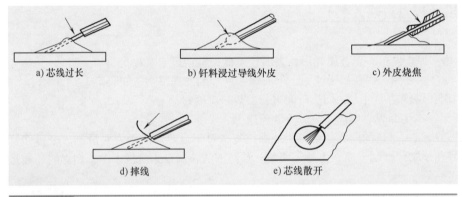

a) 芯线过长　　　b) 钎料浸过导线外皮　　　c) 外皮烧焦

d) 摔线　　　e) 芯线散开

| 图 5-3-18 | 导线的焊接不当缺陷 |

（五）克服焊点缺陷的措施

1 烙铁头的选择

考虑烙铁头的耐腐蚀性和抗氧化性。应尽量采用长寿命烙铁头，它是在铜基体表面镀上一层铁、镍、铬或铁镍合金，这种镀层不仅耐高温，而且具有良好沾锡性能，烙铁头上焊锡传热效率比单纯的烙铁头要高，如果氧化发乌发黑及早重新上锡和处理。

2 材料（钎料与焊剂）的选择

焊锡丝的直径有 0.5~2.4mm 的 8 种规格，应根据焊点的大小选择焊丝的直径。根据焊件和焊丝选择配套的助焊剂。

3 操作者的素质提高

在材料（钎料与焊剂）和工具（烙铁、夹具）一定的情况下，操作者的焊接技能技巧、采用什么样的焊接方法，以及操作者是否有责任心就起决定性的因素了。

（六）焊接后的检验方法

1　焊点检验要求

电气接触良好：良好的焊点应该具有可靠的电气连接性能，不允许出现虚焊、桥接等现象。

机械强度可靠：保证使用过程中，不会因正常的振动而导致焊点脱落，球焊和焊锡过少都会导致机械强度不可靠。

外形美观：一个良好的焊点应该是明亮、清洁、平滑，焊锡量适中并呈裙状拉开，焊锡与被焊件之间没有明显的分界，这样的焊点才是合格、美观的。

2　目视检查

就是从外观上检查焊接质量是否合格，有条件的情况下，建议用 3～10 倍放大镜进行目检，如图 5-3-19a 所示。

a) 目视检查　　　　　　　　　　　　　b) 上电检测

图 5-3-19　焊点的检测

目视检查的主要内容有：

1）是否有错焊、漏焊、虚焊。
2）有没有连焊、焊点是否有拉尖现象。
3）焊盘有没有脱落、焊点有没有裂纹。
4）焊点外形润湿是否良好，焊点表面是不是光亮、圆润。
5）焊点周围是否有残留的焊剂，如有的要用酒精等清洗剂清洗干净。
6）焊接部位有无热损伤和机械损伤现象。

3　手触检查

在外观检查中发现有可疑现象时，采用手触检查。用手指触摸元器件有无松动、焊接不牢的现象，排除漏焊、虚焊、假焊、铜箔起翘、焊盘脱落等故障隐患。用镊子轻轻拨动焊接部位或夹住元器件引线，轻轻拉动观察有无松动现象。

4　上电检测

通过万用表、示波器、信号发生器等仪器对板子的功能特性进行检测，如图 5-3-19b 所示。

（七）课堂训练

在万能板上练习焊接，有目的地按照错误方法焊接出有缺陷的焊点，并结对子互相检查，仔细体会缺陷焊点的"病理分析"，达到有效"防治"的目的。

三、任务小结

焊接缺陷小部分是由于焊接材料不良而导致的，大部分是由于操作者没有严格按照操作规范进行操作而造成的，只有严格训练、刻苦训练，才能练出"手感"，练就"技高一筹"。

235

四、课后任务

在万能板上反复练习焊接，仔细分析焊点缺陷的部位和原因，研究改变的过程和方法，多给自己鼓励，练出自己的水平，练出自己的信心来。

任务 4　手工拆焊的操作步骤

【任务目标】
● 掌握常用手工拆焊的操作方法、规范和要点。
【任务重点】　掌握常用手工拆焊的操作方法、规范和要点。
【任务难点】　掌握常用手工拆焊的操作方法、规范和要点。
【参考学时】　3 学时

一、任务导入

当焊接出现错误、损坏或进行调试维修电子产品时，就要进行拆焊过程。拆焊（又叫解焊），是指把元器件从原来已经焊接的安装位置上拆卸下来。

二、任务实施

（一）插脚元器件的拆焊

在电路检修时，经常需要从印制电路板上拆卸元器件，由于有的元器件引脚多又密集，拆卸起来很困难，有时还会损害元器件及电路板。这里总结了几种行之有效的元器件拆卸方法，供大家参考。

1　拆焊工具

拆焊工具：普通电烙铁、镊子、吸锡器、吸锡电烙铁等。

2　拆焊的操作方法、规范和要点

1）普通电烙铁＋镊子拆焊：对于某种原因已损坏的元器件，需要从印制线路板上拆下来，通常使用普通电烙铁，在板的焊接面上找到相应的焊点，用电烙铁熔化钎料，就能把元器件从焊盘里拉出来。不过，动作要谨慎，加热时间过长，拉动过于猛烈，都会导致印制板焊盘脱落。

2）普通电烙铁＋吸锡线：吸锡线是利用铜线的较强沾锡能力抢走线路板上多余的锡，不受线路板上锡量多少的限制，但一般用在要吸取的锡量较少时，这样比较节约吸锡线。当然也可以就地取材，用多股细铜丝粘上松香代替，效果也挺好。操作过程如图 5-4-1 所示。

图 5-4-1　用吸锡线拆焊操作过程

① 拉出吸锡线 3～5cm。
② 尽量把要用的吸锡线宽度展开，增大吸锡面积，增强吸锡能力。
③ 把吸锡线加点助焊剂，平放在待吸的焊盘上，用烙铁头在上面加热，下面的锡熔化后会吸

附在吸锡线上，不过，烙铁头加压不要过大，防止损伤焊盘，吸锡效果如图 5-4-2 所示。

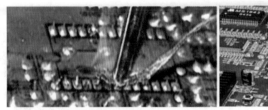

a) 拆焊插脚元器件　　　　　　　　　b) 拆焊后清除锡渣

图 5-4-2　用吸锡线拆焊操作过程与效果

　　3）普通电烙铁 + 多股铜线：此方法和普通电烙铁 + 吸锡线方法一致，只是取材更简单。就是利用多股铜芯塑胶线，去除塑胶外皮，使用多股铜芯丝（可利用短线头）。使用前先将多股铜芯丝加上助焊剂，待电烙铁烧热后将多股铜芯丝放到元器件引脚上加热，这样引脚上的焊锡就会被铜丝吸附，吸上焊锡的部分可剪去，重复进行几次就可将引脚上的焊锡全部吸走。有条件也可使用屏蔽线内的编织线。只要把焊锡吸完，用镊子或小"一"字螺钉旋具轻轻一撬，元器件即可取下。

　　4）吸、焊两用电烙铁拆卸法：

　　① 吸、焊两用电烙铁结构特点。这种电烙铁结构上是电烙铁、吸锡器两种工具的有机结合，包括多种吸嘴，便于和不同的引脚相配合，实物如图 5-4-3 所示。拆卸元器件时，只要将加热后的吸嘴放在要拆卸的元器件引脚上，将压紧的回弹按钮释放，带动活塞产生吸力，把已经融化了的焊锡抽到吸锡筒中，全部引脚的焊锡吸完后元器件即可拿掉，从而方便地从电路板上取下要更换的元器件，是手工拆焊中十分方便的工具。

237

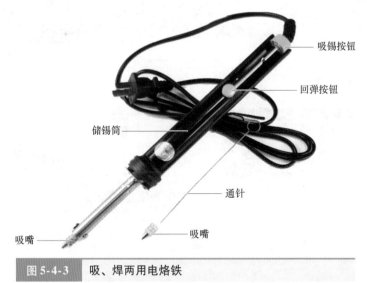

图中标注：吸锡按钮、回弹按钮、储锡筒、通针、吸嘴、吸嘴

图 5-4-3　吸、焊两用电烙铁

　　② 吸锡电烙铁的使用方法。

　　a）吸锡电烙铁接通电源，预热 3～5min 即可使用。

　　b）按住吸锡按钮将活塞柄推下去卡住，吸锡电烙铁吸嘴前端部对准欲取下元器件的焊点，待焊锡熔化后，按动回弹按钮，焊锡即被吸进储锡筒内。

　　c）吸锡电烙铁配备两个直径不同的吸嘴，可根据元器件引脚的粗细选用。

　　d）进行焊接时，与使用电烙铁一样操作。

　　e）将活塞柄向外提起并拉出，使定位按钮组件与储锡筒分离。松开储锡筒上的固定螺钉，将储锡筒取出，清除筒内的锡渣。

f）将吸嘴按照逆时针方向旋转，即可将吸嘴卸下。

5）普通电烙铁＋吸锡器：拆除焊接器件时，可用电烙铁和吸锡器配合进行，吸锡器实物如图5-4-4所示，待焊锡熔化后，吸入吸锡器内。吸锡器与烙铁的配合是非常重要的，时机上要待到焊锡熔融状态时将其吸出，烙铁同时要将引脚推向焊孔中心，让焊锡被吸干净，用吸锡器拆焊操作过程如图5-4-5所示。如果留有残余的焊锡，可以用细铜网将其吸出。沾有助焊剂的铜网吸锡性非常好。

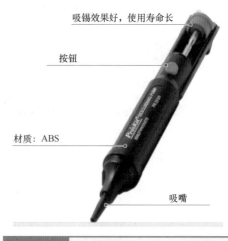

图5-4-4　吸锡器

6）普通电烙铁＋医用空心针头：取医用3～16号空心针头几个，如图5-4-6a所示，也可用医用对应针头代替。使用时针头的内径正好套住元器件引脚为宜。拆卸时用烙铁将引脚焊锡熔化，及时用针头套住引脚，然后拿开烙铁并旋转针头，等焊锡凝固后拔出针头。这样该引脚就和印制板完全分开，如图5-4-6b所示。所有引脚如此做一遍后，元器件（包括插脚集成块）就可轻易被拿掉。这种方法也适用于断开元器件的引脚再进行相应测量。

a) 吸锡器与电烙铁的配合1

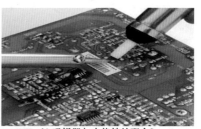
b) 吸锡器与电烙铁的配合2

图5-4-5　用吸锡器拆焊操作过程

a) 空心针头

b) 用空心针头拆焊操作过程

图5-4-6　用空心针头拆焊操作过程

7）普通电烙铁＋吸锡球：吸锡球利用吸力吸去线路板上多余的锡，如图5-4-7所示，只有在熔锡较多凝聚成团时才有效。

8）普通电烙铁＋毛刷：该方法简单易行，只要有一把电烙铁和一把小毛刷即可，如图5-4-8所示。拆卸元器件时先把电烙铁加热，待达到熔锡温度将引脚上的焊锡熔化后，趁机用毛刷扫掉熔化的焊锡。这样就可使元器件的引脚与印制板分离。该方法可分脚进行也可分列进行。最后用尖镊子或小"一"字螺钉旋具撬下元器件。

9）增加焊锡融化拆卸法：该方法是一种省事的方法，只要给待拆卸的元器件引脚上再增加一些焊锡，使每列引脚的焊点连接起来，这样利于传热，便于拆卸。拆卸时用电烙铁每加热一列引脚就用尖镊子或小"一"字螺钉旋具撬一撬，两列引脚轮换加热，直到拆下为止。一般情况下，每列引脚加热两次即可拆下。

图 5-4-7　吸锡球

图 5-4-8　小毛刷

10）刮胡刀片拆卸法：贴片元器件大都可以利用这个方法来拆卸，一般贴片元器件都是密密麻麻的很多引脚，一般人看到就怕是不敢拆卸的，需要大量的训练。先给元器件引脚加锡（要带松香的，加得要适量），然后刀片就可以从底下推进去了，等几秒钟再拿出来，这样元器件就和电路板脱离了，但是元器件上剩余那么多的锡怎么办呢？用镊子夹住元器件，然后加锡，越多越好，并用电烙铁一点点地拖掉，就干净了。

11）用热风枪拆焊台拆焊：用热风枪拆焊台拆焊，这种方法和工具几乎是万能的，凡是能用电烙铁拆焊的地方都可以用热风枪，最大优点是不破坏线路板上的焊盘，不能用电烙铁拆焊的地方热风枪拆焊台照样能够拆焊，并且是一次性完成。

（二）课堂训练

1）练习用吸锡电烙铁拆焊。

2）练习用吸锡器拆焊。

3）练习用吸锡线、自制多股铜线拆焊。

4）练习用吸锡电烙铁拆焊。

三、任务小结

1　拆焊技能的提高

每个电子产品维修者都要有过硬的拆焊技能。拆除电路板上的元器件要保证电路板的完好性，尤其是焊盘极易因过热或焊锡没有全部熔化而被破坏。对此除了提高使用烙铁的技巧以外正确的拆除方法也是很重要的。比如对于认为损坏的元器件完全可以先剪断所有的引脚，然后拆除单独的引脚就容易多了。对于与大面积覆铜面相连的引脚一定要用大功率烙铁去熔化焊锡，这样可以在热量没有传导出去，对周边元器件没有影响之前完成任务。一定要记住，用烙铁的热量而不是手的力量。拆焊技能不是一蹴而就的，需要反复地训练，和外科医生做手术性质一样。

2　"13S" 管理的落实和应用

在训练过程中要自觉落实好"13S"管理，比如说合理的工具与器件的放置习惯，这是一个很重要的基本技能。良好的习惯非常有利于修理任务的完成。有时发生多零件或少零件的事情，大多是没有这方面的工作素养。顺便提一句，IGBT 门极、CMOS 集成电路很容易被静电击穿，所以平时要对 IGBT 的控制引脚全部用细金属线短接，使用时除静电、戴防静电腕带，防止手触到控制引脚时 IGBT 被损坏。

四、课后任务

1）借助网络，查阅一下还有哪些没见过的拆焊工具？整理出来分享。

2）借助网络，查阅一下还有哪些没见过的拆焊方法？整理出来分享。

项目六 贴片元器件手工拆装技巧

【项目目标】

- 掌握识别各种贴片元器件的外形特点和参数要点。
- 掌握识别各种贴片集成电路引脚顺序的技能，能分清不同的类型。
- 掌握用电烙铁、热风枪拆装 SOP 和 QFP 封装贴片集成电路的方法和规范。
- 掌握用热风枪拆装 BGA 封装贴片集成电路的方法和规范。
- 掌握检查贴片元器件焊点质量的方法和规范。

任务 1 两端、三端贴片元器件识别及手工拆装技巧

【任务目标】

- 会识别各种贴片元器件的外形特点和参数要点。
- 掌握识别各种贴片元器件的技能，为生产线对应岗位做准备。

【任务重点】 会识别各种贴片元器件的外形特点和参数要点。

【任务难点】 会识别各种贴片元器件的外形特点和参数要点。

【参考学时】 3 学时

一、任务导入

随着科技的进步，电子产品发展已朝向小型化、微型化和智能化方向发展，电子产品微型化要求电子元器件微型化，就逐步出现了贴片元器件。电子元器件的封装更新换代加快，由原来的直插式改为了平贴式，贴片元器件在电子产品中的比例不断增长，已经超过 68%，连接排线也由 FPC 软板进行替代，如图 6-1-1 所示，手工焊接难度也随之增加，在焊接当中稍有不慎就会引起焊接不良，甚至损伤（坏）元器件，所以一线手工焊接技术人员必须发扬大国工匠精神，在直插式元器件焊接的基础上，对贴片式元器件相关知识和技术、焊接原理、焊接过程、焊接方法、焊接质量的评定加强训练，熟练掌握，把焊接工艺发挥到极致。

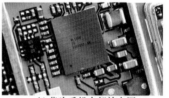

a) 笔记本主板维修　　　　　　b) 华为手机内部放大图

图 6-1-1　贴片元器件的应用

二、任务实施

（一）贴片元器件相关知识

1　贴片元器件

贴片元器件又称表面组装元器件（SMC 或 SMD），是一种无引脚或引脚很短的片式微小型电子

元器件。目前，贴片元器件已在计算机、移动通信设备、医疗电子产品等高科技产品和数码相机等家用电器中广泛应用。

2　表面组装技术的特点

SMT 是 Surface Mounted Technology 的缩写，称为表面组装技术或表面贴装技术，将电子元器件直接安装在印制电路板的表面，是目前电子组装行业里最流行的一种技术和工艺。主要特征是元器件是无引脚或短引脚，在传统的线路板上，元器件和焊点分别在板的两面，而在 SMT 电路板上，元器件主体与焊点均处在印制电路板的同一侧面。在 SMT 电路板上，为适应 SMT 工艺的要求，传统的阻容元件、电感元件、二极管、晶体管、开关、插座等都改变了形状，变成了贴片元器件。通孔——这个在双面印制板上最常用的装配方式在采用表面装配方式的线路板上，仅用于连接不同板层的印制导线，不再用来插装元器件。因此，在 SMT 印制电路板上，孔的数量要少得多，孔径也小得多，从而极大地提高了线路板的装配密度。

表面组装技术 SMT 具有以下特点：

1）可以减少电路板的面积，使电子产品体积小、重量轻，布线密度高，易于大批量加工。

2）有助于提高产品性能，可靠性高，抗震能力强。

3）贴片电阻和电容的引脚电感大大减少，在高频电路中具有很大的优越性。

4）易于实现高度自动化，提高生产效率。

5）降低成本达 30% ~ 50%。

（二）两端、三端贴片式元器件的识别

两端贴片元器件包括贴片式电阻器、贴片电容器、贴片式电感、贴片二极管等，三端贴片元器件包括贴片晶体管、贴片三端稳压器、贴片电位器等，项目三的相关任务中已经介绍过这些元器件外观和参数的识别，此外还有简单的多脚元器件如电阻排、二极管排等，归纳到集成电路中介绍。

（三）贴片式元器件的优势

1）体积小重量轻。

2）容易焊接。

3）容易拆卸。引线元器件的拆卸是比较麻烦的，特别是在两层以上的 PCB 上，哪怕是只有两只引脚，拆下来也很容易损坏电路板，多引脚的更是如此。而拆卸贴片元器件就容易多了，不光两只引脚容易拆，即使一二百只引脚的元器件多拆几次也可以不损坏电路板。

4）容易保存和邮寄。数万只零件可以放在一个夹子里，取放都很方便，如图 6-1-2 所示，若换成相应的引线元器件会是怎样？

图 6-1-2　部分贴片元器件的外包装及库房一角

5）容易替换。因为许多电阻、电容和电感都有相同的封装尺寸，同一个位置可以根据需要装上电阻、电容或电感，增加了设计调试电路的灵活性。

6）稳定性和可靠性高。对于制作来说提高了制作的成功率。这是因为贴片元器件没有引脚，从而减少了杂散电场和杂散磁场，这在高频模拟电路和高速数字电路中尤为明显。可以说，只要一旦适应和接受了贴片元器件，除了不得已，可能再也不想用引线元器件了。

（四）贴片式元器件的拆装工具和材料

要有效自如地进行贴片元器件的焊接拆卸，关键是要有适当的工具和材料，这些工具和材料并不难找，也不昂贵，一些最基本的拆装工具和材料清单如图6-1-3所示。

1 加热工具

1）烙铁。这里也是要比较尖的那一种（尖端的半径1mm以内），烙铁头当然要长寿的。烙铁最好准备两把，拆零件时用。

2）936电焊台。电焊台防静电效果好，烙铁头要准备尖头和刀头。烙铁通电后，先将烙铁温度调到200~250℃，进行预热，根据不同物料，电烙铁的温度调至约（330±30）℃之间，有时需要270℃，注意对烙铁头做清洁和保养。

3）热风枪。这是拆多脚的贴片元器件用的，也可以用于焊接。

手工贴片技术

- 936电焊台或调温烙铁、热风枪拆焊台
- 高温海绵、镊子、焊锡丝
- 焊膏、助焊剂、异丙基酒精、清洗剂
- 防静电腕带、毛刷、放大镜
- PCB、贴片电子元器件

图6-1-3 贴片式元器件的拆装工具和材料

2 辅助工具

1）细焊锡丝。要0.3~0.5mm的，粗的（0.8mm以上）不能用，因为那样不容易控制给锡量。

2）镊子。这里要的是比较尖的那一种，而且必须是不锈钢的，如图6-1-4所示，这是因为其他的可能会带有磁性，而贴片元器件比较轻，如果镊子有磁性则会被吸在上面下不来。

图6-1-4 不锈钢镊子（弯头和直头）

3）高温海绵。

4）焊膏、助焊剂、清洗剂。

5）吸锡用的吸锡线。当集成电路的相邻两脚被锡短路了，传统的吸锡器是派不上用场的，只要用吸锡线（吸锡编织带）吸就行了。

6）带灯放大镜。要有座和带环形灯管的那一种，手持式的不能代替，因为有时需要在放大镜下双手操作。放大镜的放大倍数要5倍以上，最好能10倍。

7）护目镜和防静电腕带。

8）PCB、各种贴片电子元器件。

（五）贴片式元器件的技术要求

1）严格"13S"管理，使严格的操作规程、完备的保护措施、完善的防火和安全用电等规章制度贯穿于生产过程的始终。

2）贴装静电敏感器件如贴片式集成电路时，必须佩戴良好的防静电腕带，并在接地良好的防静电工作台上进行贴装，以避免人体静电损坏集成块等。

3）贴装型号、方向必须要符合装配图的要求，这就要求平时对各种元器件型号、极性熟练掌握。

4）贴装位置准确，引脚与焊盘对齐，居中；切勿贴放不准，在焊膏上拖动找正。

5）元器件贴放后要用镊子轻轻压元器件体顶面，使贴装元器件焊端或引脚不小于1/2厚度要浸入焊膏。

（六）贴片式元器件的贴装工艺流程

生产线手工贴装岗位工艺流程方框图如图6-1-5所示。

图 6-1-5　手工贴装岗位工艺流程方框图

243

贴片类元器件应在焊盘上焊锡，贴片类器件不能受热，所以烙铁不能直接接触，而应在焊盘上加热，避免发生破损、裂纹，工艺分析剖面图如图6-1-6所示。

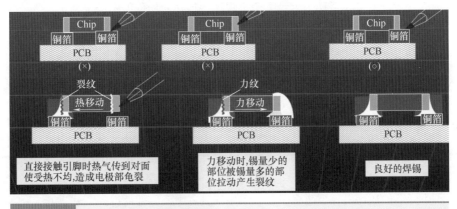

图 6-1-6　手工贴装工艺分析剖面图

（七）引脚少的贴片元器件拆装方法

1　用电烙铁拆装

对于贴片元器件的焊接，按照工艺不同分为两个大的方面，一是用电烙铁拆装，电烙铁包括常用的普通电烙铁、长寿命电烙铁、吸锡电烙铁，还包含电焊台上的电烙铁、热风枪上的电烙铁部分，各种电烙铁只有防静电、多头变换方面的差异，工作原理、操作要点等方面大同小异，将其归为一大类，以后任务中分类相同；二是用热风枪拆装，这是以后任务中的重中之重。

1）生产线上手工焊接工艺：生产线上手工焊接和平日手工焊接在元器件固定工艺上略有不同，生产线上采用点胶工艺或者是涂抹焊膏固定，元器件放平，否则脚少元器件（比如贴片电阻）热胀冷缩，会把电阻的一头拉断，很难发现，相关过程参考项目一中的相关内容。平日手工焊接若要采用这种工艺，可采用两种方法：

① 使用贴片红胶固定元器件。

② 把松香用酒精调稀固定元器件，成本低，焊后要清洗。

2）平日手工焊接工艺：

① 脚少贴片元器件的焊接。

a）先焊一点法。对引脚少的元器件点焊，需要用比较尖的烙铁头对着每个引脚焊接，先焊一个脚固定。对于只有 2 ~ 4 只引脚的贴片元器件，如电阻、电容、二极管、晶体管（有 0805、0603、0402、0201、1206）等，封装较小，这种元器件在日常焊接的时候不必涂助焊剂，如松香等，先在 PCB 上其中一个焊盘上镀点锡，然后左手用镊子夹持元器件放到安装位置并抵住电路板，烙铁头靠近焊锡，再用力平推元器件，使焊锡平滑的和元器件连接好，这样就将已镀锡焊盘上的引脚焊好。元器件焊上一只脚后已不会移动，左手镊子可以松开，改用锡丝将其余的脚焊好，操作过程如图 6-1-7 所示。注意：烙铁头保持与水平成 45°角最好。

a）一个焊盘上点锡　　　　b）先焊一个引脚　　　　c）再焊另一个引脚

图 6-1-7 脚少贴片元器件的焊接

b）先焊两点法。用镊子轻轻夹住元器件，用烙铁在元器件的各个引脚上点一下，即可焊好。如果焊点上的焊锡较少，可在烙铁尖上点一个小锡珠，加在元器件的引脚上即可。

② 脚少元器件的拆卸。

a）两把烙铁法。如果要拆卸这类元器件也很容易，如果有两把烙铁，只要用两把烙铁（左右手各一把）将元器件的两端同时加热，等锡熔了以后轻轻一提即可将元器件取下。

b）一把烙铁法。如果只有一把烙铁，可用电烙铁快速轮流给贴片元器件两侧加热，当贴片元器件移动时，使用镊子就可将元器件取下。

c）加锡拆卸法。用烙铁在元器件上适量加一些焊锡，以焊锡覆盖到元器件两边的焊点为准，把烙铁尖平放在元器件侧边，使新加的焊锡呈熔化状态，即可取下元器件了。如果元器件较大，可在元器件焊点上多加些锡，用镊子夹住元器件，用烙铁快速在两个焊点上依次加热，直到两个焊点都呈熔化状态，即可取下。

这对于脚少元器件还可以，引脚多了，可采用项目三中元器件的拆卸方法进行，例如，用电烙铁配合吸锡线法等。

2　用热风枪拆装

1）工具准备：

① 热风枪：用于拆卸和焊接小元器件。

② 电烙铁：用以焊接或补焊小元器件。

③ 镊子：拆卸时将小元器件夹住，焊锡熔化后将小元器件取下。焊接时用于固定小元器件。

④ 带灯放大镜：便于观察、检查小元器件的位置和缺陷。

⑤ 维修平台：用以固定线路板，维修平台应可靠接地。

⑥ 护目镜：保护眼睛，防止焊接过程中伤及眼睛。

⑦ 防静电腕带：戴在手上，用以防止人身上的静电损坏小元器件器。

⑧ 小毛刷、吹气球：用以清除小元器件周围的杂质。

⑨ 助焊剂：可选用对应助焊剂或松香水（酒精和松香的混合液），将助焊剂加入小元器件周围，便于拆卸和焊接。

⑩ 无水酒精或天那水：用以清洁线路板。

⑪ 焊锡：焊接、补焊时使用。

2）拆装原则：线路板电路中的小元器件主要包括电阻、电容、电感、晶体管等。由于现代电子产品电路比较复杂，元器件必须采用贴片式安装（SMD），片式元器件与传统的插脚元器件相比，贴片元器件安装密度高，减小了引线分布的影响，增强了电磁干扰和射频干扰能力。对这些小元器件，一般使用热风枪进行拆卸和焊接（焊接时也可使用电烙铁），在拆卸和焊接时一定要掌握好风力、风速和风力的方向，操作不当，不但将小元器件吹跑，而且还会"殃及池鱼"，将周围的小元器件也吹动位置或吹跑。

3）操作过程：

① 小元器件的拆卸。

a）2~4 只脚小元器件拆卸步骤。

Ⅰ．将线路固定，仔细观察欲拆卸的小元器件的位置和极性。

Ⅱ．将小元器件周围的杂质清理干净，加注少许助焊剂或者松香水。

Ⅲ．调节热风枪温度 270℃，风速在 1~2 档。

Ⅳ．距离小元器件 2~3cm，对小元器件上均匀加热。

Ⅴ．待拿镊子的手感觉到焊锡已经熔化，用手指钳或者镊子将小元器件取下。

b）引脚较少贴片集成电路的拆卸步骤。

Ⅰ．将线路板固定，仔细观察欲拆卸集成电路的位置和方向，并做好记录，以便焊接时恢复。

Ⅱ．用小刷子将贴片集成电路周围的杂质清理干净，往贴片集成电路周围加注少许助焊剂或者松香水。

Ⅲ．调好热风枪的温度和风速，温度开关一般至 300~350℃，风速开关调节至 2~3 档。

Ⅳ．使风嘴和所拆集成电路保持垂直，并沿集成电路周围引脚慢速旋转，均匀加热，待集成电路的引脚焊锡全部熔化后，用医用针头或手指钳或者起拔器将集成电路掀起或取走，且不可用力，否则，极易损坏集成电路的锡箔。

c）小元器件的拆卸注意事项。

Ⅰ．在用热风枪拆卸小元器件之前，一定要将计算机主板、手机等线路板上的备用电池拆下（特别是备用电池离所拆元器件较近时），否则，备用电池很容易受热爆炸，对人身构成威胁。手机在充电时爆炸已经不算新闻，都是因为温度过高造成的。

Ⅱ．将线路板固定在维修平台上，打开带灯放大镜，仔细观察欲拆卸的小元器件的位置。用小刷子将小元器件周围的杂质清理干净，往小元器件上加注少许松香水。

Ⅲ．安装好热风枪的细嘴喷头，打开热风枪电源开关，调节热风枪温度开关在 2~3 档，风速开关在 1~2 档。一只手用手指钳夹住小元器件，另一只手拿稳热风枪手柄，使喷头离欲拆卸的小元器件距离为 2~3cm，保持垂直，沿小元器件上方均匀加热，喷头不可触小元器件。待小元器件周围焊锡熔化后用手指钳将小元器件取下。

② 小元器件的焊接。

a）加锡准备。若焊点上没有焊锡或者焊锡不足，可用电烙铁在焊点上加注少许焊锡，并加适量助焊剂。

b）摆放到位。用镊子或者手指钳夹住欲焊接的小元器件放置到焊接的位置，注意要放正，不可偏离焊点。

c）均匀加热。打开热风枪电源开关，调节热风枪温度开关在 2~3 档，风速开关在 1~2 档。使热风枪的风嘴离欲焊接的小元器件保持垂直，距离为 2~3cm，如图 6-1-8 所示，沿小元器件上方顺着元器件方向均匀加热。

d）待小元器件周围焊锡开始熔化后下移热风枪风嘴直到 0.5cm 处继续加热，直到焊锡完全熔解并爬上贴片元器件端子。焊锡冷却后移走镊子或者手指钳。用无水酒精或者洗板水将小元器件周围的助焊剂清理干净。焊接过程如图 6-1-9 所示。

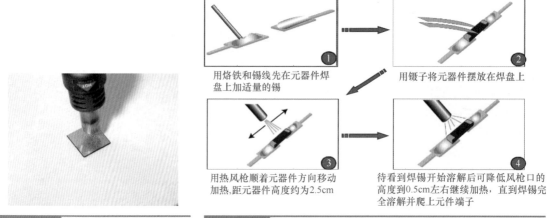

① 用烙铁和锡线先在元器件焊盘上加适量的锡

② 用镊子将元器件摆放在焊盘上

③ 用热风枪顺着元器件方向移动加热,距元器件高度约为2.5cm

④ 待看到焊锡开始溶解后可降低风枪口的高度到0.5cm左右继续加热,直到焊锡完全溶解并爬上元件端子

图 6-1-8 热风枪加热方向图

图 6-1-9 用热风枪焊接小贴片元器件步骤

246

(八) 课堂训练

1)练习用电焊台的刀形烙铁头焊接贴片元器件,焊接步骤如图 6-1-10 所示。拆装贴片元器件 50 个,要求:每个元器件焊接时间不要超过 10s。

包装好的贴片元器件及电路板

a) 贴片识别

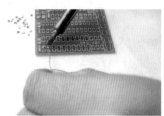

先将电路板上0805电阻焊接区域右侧的焊盘上锡

b) 先焊右端

全部上锡后的效果,注意上锡不宜过多,薄薄的一层

c) 上锡要求

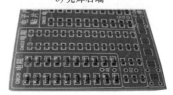

将20只电阻的一端全部焊接好:注意电阻上的参数应朝一个方向,便于整体(从左至右)读数

d) 焊件要求

先用肉眼或者借助放大镜观看焊点效果:无虚焊、短路现象

e) 查找缺陷

f) 整体效果

图 6-1-10 用电焊台刀形烙铁头焊接小贴片元器件实训步骤

2）练习用热风枪拆装小贴片元器件。

三、任务小结

1）按照"13S"管理自己的日常练习，保持工作场地整洁有序，有效地控制生产余料造成的危害。

2）拆卸小元器件时热风枪温度 250～300℃，风力 1～3 级即可，不可太高，防止把小元器件吹跑。

3）操作前手机要对芯片四周拍照，以便对比，是否有元器件被吹跑或者移位。

4）焊盘整平时要动作轻盈，避免伤及焊盘和"绿漆"。

5）定位小元器件时要有耐心，必要时动用放大镜、显微镜进行观察。

6）清洗后要仔细检查有无焊连的地方，发现问题，及时解决，再次检查。

7）确认无误后可上机通电。

四、课后任务

1）写出使用 936 电焊台刀型头拆装小元器件的步骤、心得体会、注意事项。

2）写出使用热风枪拆装小元器件的步骤、心得体会、注意事项。

任务 ❷　集成电路的识别

【任务目标】
- 掌握识别各种集成电路引脚顺序的技能，能分清不同的封装类型。

【任务重点】　掌握识别各种集成电路引脚顺序的技能，能分清不同的封装类型。

【任务难点】　掌握识别各种集成电路引脚顺序的技能，能分清不同的封装类型。

【参考学时】　5 学时

一、任务导入

集成电路（俗称芯片）的生产和应用是一个国家核心竞争力的标志，我们国家芯片加工工艺和产品的片段如图 6-2-1a～e 所示。我国华为生产的麒麟 970 处理器芯片，采用了先进的 10nm 制程，集成了高达 55 亿颗晶体管。

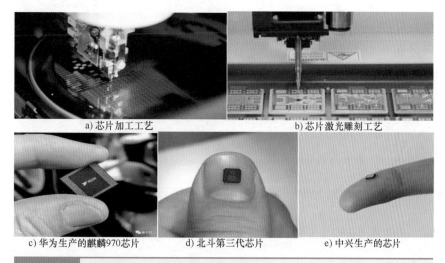

a) 芯片加工工艺　　　　　　　　　b) 芯片激光雕刻工艺

c) 华为生产的麒麟970芯片　　　d) 北斗第三代芯片　　　e) 中兴生产的芯片

图 6-2-1　我国芯片加工工艺和产品的一部分

二、任务实施

（一）集成电路的相关知识

1 集成电路

集成电路采用特殊制造工艺，把许多晶体管及电阻器、电容器等元器件制作在一块较小的单晶硅片上，并按照多层布线或隧道布线的方法将元器件组合成完整的电子电路，然后接出引脚并封装，就构成了集成电路。集成电路一般是块状形式，也称为集成块，又称芯片，符号为 IC，集成电路的外观如图 6-2-2 所示为工业电气自动化控制柜里触发板上所用集成电路。集成块应用于家用电器、电子设备、通信、计算机、工业自动化等领域。

a) 工业电气自动化控制柜一角　　　　　　　b) 工业电气自动化控制柜里的触发板

图 6-2-2　工业电气自动化控制柜里触发板上所用集成电路

2 集成块的特点

1）集成块具有体积小、重量轻、引出线和焊接点少、寿命长、可靠性高和性能好等优点，同时成本低，便于大规模生产。

2）同一硅片上用相同工艺制造出来的元器件性能比较一致，对称性好，相邻元器件的温度差别小，因而同一类元器件温度特性也基本一致。

3）集成电阻及电容的数值范围窄，数值较大的电阻、电容占用硅片面积大。

4）元器件性能参数的绝对误差比较大，而同类元器件性能参数之比值比较精确。

5）纵向 NPN 管 β 值较大，占用硅片面积小，容易制造。而横向 PNP 管的 β 值很小，但其 PN 结的耐压高。

3 集成块分类

1）按功能分：模拟集成块、数字集成块，其中模拟集成电路主要有集成运算放大器、三端集成直流稳压器、集成功率放大器等。数字集成电路主要有 TTL 和 CMOS 两大系列。TTL 集成电路的电源电压是 5V，CMOS 集成电路的电源电压范围比较宽，可为 3~18V。

2）按制作工艺分：半导体集成块、膜集成块（厚膜集成块、薄膜集成块）。

3）按导电类型分：双极型集成块、单极型集成块、双极—单极混合型集成块。

4）按集成规模分：

① 小规模集成电路（SSI）：1960 年出现，在一块硅片上包含 10~100 个元器件或 1~10 个逻辑门。

② 中规模集成电路（MSI）：1966 年出现，在一块硅片上包含 100~1000 个元器件或 10~100 个逻辑门。

③ 大规模集成电路（LSI）：1970 年出现，在一块硅片上包含 10^3~10^5 个元器件或 100~10000 个逻辑门。

248

④ 超大规模集成电路（VLSI）：在一块芯片上集成的元器件数超过 10 万个以上，或门电路数超过万门的集成电路，称为超大规模集成电路。

4　集成电路的封装

1）集成电路封装的作用：芯片封装，简单点来讲就是把工厂生产出来的集成电路裸片放到一块起承载作用的基板上，再把引脚引出来，然后固定包装成为一个整体。可以起到机械支撑和机械保护、环境保护、传输信号、分配电源、散热等保护芯片的作用，相当于是芯片的外壳，不仅能固定、密封，还能增强电热性能，其结构和效果图如图 6-2-3 所示。因此，封装对 CPU 和其他 LSI 集成电路而言，非常重要。

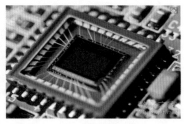

图 6-2-3　贴片式集成电路内部结构示意图

2）集成电路封装分类：

① 按照集成电路封装材料介质，可以分为金属封装、陶瓷封装、金属陶瓷封装和塑料封装。很多高强度工作条件需求的电路如军工和宇航级别仍有大量的金属封装。

② 按照集成电路与主电路板的连接方式，集成电路封装分为三类，通孔插装式安装器件（PTH）、表面贴装器件（SMT）和裸芯片直接贴附电路板型（DCA）。

③ 按封装形式分：TO、SOT、SIP、DIP（SDIP）、SOP（SSOP/TSSOP/HSOP）、QFP（LQFP）、QFN、PGA、BGA、CSP、FLIP CHIP 等。

④ 按照集成电路的芯片数，可以分为单芯片封装和多芯片组件两种。

3）集成电路封装的发展历程：

① 第一阶段为 20 世纪 80 年代之前的通孔安装（PTH）时代。通孔安装时代以 TO 型封装和双列直插封装（DIP）为代表。

② 第二阶段是 20 世纪 80 年代的表面贴装器件时代，表面贴装器件时代的代表是小外形封装（SOP）和扁平封装（QFP），改变了传统的 PTH 插装形式，大大提高了引脚数和组装密度，是封装技术的一次革命，如图 6-2-4 所示。

图 6-2-4　SMT 电路板及其上面的贴片元器件

③ 第三个阶段是 20 世纪 90 年代的焊球阵列封装（BGA）/芯片尺寸封装（CSP）再到多芯片模块（MCM）时代。

4）发展特点：技术指标一代比一代先进，包括芯片面积与封装面积之比越来越接近于 1，适用频率越来越高，耐温性能越来越好，引脚数增多，引脚间距减小，重量减小，可靠性提高，使用更加方便等。

（二） 集成电路引脚识别的基本方法

1 集成电路引脚识别的基本方法

不管哪种封装，使集成电路引脚向下，正对型号或定位标记，从定位标记最近一侧的一只引脚开始，引脚编号依次为1、2、3…。常见的集成定位标记有圆点（色点）、凹口（圆形凹坑或弧形凹口）、缺角（被斜着切去一个角）、线条（印上一个色条）等。换句话说，让集成电路的引脚向下，让字迹正对着自己，定位标记位于左边或者左下角，离它最近的引脚就是第1脚，依次从左向右或者按逆时针读数，如图6-2-5所示。这条规律对于集成器件均适用。

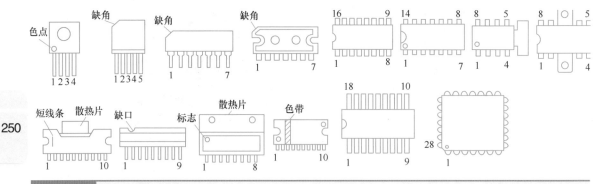

图 6-2-5 集成电路的引脚识别

2 识别集成块的引脚举例（见图6-2-6）

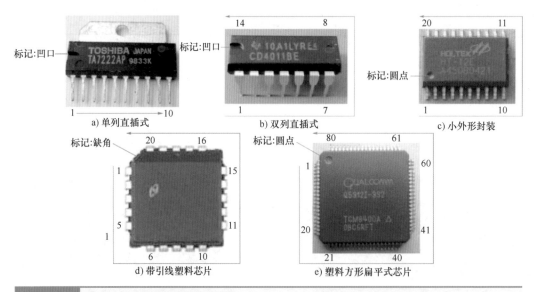

a) 单列直插式　　b) 双列直插式　　c) 小外形封装

d) 带引线塑料芯片　　e) 塑料方形扁平式芯片

图 6-2-6 集成电路的引脚识别应用举例

（三） 主流芯片封装类型的识别

1 直插式封装

直插式封装包括单列直插式封装（SIP封装）和双列直插式封装（DIP封装）。

1）单列直插式封装：主要用于小规模集成电路和大功率集成电路，如图6-2-7所示，其中包括 Z 形直插式封装（ZIP），ZIP 从封装的一侧引出的引脚在中间被弯曲成交错的形状，一般拥有 12～40个引脚，自带散热片上有螺钉孔，和外部散热片接触面积大，便于散热。

图 6-2-7　单列直插式封装

传统芯片因工艺、功能等诸多因素制约，多采用 DIP 形式封装，安装面积大，64 脚 DIP 封装的 IC，安装面积为 25.4mm×76.2mm。SIP 芯片使产品无法小型化，且组装自动化程度较低。

2）双列直插形式封装：主要用于绝大多数的中小规模集成电路，其引脚数一般不超过 100 个，如图 6-2-8a 所示。其优点是适合在印制电路板上穿孔焊接，操作方便；缺点是体积较大，无法小型化且组装自动化程度较低。采用 DIP 封装的集成电路有两排引脚，有时需要插入到具有 DIP 结构的芯片插座上，如图 6-2-8b 所示。集成电路插座的使用是为了使集成电路的撤换不用撤焊和重新焊接，直接换下即可。集成电路插座是有极性的，其极性标志是集成电路插座一端上的挟槽，插入时必须对着板上的极性标志插座。集成电路插座的引脚必须全部插入孔中。特别适用于存储器类集成电路，便于擦写。当然，也可以直接插在有相同焊孔数和几何排列的电路板上进行焊接。DIP 封装的芯片在从芯片插座上插拔时应特别小心，以免损坏引脚。

a) 双列（DIP）封装　　　　　　　　　b) 插座

图 6-2-8　双列直插式封装

2　小外形封装

1）SOP 封装：芯片宽度小于 0.15in，电极数目小于 18 引脚的叫作 SOP 封装，属于小外形封装 SOP 器件，是 DIP 的缩小形式。SOP 是表面贴装型封装之一，引脚从封装两侧引出呈海鸥翼状（L 字形），材料有塑料和陶瓷两种，如图 6-2-9 所示。后来，由 SOP 衍生出了 SOJ（J 型引脚小外形封装）、TSOP（薄小外形封装）、VSOP（甚小外形封装）、SSOP（缩小型 SOP）、TSSOP（薄的缩小型 SOP）等。

图 6-2-9　SOP 封装举例

2）SOL 封装：芯片宽度为 0.25in 的，电极数目在 20 引脚以上的叫作 SOL 封装，也属于小外形封装。其中如图6-2-10a所示为翼形封装，引脚像鸟翼一样向外延伸，焊接检测比较方便，占用印制板面积比较大些。其中如图6-2-10b所示为钩形封装，引脚向封装体底部两侧勾回，占用印制板面积减小了，但焊接检测需要更加小心。

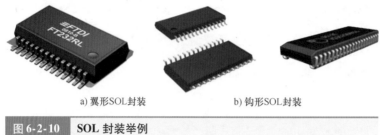

a) 翼形SOL封装　　　　b) 钩形SOL封装

图 6-2-10 　SOL 封装举例

3　QFP/PQFP/PFP 类型封装

QFP 即四边扁平封装，如图6-2-11所示，引脚从四个侧面引出呈海鸥翼形（"L"形）。芯片引脚之间距离很小（小的为0.3mm），引脚很细，引脚数可达576条，普遍用于专用集成电路、逻辑电路等大规模或超大型集成电路都采用这种封装形式。用这种形式封装的芯片必须采用表面安装设备技术（SMD）将芯片与主板焊接起来。采用 SMD 安装的芯片不必在主板上打孔，一般在主板表面上有设计好的相应引脚的焊点。将芯片各脚对准相应的焊点，即可实现与主板的焊接。在装配焊接时，对贴装的精度要求非常严格，偏差不得大于0.08mm。

PQFP/PFP 是塑封四角扁平封装。PQFP 封装的芯片引脚之间距离很小，引脚很细，一般大规模或超大规模集成电路采用这种封装形式，其引脚数一般都在100以上。

a) 国产QFP芯片　　　　b) 神州龙芯　　　　c) 华为麒麟960芯片

d) 麒麟960芯片效果图　　　e) 联想计算机芯片　　　f) 海信液晶彩电芯片

图 6-2-11 　QFP/PQFP/PFP 封装举例

QFP/ PQFP/PFP 封装具有以下特点：

1）适用于 SMD 表面安装技术在 PCB 上安装布线。

2）成本低廉，适用于中低功耗，适合高频使用。

3）操作方便，可靠性高。

4）芯片面积与封装面积之间的比值较小，有效节省空间。

5）成熟的封装类型，可采用传统的加工方法。

6）I/O 数量的增加是以牺牲引脚间距为代价。间距的缩小给芯片制造、组装工艺提出更高要求，难度亦随之增加，加之间距亦有极限，因此即使 I/O 数较多的 QFP 的发展也受到间距极限的限制。

7）QFP 封装的缺点是针脚间距缩小时，引脚非常容易弯曲。目前 QFP/PFP 封装应用非常广泛，很多 MCU 厂家的 A 芯片都采用了该封装。

4　PLCC 封装和 CLCC 封装

1）PLCC 封装：PLCC 是一种正方形封装，这种封装的引脚从封装的四个侧面引出，在芯片底部向内弯曲成钩形（或者说呈 "丁" 字形），如图 6-2-12 所示，因此在芯片的俯视图中是看不见芯片引脚的，外形尺寸小得多，可靠性高。PLCC 封装的集成电路引脚数有 18～84 条，大多数是可编程的存储器。PLCC 芯片安装在专用的插座上，取下改写其中的数据很方便。

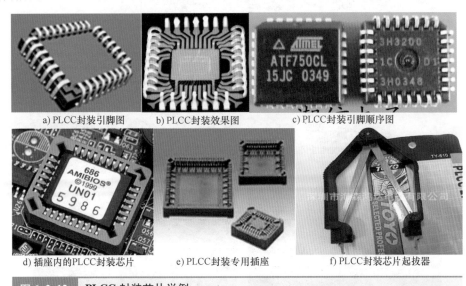

a) PLCC封装引脚图　　b) PLCC封装效果图　　c) PLCC封装引脚顺序图

d) 插座内的PLCC封装芯片　　e) PLCC封装专用插座　　f) PLCC封装芯片起拔器

图 6-2-12　PLCC 封装芯片举例

253

2）CLCC 封装：带引脚的陶瓷芯片载体，表面贴装型封装之一，引脚从封装的四个侧面引出，呈丁字形，如图 6-2-13 所示。带有窗口的用于封装紫外线擦除型 EPROM 以及带有 EPROM 的微机电路等。

3）PLCC 与 CLCC 两者的相同点：四周都有 J 型引脚或都有焊端（非引脚），J 形引脚是表面贴装型封装的一种，其特征是引脚为 "J" 形。与 QFP 等封装相比，J 形引脚不容易变形并且易于操作。

a) CLCC封装正面图　　b) CLCC封装底面图

图 6-2-13　CLCC 封装芯片举例

4）PLCC 与 CLCC 两者的区别：

① 以前仅在于前者用塑料，后者用陶瓷。但现在已经出现用陶瓷制作的 J 形引脚封装。已无法严格区分。有的也称 QFJ，有些场合将 PLCC 统称为带引脚的 LCC 封装，把 CLCC 统称为不带引脚的封装。

② LCC 是指无引脚封装。有的也称 QFN。

③ J 形引脚具有一定的弹性，可缓解安装和焊接的应力，防止焊点断裂。

5　BGA 封装

1）BGA 封装应用：当集成电路的引脚数大于 208 脚时，传统的封装方式有其困难。因此，除使用 QFP 封装方式外，现今大多数的高脚数芯片皆转而使用 BGA 封装。BGA 封装是指外形呈方形，底部为焊球的栅格阵列封装结构。BGA 一出现便成为 CPU、主板上南/北桥芯片等高密度、高性能、多引脚封装的最佳选择。BGA 封装的器件绝大多数用于手机、网络及迪信设备、数码相机、微机、笔记本计算机和各类平板显示器等高档消费市场，其外形和方向如图 6-2-14 所示。

a) BGA封装的龙芯3号   b) 龙芯3号的正反面

c) 华为的麒麟950芯片   d) 麒麟950芯片效果图

e) 麒麟970芯片   f) 麒麟970芯片效果图

g) BGA芯片的方向识别标志（三角）

图 6-2-14 　 **BGA 芯片封装芯片举例**

2）BGA 封装的优点有：

① 将 PLCC 封装的钩形电极引脚改变成球形，在芯片本体下面形成全平面式的栅格阵列，既可疏散电极引脚的间距，又能够增加引脚的数目（有的引脚数目高达 1000）。不但降低了精度要求，减少了焊接缺陷，还能显著地缩小芯片的封装表面积。在功能相同的条件下，采用 BGA 封装的尺寸要比 QFP 封装小得多，有利于在印制电路板上提高装配的密度。

② 输入输出引脚数大大增加，而且引脚间距远大于 QFP，且有与电路图形的自动对准功能，从而提高了组装成品率。

③ 虽然功耗增加，但能用可控塌陷芯片法焊接，使 BGA 的阵列焊球与基板的接触面大、短、有利于散热，电热性能从而得到了改善；对集成度很高和功耗很大的芯片，采用陶瓷基板，并在外壳上安装微型排风扇散热，从而达到电路的稳定可靠工作。

④ 封装本体厚度比普通 QFP 减少 1/2 以上，重量减轻 3/4 以上。

⑤ BGA 阵列焊球的引脚很短，缩短了信号的传输路径，减小了引脚电感、电阻，寄生参数减小；信号传输延迟小，适应频率大大提高，因而可改善电路的性能。寄生参数减小，信号传输延迟小，使用频率大大提高。

⑥ 组装可用共面焊接，可靠性大大提高。

⑦ BGA 适用于 MCM 封装，能够实现 MCM 的高密度、高性能。

3）BGA 封装的不足之处：占用基板面积过大；塑料 BGA 封装的翘曲问题是其主要缺陷，即锡球的共面性问题。共面性的标准是为了减小翘曲，提高 BGA 封装的特性，应研究塑料、粘片胶和基板材料，并使这些材料最佳化。同时由于基板的成本高，致使其价格很高。

6 PGA 插针网格阵列封装

PGA 芯片封装形式在芯片的内外有多个方阵形的插针，每个方阵形插针沿芯片的四周间隔一定距离排列。根据引脚数目的多少，可以围成 2 ~ 5 圈。安装时，将芯片插入专门的 PGA 插座，如图 6-2-15所示。为使 CPU 能够更方便地安装和拆卸，从 486 芯片开始，出现一种名为 ZIF 的 CPU 插座，专门用来满足 PGA 封装的 CPU 在安装和拆卸上的要求。

255

a) 国产PGA封装CPU(三角为方向)

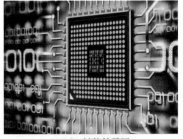

b) PGA封装效果图

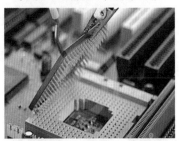

c) 零插拔力插座与PGA芯片配合

d) PGA芯片方阵形插针（三角为方向）

图 6-2-15 PGA 芯片封装举例

ZIF 是指零插拔力的插座。把这种插座上的扳手轻轻抬起，CPU 就可很容易、轻松地插入插座中。然后将扳手压回原处，利用插座本身的特殊结构生成的挤压力，将 CPU 的引脚与插座牢牢地接触，绝对不存在接触不良的问题。而拆卸 CPU 芯片只需将插座的扳手轻轻抬起，则压力解除，CPU 芯片即可轻松取出。

PGA 封装具有以下特点：

1）插拔操作更方便，可靠性高。

2）可适应更高的频率。

实例：Intel 系列 CPU 中，80486 和 Pentium、Pentium Pro 均采用这种封装形式。

7　QFN 封装

1）QFN 封装的特点：QFN 是一种无引脚四方扁平封装，是具有外设终端垫以及一个用于机械和热量完整性暴露的芯片垫的无铅封装，如图 6-2-16 所示。该封装可为正方形或长方形。封装四侧配置有电极触点，由于无引脚，贴装占有面积比 QFP 小，高度比 QFP 低。

① 表面贴装封装，无引脚设计。

② 无引脚焊盘设计占有更小的 PCB 面积。

③ 组件非常薄（<1mm），可满足对空间有严格要求的应用。

④ 非常低的阻抗、自感，可满足高速或者微波的应用。

⑤ 具有优异的热性能，主要是因为底部有大面积散热焊盘。

⑥ 重量轻，适合便携式应用。

a）QFN芯片引脚图　　　　b）QFN芯片效果图　　　　c）QFN芯片正反面对比图

图 6-2-16　QFN 芯片封装芯片举例

2）应用：QFN 封装的小外形特点，可用于笔记本计算机、数码相机、个人数字助理（PDA）、移动电话和 MP3 等便携式消费电子产品。从市场的角度而言，QFN 封装越来越多地受到用户的关注，考虑到成本、体积各方面的因素，QFN 封装将会是未来几年的一个增长点，发展前景极为乐观。

8　CSP 封装

随着全球电子产品个性化、轻巧化的需求蔚为风潮，封装技术已进步到 CSP，如图 6-2-17 所示。减小了芯片封装外形的尺寸，做到裸芯片尺寸有多大，封装尺寸就有多大。即封装后的集成电路尺寸边长不大于芯片的 1.2 倍，集成电路面积只比晶粒大不超过 1.4 倍。CSP 封装与 BGA 封装除尺寸大小外，外形上没有明显差异。CSP 封装适用于引脚数少的集成电路，如内存条和便携电子产品。未来则将大量应用在智能信息家电、数字电视、电子书、无线网络、手机芯片、蓝牙等新兴产品中。

图 6-2-17　CSP 芯片封装芯片举例

9　Flip Chip 封装

Flip Chip，又称倒装片，如图 6-2-18 所示，是近年比较主流的封装形式之一，主要被高端器件及高密度封装领域采用。在所有表面安装技术中，倒装芯片可以达到最小、最薄的封装。

与 COB 相比，该封装形式的芯片结构和 I/O 端（锡球）方向朝下，由于 I/O 引出端分布于整个芯片表面，故在封装密度和处理速度上 Flip chip 已达到顶峰，由于可以采用类似 SMT 技术的手段来加工，因此是芯片封装技术及高密度安装的最终方向。

10 COB 封装

COB 即 Chip On Board，将裸芯片用导电或非导电胶粘附在互连基板上，然后进行引线键合实现其电气连接。如果裸芯片直接暴露在空气中，易受污染或人为损坏，影响或破坏芯片功能，于是用胶把芯片和键合引线包封起来。人们也称这种封装形式为"软包封"，如图 6-2-19 所示。

图 6-2-18　倒装片

图 6-2-19　软包封

257

11 MCM 封装

MCM 封装是将多块裸芯片连通在一块基板上，如图 6-2-20 所示。根据 IPAS 的定义，MCM 技术是将多个裸芯片和其他元器件组装在同一块多层互连基板上，然后进行封装，从而形成高密度和高可靠性的微电子组件。根据所用多层布线基板的类型不同，MCM 可分为叠层多芯片组件（MCM-L）、陶瓷多芯片组件（MCM-C）、淀积多芯片组件（MCM-D）以及混合多芯片组件（MCM-C/D）等。

12 特殊芯片

这是一款和米粒大小差不多的芯片，如图 6-2-21 所示，可植入人手虎口皮下处，可进行解密码等科研、医疗工作。

一粒米的大小

图 6-2-20　MCM 封装芯片

图 6-2-21　特殊封装芯片

（四） 集成电路的检测与代换

1 集成电路使用的的注意事项

1）在使用集成电路时，其负荷不允许超过极限值；当电源电压变化不超出额定值 ±10% 的范闹时，集成电路的电气参数应符合规定标准；在接通或断开电源的瞬间，不得有高电压产生，否则将会击穿集成电路。

2）输入信号的电平不得超出集成电路电源电压的范围（即输入信号的上限不得高于电源电压的上限，输入信号的下限不得低于电源电压的下限；对于单个正电源供电的集成电路，输入电平不得为负值）。必要时，应在集成电路的输入端增加输入信号电平转换电路。

3）一般情况下，数字集成电路的多余输入端不允许悬空，否则容易造成逻辑错误。"与门""与非门"的多余输入端应该接电源正极，"或门""或非门"的多余输入端应该接地（或电源负极）。为避免出现多余端，也可以把几个输入端并联起来，不过这样会增大前级电路的驱动电流，影响前级电路的负载能力。

4）数字集成电路的负载能力一般用扇出系数表示，但它所指的情况是用同类门电路作为负载。当负载是继电器或发光二极管等需要大电流的元器件时，应该在集成电路的输出端增加驱动电路。

5）使用集成电路前，要仔细查阅技术说明书和典型应用电路，特别注意外围元器件的配置，保证工作电路符合规范。对线性放大集成电路，要注意调整零点漂移、防止信号堵塞、消除自激振荡。另外，后缀数字不同的集成电路内部电路也有所不同，能否直接代换要查阅相关技术说明书等资料。

6）商业级集成电路的使用温度一般在 0～70℃ 之间。在系统布局时，应使集成电路尽量远离热源。

7）在手工焊接电子产品时，一般应该最后装配焊接集成电路；不能使用额定功率大于 45W 的电烙铁，每次焊接时间不得超过 10s。并且不能按照引脚顺序依次焊接，应按照对角线顺序分散焊接，这样有利于散热。

8）对于 MOS 集成电路，要特别防止栅极静电感应击穿。一切测试仪器（特别是信号发生器和交流测量仪器）、电烙铁以及线路本身，均须良好接地。当 MOS 电路的 D—S 电压加载时，若 G 输入端悬空，很容易因静电感应造成击穿，损坏集成电路。对于使用机械开关转换输入状态的电路，为避免输入端在拨动开关的瞬间悬空，应该在输入端接一个几十千欧的电阻到电源正极（或负极）上。此外，在存储 MOS 集成电路时，必须将其收藏在防静电盒内或用金属箔包装，防止外界电场将栅极击穿。

2 集成电路的一般性检测

集成电路常用的检测方法有在线测量法和非在线测量法（裸式测量法）两种。

1）在线测量法是通过万用表检测集成电路在路（在电路中）直流电阻，对地交、直流电压及工作电流是否正常，来判断该集成电路是否损坏。这种方法是检测集成电路最常用和实用的方法。

2）非在线测量法是在集成电路未接入电路时，通过万用表测量集成电路各引脚对应于接地引脚之间的正、反向直流电阻值，然后与已知正常同型号集成电路各引脚之间的直流电阻值进行比较，以确定其是否正常。

3）直流电阻测量法。是一种用万用表欧姆档直接在电路板上测量集成电路各引脚和外围元器件的正、反向直流电阻值，并与正常数据进行比较，来发现和确定故障的一种方法。

4）内阻测量法。使用集成电路时，总有一个引脚与印制电路板上的"地"线是连通的，在电路中该引脚称为地脚。由于集成电路内部元器件之间的连接都采用直接耦合，因此，集成电路的其他引脚与接地引脚之间都存在着确定的直流电阻。这种确定的直流电阻被称内部等效直流电阻，简称内阻。当拿到一块新的集成电路时，可通过用万用表测量各引脚的内阻来判断其好坏，若与标准值相差过大，则说明集成电路内部损坏。

5）总电流测量法。该法是通过检测集成电路电源进线的总电流，来判断集成电路好坏的一种方法。由于被测集成电路内部绝大多数为直接耦合，被测集成电路损坏时（如某一个 PN 结击穿或开路）会引起后级饱和与截止，使总电流发生变化。所以通过测量总电流的方法可以判断被测集成电路的好坏。也可用测量电源通路中电阻的电压降，用欧姆定律计算出总电流。

6）对地交、直流电压测量法。

① 这是一种在通电情况下，用万用表直流电压档对直流供电电压、外围元器件的工作电压进行测量，检测集成电路各引脚对地直流电压值，并与正常值相比较，进而压缩故障范围，找出损坏元器件的测量方法。例如，测量电源引脚 +5V 是否正常，断开集成电路电源端，外围电路 +5V 正常，接上电源端电压下降到 3V，判断集成电路电源端内部有短路，应更换。

② 对于输出交流信号的输出端不能用直流电压法来判断，要用交流电压法来判断。检测交流电压时要把万用表档位置于"交流档"，然后检测该脚对电路"地"的交流电压。如果电压异常，则可断开引脚连线测接线端电压，以判断电压变化是由外围元器件引起，还是由集成电路引起的。

③ 对于一些多引脚的集成电路，不必检测每一个引脚的电压，只要检测几个关键引脚的电压值即可大致判断故障位置。开关电源集成电路的关键是电源脚 VCC、激励脉冲输出脚 VOUT、电压检测输入脚 VI、电流检测输入端 II。

3 特种集成电路检测举例

1）微处理器集成电路的检测：微处理器集成电路的关键测试引脚是 VDD 电源端、RESET 复位端、XIN 晶振信号输入端、XOUT 晶振信号输出端及其他各线输入、输出端。

在路测量这些关键脚对地的电阻值和电压值，看是否与正常值（可从产品电路图或有关维修资料中查出）相同。

不同型号微处理器的 RESET 复位电压也不相同，有的是低电平复位，即在开机瞬间为低电平，复位后维持高电平；有的是高电平复位，即在开关瞬间为高电平，复位后维持低电平。

2）时基集成电路的检测：时基集成电路内含数字电路和模拟电路，用万用表很难直接测出其好坏。可以用测试电路来检测时基集成电路的好坏。测试电路由阻容元器件、发光二极管（LED）、6V 直流电源、电源开关 S 和 8 脚 IC 插座组成。将时基集成电路（例如 NE555）插进 IC 插座后，按下电源开关 S，若被测时基集成电路正常，则 LED 将闪烁发光；若 LED 不亮或一直亮，则说明被测时基集成电路性能不良。

3）音频功放集成电路的检测：检查音频功放集成电路时，应先检测其电源端（正电源端和负电源端）、音频输入端、音频输出端及反馈端对地的电压值和电阻值。若测得各引脚的数据值与正常值相差较大，其外围元器件都正常，则是该集成电路内部损坏。

对引起无声故障的音频功放集成电路，测量其电源电压正常时，可用信号干扰法来检查。测量时，万用表应置于 R×1 档，将红表笔接地，用黑表笔点触音频输入端，正常时扬声器中应有较强的"喀喀"声。或者利用人体感应信号（拿尖金属镊子点触音频输入端），正常时扬声器中应有较强的"嗡嗡"声。

4）运算放大器集成电路的检测：用万用表直流电压档，测量运算放大器输出端与负电源端之间的电压值（在静态时电压值较高）。用手持金属镊子依次点触运算放大器的两个输入端（加入干扰信号），若万用表表针有较大幅度的摆动，则说明该运算放大器完好；若万用表表针不动，则说明运算放大器已损坏。也可接成电压跟随器检测。

5）开关电源集成电路的检测：开关电源集成电路的关键脚是电源端（VCC）、激励脉冲输出端、电压检测输入端、电流检测输入端。测量各引脚对地的电压值和电阻值，若与正常值相差较大，在其外围元器件正常的情况下，可以确定是该集成电路已损坏。内置大功率开关管的厚膜集成电路，还可通过测量开关管 C、B、E 极之间的正、反向电阻值，来判断开关管是否正常。

6）运算放大器集成电路的检测：用万用表直流电压档，测量运算放大器输出端与负电源端之间的电压值（在静态时电压值较高）。用手持金属镊子依次点触运算放大器的两个输入端（加入干扰信号），若万用表表针有较大幅度的摆动，则说明该运算放大器完好；若万用表表针不动，则说明运算放大器已损坏。也可接成电压跟随器检测。

（五）课堂训练

如图 6-2-22 所示，这是两款单片机的练习板，指出上面的元器件类型，特别指出上面的芯片封装类型、引脚排列顺序和功能。以小组为单位，交流比赛。

图 6-2-22   单片机开发板

三、任务小结

1）指甲大小芯片上光刻了几十亿个元器件，技术尖端，费用高昂，国之重器，使用方法、使用过程都体现在其封装上，识别它们和明确封装上的信息是应用的第一步。

2）集成电路的识别、运用和代换都必须以功能方块图为基础，以关键点为线索，才能使复杂问题简单化。

四、课后任务

1）借助网络，查阅集成电路还有没有别的封装形式？整理出来和同学们一起分享。

2）借助网络，查阅贴片元器件整体上有哪些封装形式？整理出来和同学们一起分享。

任务 3   SOP 和 QFP 封装贴片集成电路手工拆装技巧

【任务目标】
- 掌握用电烙铁拆装 SOP 和 QFP 封装贴片集成电路的方法和工艺。
- 掌握用热风枪拆装 SOP 和 QFP 封装贴片集成电路的方法和工艺。

【任务重点】   掌握用电烙铁拆装 SOP 和 QFP 封装贴片集成电路的方法和工艺。

【任务难点】   掌握用热风枪拆装 SOP 和 QFP 封装贴片集成电路的方法和工艺。

【参考学时】   3 学时

一、任务导入

从上一任务中我们已经知道，贴片式集成电路涉及手工焊接主要有 SOP（双列扁平封装）、QFP（矩形扁平封装）和 BGA（球栅排列封装）三种封装形式，焊接和拆卸所用工具要求不同，这里所指的电烙铁包括普通电烙铁、长寿命电烙铁和电焊台、热风枪上的电烙铁部分。双列扁平封装的集成块可用电烙铁或热风枪拆卸，用电烙铁或者热风枪焊接；矩形扁平封装的集成块只能用热风枪拆卸，用电烙铁或者热风枪焊接；球格排列封装的集成块拆卸和安装都只能用热风枪，电烙铁只起到辅助作用。但这不绝对，需要根据情况灵活、综合运用。

二、任务实施

（一）用电烙铁拆装 SOP 和 QFP 封装贴片集成电路

1 贴片元器件的电烙铁手工焊接要领

1）对贴片阻容两端元器件，先涂抹助焊剂在焊盘上，在元器件一端焊盘上镀锡后，电烙铁不要离开焊盘，快速用镊子夹住元器件，焊在这个焊盘上，依次焊好元器件另一端焊盘，完成焊接。

2）焊接 SOT 晶体管或 SOP、SOL 封装集成电路与此相似，通常先焊住两个对角，然后给其他引脚均匀涂上助焊剂，逐个焊牢。

3）对 QFP 封装的集成电路，先将芯片固定在预定位置，用少量焊锡焊住芯片角上的 3 个引脚，使芯片准确固定。然后给其他引脚均匀涂上助焊剂，逐个焊牢。

2 电烙铁手工焊接注意事项

1）在拆卸贴片式集成电路时，最好选用 20～30W 的尖头电烙铁，烙铁头不能存在毛刺、缺口等现象，否则容易挂断集成块引脚和印制板焊盘。

2）在拆装贴片式集成电路时，要佩戴防静电腕带，以避免人体静电损坏集成块。

3）焊接注意安全，操作要规范，长时间不用烙铁要拔去电源。

4）焊接时间一般不超 2s，烙铁功率一般不超 40W，最好使用防静电感应电烙铁或烙铁外壳接地。

5）焊接完毕，用洗板水清洗板子。

3 三种焊接方法的比较

261

1）点焊：需要用比较尖的烙铁头顺着集成电路引脚边缘依次轻轻划过，即可对着每个引脚焊接，对电烙铁的要求较高，而且焊接速度慢，还有可能虚焊和粘焊，用拖融锡、吸锡带排除连焊故障。

① 引脚少、间距宽的元器件。对于引脚较少而且间距较宽的贴片芯片（如许多 SOP 型封装的集成电路，引脚的数目在 6～28 之间，脚间距在 1.27mm 左右）也是采用上一任务的方法，先在一个焊盘上镀锡，然后左手用镊子夹持元器件将一只脚焊好，再用锡丝焊其余的脚。也可以按照生产线上焊接岗位要求，先在焊盘上涂一层助焊剂，粘住芯片引脚，依次焊接，最后检查清洗，焊接实例如图 6-3-1 所示。

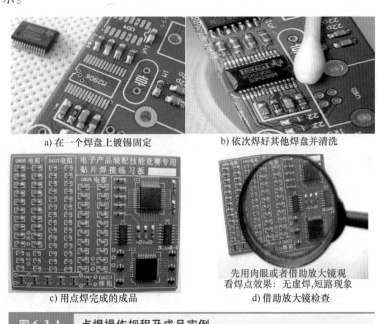

a）在一个焊盘上镀锡固定　　　　b）依次焊好其他焊盘并清洗

c）用点焊完成的成品

先用肉眼或者借助放大镜观看焊点效果：无虚焊，短路现象
d）借助放大镜检查

图 6-3-1 点焊操作规程及成品实例

② 引脚多、间距窄的元器件。对于引脚密度比较高（如 0.5mm 间距）的芯片（SOL 封装的集成电路），在焊接步骤上是类似的，即先焊一只引脚，然后用锡丝焊其余的引脚。但对于这类元器

件由于其引脚的数目比较多且密，引脚与焊盘的对齐是关键。在一个焊盘上镀锡后（通常选在角上的焊盘，只镀很少的锡），用镊子或真空吸笔将元器件与焊盘对齐，注意要使所有有引脚的边都对齐（这里最重要的是耐心！），然后通过镊子稍用力将元器件按在 PCB 上，右手用烙铁将其他焊盘对应的引脚焊好。焊好后左手可以松开，但不要大力晃动电路板，而是轻轻将其转动，将其余角上的引脚先焊上。当四个角都焊上以后，元器件基本不会动了，这时可以从容不迫地将剩下的引脚一个一个焊上。焊接的时候可以先涂一些松香水或者其他助焊剂，让烙铁头带少量锡，一次焊一个引脚。如果不小心将相邻两只脚短路了不要着急，等全部焊完后用烙铁头划开或者用编织带吸锡清理即可。这些技巧的掌握当然是要经过练习的，如果有旧电路板旧集成电路不妨拿来做练习。

2）拉动焊锡法（拉焊）：集成电路（SOP，QFP）由于有连续的端子并且焊盘间距太小，所以要使用烙铁头拉动焊锡的方法进行焊接，拉焊需要烙铁头可以是一字形、圆头形、马蹄形和刀形，在焊接过程中烙铁头并没有接触焊盘，而是集成电路引脚和焊锡球，由于焊锡球的表面张力，各个引脚上的焊锡很均匀且不多，很美观，速度比点焊要快，是一种简捷可靠而又廉价的焊接方法。

① SOP（SOL）封装芯片拉焊。SOP（SOL）封装芯片拉焊过程如图 6-3-2 所示。有时候引脚上的焊锡不均匀，而且可能会粘焊。

图 6-3-2　**SOP**（SOL）**封装芯片拉焊**

② QFP 封装芯片拉焊。拉动焊锡法分两个阶段，过程如图 6-3-3 所示。

第一阶段：焊接两个或者四个对角位置上的引脚，使芯片固定而不能移动。在焊完对角后，重新检查芯片的位置是否对准，这是关键一步，不然会偏位，需要重焊。

第二阶段：拉动焊锡，必要时加少量助焊剂，拉动方向如图 6-3-3a 所示。

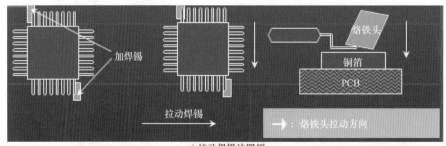

a）拉动焊锡法图例

b）对准位置和方向　　　　c）先焊四角再拉焊　　　　d）清洗完成

图 6-3-3　**QFP 封装芯片拉焊过程**

4　拖动焊锡法（拖焊）

如果集成电路的引脚间距较大，也可以加助焊剂，用烙铁拖带锡球滚过所有的引脚的方法进行焊接，这就是拖焊。拖焊是进行贴片芯片焊接有效的方式，如果掌握了拖焊，基本可以使用一把烙铁加上助焊剂完成所有贴片的焊接。最好使用斜口（马蹄型）的烙铁头，考虑到实际焊接有防静电的要求，建议使用电焊台！在焊接过程中烙铁头并没有接触焊盘而是焊锡球。由于焊锡球的张力，各个引脚上的焊锡很均匀且不多，很美观！速度在熟练以后相对拉焊要快一点，此方法可谓是一种简捷可靠而又廉价的焊接方法！但需要加强练习，练好手感。拖焊步骤如图6-3-4、图6-3-5、图6-3-6所示。

a) 四角定位　　b) 把PCB斜放　　c) 拖焊　　d) 清洗

图6-3-4　QFP 封装芯片拖焊过程（用松香作助焊剂）

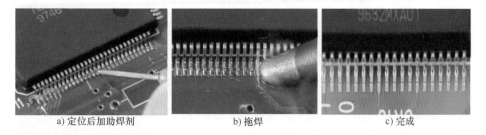

a) 定位后加助焊剂　　b) 拖焊　　c) 完成

图6-3-5　QFP 封装芯片拖焊过程（用免清洗助焊剂）

① 目视将芯片的引脚和焊盘精确对准，目视难分辨时还可以放到放大镜下观察有没有对准，没对准要用镊子或者手术刀修正。电烙铁焊上少量焊锡并定位芯片（暂时不用考虑引脚粘连问题），定位两个或者四个对角点即可。

② 初次练习为避免焊接时间过长损坏芯片，可将脱脂棉团成若干小团蘸有酒精降温，大小比集成电路的体积略小，如果比芯片大了焊接时棉团会碍事。

图6-3-6　用锡浆的拖焊过程

③ 用毛刷将适量的助焊剂涂于引脚或线路板上，并将一个酒精棉球放于芯片上，使棉球与芯片的表面充分接触以利于芯片散热。

④ 适当倾斜线路板。在芯片引脚未固定一侧，用电烙铁拉动焊锡球沿芯片的引脚从上到下慢慢滚下，同时用镊子轻轻按酒精棉球，让芯片的核心保持散热；滚到头的时候将电烙铁提起，不让焊锡球粘到周围的焊盘上。

⑤ 把线路板清洗干净。

⑥ 放到放大镜下观察有没有虚焊和粘焊，可以用镊子拨动引脚看有没有松动。熟练此方法后，焊接效果不亚于机器。

三种焊接方法也并不是独立的，有时需要互相配合使用。

5 用电烙铁拆卸 SOP 和 QFP 封装贴片集成电路

用电烙铁拆卸 SOP 封装贴片集成电路可以采用电烙铁与吸锡线配合的方法，但要保护好 PCB 上的焊盘不受损害。对于 QFP 封装贴片集成电路的拆卸，用旧板练练手就可以了，实战最好用热风枪。

（二）用热风枪拆装 SOL、QFP 型封装的集成电路

1 工具准备

1）热风枪：用于拆卸和焊接贴片集成电路。

2）电烙铁：用以补焊贴片集成电路虚焊的引脚和清理余锡。

3）手指钳：焊接时便于将贴片集成电路固定和拆焊时取走集成电路。

4）医用针头：拆卸时可用于将集成电路掀起。

5）带灯放大镜：便于观察贴片集成电路引脚的位置、连焊和其他缺陷。

6）维修平台：用以固定线路板，维修平台应可靠接地。

7）护目镜：保护眼睛。

8）防静电腕带：戴在手上，用以防止人身上的静电损坏元器件。

9）小刷子、吹气球：用以扫除贴片集成电路周围的杂质。

10）助焊剂：可选用贴片专用免清洗助焊剂，将助焊剂加入贴片集成电路引脚周围，便于拆卸和焊接。也可用松香水（酒精和松香的混合液），焊接完成后要仔细清洗。

11）无水酒精或天那水：用以清洁线路板。

12）焊锡：焊接时用以补焊。

2 使用热风枪拆卸集成电路芯片的步骤

1）拆卸前准备：

① 在用热风枪拆卸贴片集成电路之前，一定要将线路板上的电池拆下（特别是电池离所拆集成电路较近时），否则，备用电池很容易受热爆炸，对人身构成威胁，我们对手机充电高温爆炸早有耳闻。

② 将线路板固定在维修平台上，打开带灯放大镜，仔细观察欲拆卸集成电路的位置和引脚排列方位，用手机拍照并做好记录，以便焊接时恢复。

③ 用小刷子将贴片集成电路周围的杂质清理干净，在贴片集成电路引脚周围加注少许助焊剂。

④ 观察集成电路旁边及正、背面有无怕热器件（如液晶、塑料元器件、带封胶的 BGA 集成电路等），如有要用屏蔽罩之类的物品将其盖好，盖不住的用棉签蘸水或者助焊剂降温，工作完成后要反复清洗后烘干。

2）拆卸过程：

① 拆卸准备。

② 调好热风枪的温度和风速。温度开关一般调至 3 ~ 5 档，风速开关调至 2 ~ 3 档。

③ 预热。把调整好的热风枪在距元器件周围 $20cm^2$ 左右的面积进行均匀预热（风嘴距 PCB 1cm 左右，在预热位置较快速度移动，PCB 上温度不超过 130 ~ 160℃）。

a）除 PCB 上的潮气，避免返修时出现"起泡"。

b）避免由于 PCB 单面（上方）急剧受热而产生的上下温差过大所导致 PCB 焊盘间的应力翘曲和变形。如有条件的可选择底部加温补热。

c）减小由于 PCB 上方加热时焊接区内零件的热冲击。

d）避免旁边的集成电路由于受热不均而脱焊翘起。

④ 拆卸。

a）在要拆的集成电路引脚上加适当的松香或者其他助焊剂，可以使拆下元器件后的 PCB 焊盘

光滑，否则会起毛刺，重新焊接时不容易对位。

b）线路板和元器件加热。热风枪风嘴距集成电路1cm左右距离，使风嘴和所拆集成电路保持垂直，并沿集成电路周围引脚慢速安装，一个方向移动，均匀加热，喷头不可触及集成电路及集成电路周围的外围元器件，吹焊的位置要准确，且不可吹跑集成电路周围的外围小件。如果拆下的元器件还需要，那么吹的时候就尽量不要对着元器件的中心，时间也要尽量短。

c）取走芯片。可用多种工具，医用针头、手指钳、镊子、芯片起拔器、真空吸笔或者其他自制的掀开芯片工具，如用镊子轻轻夹住集成电路对角线部位（可以将镊子尖变弯专用）。

取走芯片火候很重要，如果焊点已经加热至熔点，拿镊子的手就会在第一时间感觉到，一定等到集成电路引脚上的焊锡全部都熔化后再通过"零作用力"小心地将元器件从板上垂直拎起，这样能避免将PCB或集成电路损坏，也可避免PCB留下的焊锡短路。加热控制是返修的一个关键因素，焊料必须完全熔化，以免在取走元器件时损伤焊盘。与此同时，还要防止板子加热过度，不应该因加热而造成板子扭曲。拆集成电路的整个过程不超过250s，操作过程如图6-3-7、图6-3-8所示。

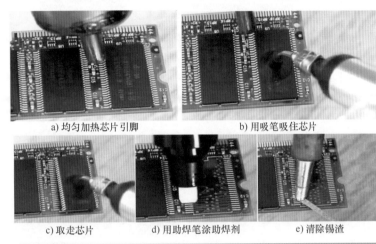

a) 均匀加热芯片引脚　　　　　　b) 用吸笔吸住芯片

c) 取走芯片　　　d) 用助焊笔涂助焊剂　　　e) 清除锡渣

图 6-3-7　用热风枪拆卸 SOP 集成电路

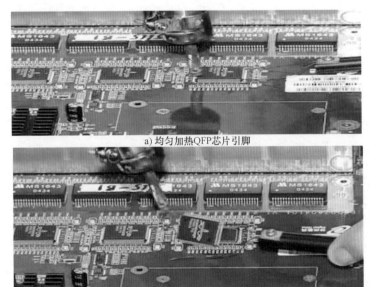

a) 均匀加热QFP芯片引脚

b) 用芯片起拔器取走QFP芯片

图 6-3-8　用热风枪拆卸 QFP 封装芯片

c) 用吸锡线清除锡渣

图6-3-8 用热风枪拆卸 QFP 封装芯片（续）

3）拆卸后检查：取下集成电路后观察 PCB 上的焊点是否短路，如果有短路现象，可用热风枪重新对其进行加热，待短路处焊锡熔化后，用镊子顺着短路处轻轻划一下，焊锡自然分开。尽量不要用烙铁处理，因为烙铁会把 PCB 上的焊锡带走，PCB 上的焊锡少了，会增加虚焊的可能性，同理，也不要用吸锡线吸。小引脚的焊盘补锡不容易。反复练习才能熟能生巧，对于多达 200 多只引脚的集成电路照样反复拆焊不误。

3 使用热风枪焊接集成电路芯片的步骤

1）焊接前准备：

① 修整。

a）观察要装的集成电路引脚是否平整，如果有集成电路引脚焊锡短路，用烙铁头刮走或者用吸锡线处理。

b）如果集成电路引脚不平，将其放在一个平板上，用平整的镊子背压平。

c）如果集成电路引脚不正，可用镊子或者手术刀将其歪的部位修正。

d）将焊接点用平头或者马蹄形烙铁整理平整，必要时，对焊锡较少焊点应进行补锡，然后用酒精清洁干净焊点周围的杂质。

② 对准方向和位置。将要更换的集成电路和电路板上的焊接方向和位置对好，用带灯放大镜进行反复调整，使之完全对正。方法是将扁平集成电路按原来的方向放在焊盘上，把集成电路引脚与 PCB 引脚位置对齐，对位时眼睛要垂直向下观察，四面引脚都要对齐，视觉上感觉四面引脚长度一致，引脚平直没歪斜现象。可利用助焊剂的粘着现象粘住集成电路。

③ 涂助焊剂。把焊盘上放适量的助焊剂，用小毛刷或者助焊笔皆可。过多加热时会把集成电路漂走，过少起不到应有作用。并对周围的怕热元器件进行覆盖保护或者帮其散热。

2）焊接过程：

① 预热。用热风枪对集成电路进行预热。

② 加热。先用电烙铁焊好集成电路的四脚，将集成电路固定。

加热整个过程是用热风枪来回吹焊 SOP 封装芯片的两边，或者 QFP 芯片的四周引脚，热风枪不能停止移动（如果停止移动，会造成局部温升过高而损坏），边加热边注意观察集成电路，如果发现集成电路有移动现象，要在不停止加热的情况下用镊子轻轻把它调正。如果没有移位现象，要在第一时间发现集成电路引脚下的焊锡是否都熔化了，有 4 种特征相互验证：

a）如果焊锡熔化了会发现集成电路有轻微下沉；

b）松香有轻烟或者助焊剂沸腾；

c）焊锡由乌暗变为发亮；

d）也可用镊子轻轻碰集成电路旁边的小元器件，如果旁边的小元器件有活动，就说明集成电路引脚下的焊锡也临近熔化。

确认焊锡都熔化了要立即停止加热。因为热风枪所设置的温度比较高，集成电路及 PCB 上的温度是持续增长的，如果不能及早发现，温升过高会损坏集成电路和PCB。所以加热的时间一定不能过长。焊好后应注意冷却，不可立即去动集成电路，以免其发生位移。

3）检查和清洗：等PCB冷却后，用天那水（或洗板水）清洗并吹干焊接点，检查是否虚焊和短路。

如果有虚焊情况，可用尖头烙铁一根一根引脚补焊，直至全部正常为止，实在不行把集成电路拆掉重新焊接；

如果有短路现象，可用潮湿的耐热海绵把烙铁头擦干净后，蘸点助焊剂顺着短路处引脚轻轻划过，可带走短路处的焊锡；或用热风枪加热用镊子尖端划开；或用吸锡线处理，用镊子挑出四根吸锡线蘸少量松香，放在短路处，用烙铁轻轻压在吸锡线上，短路处的焊锡就会熔化粘在吸锡线上，清除短路。

（三）课堂训练

1）用936电焊台拆装SOL芯片10个，要求：每个元器件焊接时间不要超过250s。
2）用热风枪拆装QFP芯片4次，要求不能损坏PCB和集成电路。

三、任务小结

1）按照"13S"管理自己的日常练习，保持工作场地整洁有序，有效控制生产余料造成的危害。

2）贴片大规模集成电路的焊接只要仔细，认真耐心，还是很容易成功的，要自信。

3）拆卸时热风枪温度350~400℃，风力1~3级即可，不可太高，防止把集成电路周围的小元器件吹跑。

4）手机要对芯片四周拍照，以便对比，是否有元器件被吹跑或者移位。

5）焊盘整平时要动作轻盈，避免伤及焊盘和"绿漆"。

6）定位芯片时要有耐心，多次检查四面，必要时动用放大镜、显微镜进行观察。

7）焊接时，焊接面应朝下倾斜，以便由于重力的作用将引脚间的焊锡分离。

8）清洗后要仔细检查有，发现问题，及时解决，再次检查。

9）确认无误后可上机通电。

四、课后任务

1）写出使用936电焊台拆装SOL芯片的步骤、心得体会、注意事项。

2）写出使用热风枪拆装QFP芯片的步骤、心得体会、注意事项。

3）如图6-3-9所示，这是一款专为拆装SOP封装集成电路的电烙铁（进口）请借助网络查看它的使用方法和过程，这是一项专利产品，能给你带来哪些启示？请整理出来，和同学们分享。

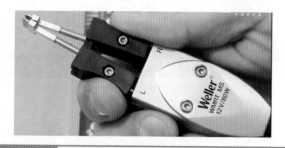

图6-3-9　拆装SOP集成电路专用烙铁（工具创新）

267

任务 4 BGA 封装贴片集成电路手工拆装技巧

【任务目标】
● 掌握 BGA 封装贴片集成电路手工拆装技巧。

【任务重点】 掌握 BGA 封装贴片集成电路手工拆装技巧。

【任务难点】 掌握 BGA 封装贴片集成电路手工拆装技巧。

【参考学时】 7 学时

一、任务导入

随着全球移动通信和网络技术日新月异的发展，众多的互联网和手机厂商竞相推出了外形小巧、功能强大的新机型。在这些新型机中，普遍采用了先进的 BGA 集成电路，这种已经普及的技术可大大缩小体积，增强功能，减小功耗，降低生产成本，其应用如图 6-4-1 所示。但万事万物一样有利则有弊，BGA 封装集成电路很容易因使用引起虚焊，给维修工作带来了很大的困难。BGA 封装的芯片均采用精密的光学贴片仪器进行安装，误差只有 0.01mm，而在实际的维修工作中，大部分维修者并没有贴片机之类的设备，光凭热风机和感觉进行焊接安装，成功的机会微乎其微。要正确地更换一块 BGA 芯片，除具备熟练使用热风枪、BGA 植锡工具之外，还必须掌握一定的技巧和正确的拆焊方法。这些方法和技巧将在下面进行介绍。

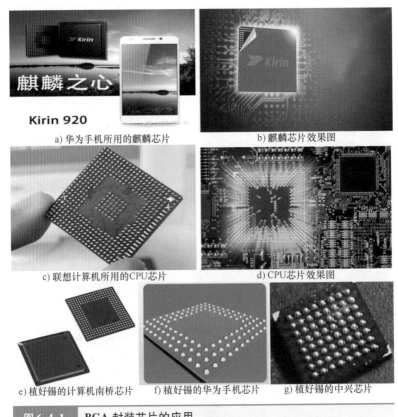

a) 华为手机所用的麒麟芯片　　b) 麒麟芯片效果图
c) 联想计算机所用的CPU芯片　　d) CPU芯片效果图
e) 植好锡的计算机南桥芯片　f) 植好锡的华为手机芯片　g) 植好锡的中兴芯片

图 6-4-1 BGA 封装芯片的应用

BGA 封装的芯片将 PLCC 封装的钩形电极引脚改变成球形，在芯片本体下面形成全平面式的栅格阵列，既可疏散电极引脚的间距，又能够增加引脚的数目（有的引脚数目高达 1000）。不但降低了精度要求，减少了焊接缺陷，还能显著地缩小芯片的封装表面积。在功能相同的条件下，采用

BGA 封装的尺寸要比 QFP 封装小得多，有利于在印制电路板上提高装配的密度。但随之而来的问题是当 BGA 封装芯片损坏如何修理更换？这为生产线的维修岗位和售后服务岗位提出更高的要求。

二、任务实施

（一）手工拆卸和安装 BGA 封装芯片

1　BGA 封装芯片拆卸和焊接工具

拆卸 BGA 芯片前要准备好以下工具：

1）热风枪：BGA 封装芯片拆卸和安装都只能用热风枪。最好使用有数字显示恒温功能的热风枪，容易掌握温度，如赛克 852D⁺⁺ 等，也可以去掉风嘴直接吹焊。

修复 BGA 集成电路时正确运用热风枪非常重要。唯有熟练掌握和应用好热风枪，才能使用维修计算机主板的成功率大大提高，否则会扩大故障甚至使 PCB 报废。先介绍热风枪在修复 BGA 集成电路时的调整。BGA 封装芯片集成电路内部是高密度集成，因为制作工艺材料不同，所以有的 BGA 集成电路不耐热，温度调节的掌握尤其重要，通常热风枪只有 8 个温度档，焊 BGA 集成电路一般在 3 ~ 4 档内，即 180 ~ 250℃，温度超过 250℃ BGA 封装芯片很容易损坏。但许多热风枪在出厂或使用过程中内部的可调节电阻已经改变，所以在使用时要观察风口，不要让风筒内的电热丝变得很红，以免温度太高。关于风量，没有具体规定，只要能把风筒内热量送出来并且不至于吹跑旁边的小元器件即可。还需要注意用纸试一试风筒温度分布状况。

2）电烙铁：用以清理 BGA 芯片及线路板上的余锡，刀形和马蹄形头均可。

3）手指钳：焊接时便于将 BGA 芯片固定和夹取。

4）医用针头：拆卸时用于将 BGA 芯片掀起。

5）带灯放大镜：便于观察 BGA 芯片的位置。

6）维修平台：用以固定线路板和芯片，维修平台应可靠接地。

7）护目镜：避免眼睛受到伤害。

8）防静电腕带：戴在手上，用以防止人身上的静电损坏元器件。

9）小刷子、吹气球：用以扫除 BGA 芯片周围的杂质。

10）助焊剂：建议选用 BGA 芯片专用助焊剂，其优点一是助焊效果极好，二是对集成电路和 PCB 没有腐蚀性，三是沸点仅稍高于焊锡的熔点，在焊接时焊锡熔化不久便开始沸腾吸热汽化，可使集成电路和 PCB 的温度保持在这个温度。另外，也可选用松香水之类的助焊剂，效果也很好，但要随时清洗。

11）无水酒精或天那水：用以清洁线路板，用天那水最好，天那水对松香、助焊膏等有极好的溶解性。

12）焊锡：焊接时用以补焊。

13）植锡板：用于 BGA 芯片置锡。市售的植锡板大体分为两类：一种是把所有型号的 BGA 集成电路都集在一块大的连体植锡板上，也叫万能板；另一种是每种集成电路一块板，这两种植锡板的使用方式不一样，实物如图 6-4-2 所示。

连体植锡板的使用方法是将锡浆印到集成电路上后，把植锡板扯开，然后再用热风枪吹成球。这种方法的优点是操作简单成球快，缺点一是锡浆不能太稀，二是对于有些不容易上锡的集成电路，例如软封的或去胶后的 CPU，吹球的时候锡球会乱滚，极难上锡，一次植锡后不能对锡球的大小及空缺点进行二次处理。手工植锡多用万能板。

单一植锡板的使用方法是将集成电路固定到植锡板下面后，刮好锡浆后连板一起吹，成球冷却后再将集成电路取下。优点是热风吹时植锡板基本不变形，一次植锡后若有缺脚或锡球过大过小现象可进行二次处理，特别适合初学者使用。规模化生产采用单一植锡板。下面介绍的方法都是使用这种植锡板。另外，在选用植锡板时，应选用喇叭形、激光打孔的植锡板，要注意的是，现在市售的很多植锡板都不是激光加工的，而是靠化学腐蚀法，这种植锡板除孔壁粗糙不规则外，其网孔没有喇叭形或出现双面喇叭形，这类钢片植锡板在植锡时十分困难，成功率很低。

a) 万能植锡板   b) 单一植锡板

图 6-4-2 植锡板

14）锡浆：用于植锡，建议使用瓶装的进口锡浆，多为 0.5 ~ 1kg 每瓶。颗粒细腻均匀，稍干的为上乘，不建议购买注射器装的锡浆。在应急使用中，锡浆也可自制，可用熔点较低的普通焊锡丝用热风枪熔化成块，用细砂轮磨成粉末状后，然后用适量助焊剂搅拌均匀后使用。

15）刮浆工具：用于刮除锡浆。可选用助焊工具中的扁口刀。一般的植锡套装工具都配有钢片刮刀或胶条，如图 6-4-3 所示。

16）吸锡线：用来清除焊盘和芯片上的锡渣。

17）真空吸笔：用来拾取 BGA 芯片，如图 6-4-4 所示。

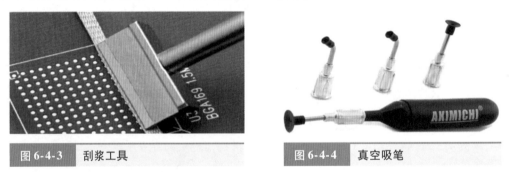

图 6-4-3 刮浆工具   图 6-4-4 真空吸笔

2 BGA 封装芯片拆卸和焊接步骤

BGA 封装集成电路很容易因摔地引起虚焊，如果用热风枪直接加焊修复不了，很可能是 BGA 集成电路已损坏或底部引脚有断线或锡球与引脚氧化，这样必须把 BGA 集成电路取下来替换或进行植锡修复。下面以某手机为例，学习在没有专用设备情况下 BGA 封装芯片拆卸和焊接步骤。

1）BGA 集成电路的定位：在拆卸 BGA 集成电路之前，一定要搞清 BGA 本身引脚方向、在线路板的精准位置，以方便焊接安装。在一些机型的线路板上，事先印有 BGA 集成电路的定位框，这种集成电路的焊接定位一般不成问题。线路板上没有定位框的情况下集成电路的定位方法有目测定位法、划线定位法等。

2）BGA 集成电路拆卸：

① 加助焊剂。认清 BGA 芯片放置方向、位置之后，应在芯片上面放适量助焊剂，如图 6-4-5 所示，既可防止干吹，又可帮助芯片底下的焊点均匀熔化，不会伤害旁边的元器件。建议选用 BGA 芯片专用助焊剂，其优点一是助焊效果极好，二是对集成电路和 PCB 没有腐蚀性，三是其沸点仅稍高于焊锡的熔点，在焊接时焊锡熔化不久便开始沸腾吸热汽化，可使集成电路和 PCB 的温度保持在这个温度。当然，用免清洗的无铅焊膏也可以。

② 加热。将热风枪热量开关一般调至 3 或 4 档，风速开关调至 2 或 3 档，在芯片上方约 2.5cm 处做螺旋状吹，如图 6-4-6 所示，直到芯片底下的锡珠完全熔解，尽量要用真空吸笔将 BGA 芯片吸走，如图 6-4-7 所示，如果要用其他工具，比如镊子、手指钳等，要轻轻夹起整个芯片，避免因为用力过大损坏焊盘。

需要注意的是，在拆卸 BGA 集成电路时，要注意观察是否会影响到周边的元器件，如有影响做好防护。有些 BGA 集成电路耐高温能力差，吹焊时温度不宜过高（应控制在 200℃ 以下），否则，很容易将它们吹坏。

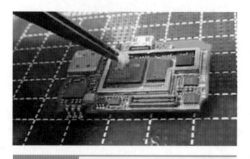

图 6-4-5　加助焊剂

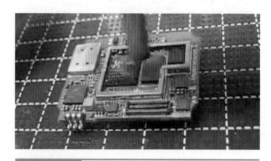

图 6-4-6　围绕芯片中心均匀加热

③ 扫平焊锡。BGA 芯片取下后，芯片的焊盘上和手机板上都有余锡，将取下 BGA 的 PCB 趁热进行除锡操作，趁热操作是因为热的 PCB 相当于预热的功能，可以保证除锡的工作更加容易。此时，在线路板上加上足量的助焊膏，用电烙铁将板上多余的焊锡去除，并且可适当上锡使线路板的每个焊脚都光滑圆润，如图 6-4-8 所示。这里最好不用吸锡线，因为吸锡线容易破坏 PCB 的绝缘漆和焊盘，用铬铁扫平操作过程中不要用力过大，以免刮掉焊盘上面的绿漆和焊盘，保证 PCB 上焊盘平整。

④ 清洗。最后再用天那水将芯片和机板上的助焊剂洗干净，如图 6-4-9 所示。

图 6-4-7　撤走芯片

图 6-4-8　扫平焊锡

图 6-4-9　清洗

3）植锡过程：

① 除去原锡球。可以用烙铁扫平芯片上的焊锡，如图 6-4-10 所示。也可以用吸锡线和烙铁配合从 BGA 芯片上移除原锡球、锡渣，在芯片上或者吸锡线上加点锡膏，把烙铁放在吸锡线上面，让烙铁加热吸锡线并且熔化锡球。注意不要让烙铁压在表面上，过多的压力会让表面上产生裂缝刮掉焊盘。为了达到最好的效果，最好用吸锡线一次就通过 BGA 表面。要求是要使 BGA 表面光滑，无任何毛刺（锡形成的）。

② 清洗。立即用洗板水清理 BGA 表面，如图 6-4-11 所示，及时清理能使残留助焊膏更容易除去。利用摩擦运动除去在 BGA 表面的助焊膏。保持移动清洗。清洗的时候总是从边缘开始，不要忘了角落。清洗每一个 BGA 时要用干净的溶剂。仔细检查干净的焊盘，损坏的焊盘要及时修补，没有移除的锡球要清理干净。为了达到最好的清洗效果，用洗板水在 BGA 封装表面的一个方向朝一个角落进行来回洗，循环擦洗，冲洗，这有助于残留的焊膏从 BGA 表面移除去。不推荐把 BGA 放在水里浸泡太长的时间。由于助焊剂的腐蚀性，如果没有立即进行植球还要进行额外清洗。接下

来计 BGA 在空气中风干。反复检查 BGA 表面。需要重新植球的 BGA 表面要非常干净，不能留有杂质，否则将造成植球失败。

图 6-4-10　用烙铁扫平芯片上的焊锡

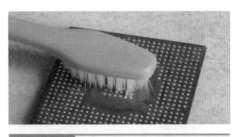

图 6-4-11　清洗芯片

③ 植锡球。常用的植球方法有两种，第一种办法用专用锡膏植球。

a）找钢网。

b）对网眼。将集成电路对准植锡板的孔后（注意，如果使用的是那种一边孔大一边孔小的植锡板，大孔一边应该与集成电路紧贴），如图 6-4-12 所示。

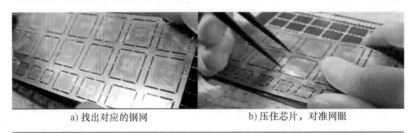

a）找出对应的钢网　　　　　　　b）压住芯片，对准网眼

图 6-4-12　植球准备

c）上锡浆。用标签贴纸将集成电路与植锡板贴牢，集成电路对准后，把植锡板用手或镊子按牢不动，然后另一只手刮浆上锡，如图 6-4-13a 所示。如果锡浆太稀，吹焊时就容易沸腾导致成球困难，因此锡浆越干越好，只要不是干得发硬成块即可。如果太稀，可用餐巾纸压一压吸干一点。平时可挑一些锡浆放在锡浆瓶的内盖上，让它自然晾干一点。用平口刀挑适量锡浆到植锡板上，用力往下刮，边刮边压，使锡浆均匀地填充于植锡板的小孔中。要注意特别"关照"一下集成电路四角的小孔。上锡浆时的关键在于要压紧植锡板，如果不压紧使植锡板与集成电路之间存在空隙，空隙中的锡浆将会影响锡球的生成。刮好锡浆后，用棉签擦去多余的锡膏，如图 6-4-13b 所示。

a）用刀片均匀抹上锡膏　　　　　　b）用棉签擦去多余的锡膏

图 6-4-13　上锡浆

d）吹成球。将热风枪的风量调至最小，将温度调至 330～340℃，也就是 3～4 档位。晃风嘴对着植锡板缓缓均匀加热，使锡浆慢慢熔化，过程如图 6-4-14a 所示。当看见植锡板的个别小孔中已有锡球生成时，说明温度已经到位，这时应抬高热风枪的风嘴，避免温度继续上升。过高的温度会使锡浆剧烈沸腾，造成植锡失败；严重的还会使集成电路过热损坏。掀网后的成果如图 6-4-14b 所示。

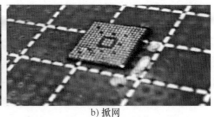

a) 加热   b) 掀网

图 6-4-14   吹成球

e）修补。检查和修补过程如图 6-4-15a、b 所示，吹焊成球后，发现有些锡球大小不均匀，甚至有个别脚没植上锡，可先用裁纸刀沿着植锡板的表面将过大锡球的露出部分削平，加点焊锡油，均匀加热锡球，再用刮刀将锡球过小和缺脚的小孔中上满锡浆，然后用热风枪再吹一次即可。如果锡球大小还不均匀，可重复上述操作直至理想状态。重植时，必须将植锡板清洗干净、擦干。

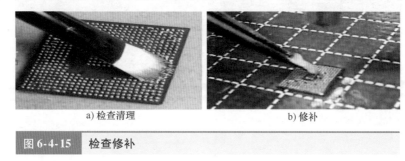

a) 检查清理   b) 修补

图 6-4-15   检查修补

第二种办法用专用的锡球（珠）植锡。植锡所用的锡球（珠）如图 6-4-16 所示。

图 6-4-16   植锡所用的锡球（珠）

钢网的作用就是可以很容易地将锡球放到 BGA 对应的焊盘上。植球台的作用就是将 BGA 上锡球熔化，使其固定在焊盘上。植球的时候，首先在 BGA 表面（有焊盘的那面）均匀地涂抹一层助焊膏，涂抹量要做到不多不少。涂抹量多了或者少了都有可能造成植球失败。将钢网（这里采用的是单一钢网）上每一个孔与 BGA 上每一个焊盘对齐。然后将专用锡球均匀地倒在钢网上，用毛刷或其他工具将锡球拨进钢网的每一个孔里，锡球就会顺着孔到达 BGA 的焊盘上（每个孔只能进一粒小锡球）。进行完这一步后，仔细检查有没有和焊盘没对齐的锡球，如果有，用针头将其拨正。小心地将钢网取下，将 BGA 放在高温纸上，放到植球台上。植球台的温度设定是依据有铅锡球 220℃、无铅锡球 235℃ 来设定的。植球的时间不是固定的。实际上是根据当 BGA 上锡球都熔化并表面发亮，成完整的球形的时候来判定的，这些通过肉眼来观察。可以记录达到此状态所用时间，下次植球按照这个时间进行即可。BGA 植球是一个需要耐心和细心的工作，进行操作的时候要仔细认真。

4）BGA 集成电路的安装：

① 涂焊膏。先将 BGA 集成电路有焊脚的那一面涂上适量助焊膏，用热风枪轻轻吹一吹，使助

焊膏均匀分布于集成电路的表面，为焊接作准备。

② 定位。在焊接 BGA 之前，要将 BGA 准确的对准在 PCB 上的焊盘上。这里采用两种方法：光学对位和手工对位。目前主要采用手工对位，定位方法如图 6-4-17 所示，将植好锡球的 BGA 集成电路按拆卸前的定位方向、位置放到线路板上，再将 BGA 的四周和 PCB 上焊盘四周的丝印线对齐，丝印线比 BGA 的四周边框稍微大一点，要看四周是否均衡。与此同时，用手或镊子将集成电路前后左右移动并轻轻加压，这时可以感觉到两边焊脚的接触情况。因为两边的焊脚都是圆的，所以来回移动时如果对准了，集成电路有一种"爬到了坡顶"的感觉，对准后，因为事先在集成电路的脚上涂了一点助焊膏，有一定粘性，集成电路不会移动。在把 BGA 和丝印线对齐的过程中，即使没有完全对齐，锡球和焊盘偏离 30% 左右，依然可以进行焊接。因为锡球在融化过程中，会因为它和焊盘之间的张力而自动和焊盘对齐。待焊锡熔化，用镊子轻碰芯片边缘，能感受到芯片下沉自动归位，焊接完成，最后清洗干净。

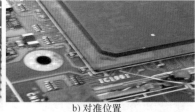

a) 对准方向　　　　　　　　　　b) 对准位置

图 6-4-17　定位

③ 焊接。

a）加热方法。BGA 集成电路定好位后，就可以焊接了。和植锡球时一样，把热风枪的风嘴去掉或者换成大风嘴，调节至合适的风量和温度，还应注意，风口不宜离集成电路太近，在对集成电路加热时，先用较低温度预热，使集成电路及机板均匀受热，能较好防止板内水分急剧蒸发而发生起泡现象。

Ⅰ. 用热风枪先焊住一个边框，再整体加温焊接，加温方法如图 6-4-18 所示。

Ⅱ. 让风嘴的中央对准集成电路的中央位置，缓慢加热，从中心向四周顺时针或者逆时针小幅度的晃动热风枪，不要停在一处不动，热度集中在一处 BGA 集成电路容易受损。

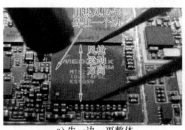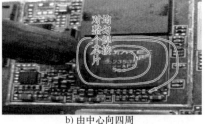

a) 先一边，再整体　　　　　　　　b) 由中心向四周

图 6-4-18　加温方法

b）判断火候的方法有两种。

Ⅰ. 加热过程中用镊子轻触集成电路旁边的小元器件，只要它有松动，就说明 BGA 集成电路下的锡球也要溶化了，稍后用镊子轻轻触 BGA 集成电路，如果它能活动，并且会自动归位，加焊完毕。

Ⅱ. 当看到集成电路往下一沉且四周有助焊膏溢出时，说明锡球已和线路板上的焊点熔合在一起。这时可以轻轻晃动热风枪使加热均匀充分，由于表面张力的作用，BGA 集成电路与线路板的焊点之间会自动对准定位，注意在加热过程中切勿用力按住 BGA 集成电路，否则会使焊锡外溢，极易造成脱脚和短路。

c）在吹焊 BGA 集成电路时，高温常常会影响旁边一些集成电路，往往造成故障。此时，可在旁边的集成电路上面滴上几滴水，水受热蒸发是会吸去大量的热，只要水不干，旁边集成电路的温度就保持在 100℃ 左右的安全温度，这样就不会出事了。当然，也可以用耐高温的胶带将周围元器件或集成电路粘贴起来。

④ 清洗。焊接完成后用天那水将板洗干净即可。

3 常见问题的处理方法

1）没有相应植锡板的 BGA 集成电路的植锡方法：对于有些机型的 BGA 集成电路，手头上如果没有这种类型的植锡板，可先试试手头上现有的植锡板中有没有和那块 BGA 集成电路的焊脚间距一样，能够套得上的，即使植锡板上有一些脚空掉也没关系，只要能将 BGA 集成电路的每个脚都植上锡球即可。

2）胶质固定的 BGA 集成电路的拆卸方法：在手机中的 BGA 集成电路，还有一部分是用化学物质封装起来的，是为了固定 BGA 集成电路，减少故障率，但是如果出现问题，对维修是一个大麻烦。下面介绍几种常用的方法，仅供拆卸时参考。

① 提高温度拆卸。把热风枪调到近 280～300℃，风量中档（如三档）。因为环氧胶能耐 270℃ 的高温，达不到 290℃，芯片封胶不会发软，而温度太高往往又可能把集成电路吹坏。由于不同热风枪可能各有差异，实际调节靠大家在维修中做试验来确定。用热风枪对准集成电路，先在其上方稍远处吹，让集成电路与机板预热几秒钟，再放下去一点吹。一开始就放得太近吹，集成电路很容易烧坏，PCB 也易吹起泡。然后用镊子轻压集成电路，差不多的时候，会有少量锡珠从芯片底部冒出，用镊子轻触集成电路四周角，目的是让底下的胶松动，随即用手术刀片插入底部撬起。注意，当有锡珠冒出并插刀片时，热风枪嘴千万不能移开，否则锡珠凝固而导致操作失败、芯片损坏。有的人就是在放下镊子取刀片时，不经意把热风枪嘴移开，锡珠实际恢复凝固，这时强撬而把集成电路损坏，或造成焊盘脱落。对于集成电路上和 PCB 上的余锡剩胶，涂上助焊剂，用 936 烙铁小心的把它们慢慢刮掉；或者用热风枪重新给其加热，待焊锡溶化后，用刮锡铲子（铲子也要加热，否则把焊盘上的热量带走，锡珠重新凝固，把焊盘刮坏）把它们刮掉。最后用清洗剂清洗干净。这个环节中，小心不要让铜点和绿漆受损。

② 用溶解药水软化帮助拆卸。目前在市场上已经出现了一些溶解药水，它们只对部分手机的 BGA 封胶有良好的效果，有些封胶还是无计可施。还有一些药水有毒，经常使用对身体有害。对电路板也有一定的腐蚀作用。对有底胶的 BGA 集成电路，经实验发现，用香蕉水（油漆稀释剂）浸泡效果较好，只需浸泡 3～4h 就可以把 BGA 集成电路取下。首先取一块吸水性好的棉布，大小刚好能覆盖集成电路为宜，把棉布沾上药水盖在集成电路上，经一段时间的浸泡，取出机板，用针轻挑封胶，看封胶是否疏软，如还连接坚固，就再浸泡一段时间，或换一种溶胶水试一试。对带封胶集成电路的浸泡时间一定要充分，因为它的底部是注满封胶的，如果浸泡时间不充分，其底部的封胶没有化学反应，这样取下集成电路时很容易把板线带起，易使机板报废。经过充分浸泡后，把机板取出用防静电焊台固定好，把热风枪调到适当档位，打开热风枪先预热，再对集成电路及主板加热，使集成电路底部锡球完全熔化，此时才可撬下集成电路，注意：如锡球不完全溶化，容易把底板焊点带起。有些 BGA 集成电路底胶是 502 胶，在用热风枪吹焊时，就可以闻到 502 的气味，用丙酮浸泡较好。

③ 有些进行了特殊注塑，目前无比较好的溶解方法，拆卸时要注意拆卸技巧，由于底胶和焊锡受热膨胀的程度是不一样的，往往是焊锡还没有溶化胶就先膨胀了。所以，吹焊时，热风枪调温不要太高，在吹焊的同时，用镊子稍用力下按，会发现 BGA-集成电路四周有焊锡小珠溢出，说明压得有效，吹得差不多时就可以平移一下 BGA 集成电路，若能平移动，说明底部都已溶化，这时将 BGA 集成电路揭起来就比较安全了。

3）线路板脱漆的处理方法：在拆下 CPU 时，要一边用热风吹，一边用镊子在 CPU 表面的各个部位充分轻按，这样对预防线路板脱漆和线路板焊点断脚有很好的预防作用。如果发生了"脱漆"现象，可以到生产线路板的厂家找专用的阻焊剂（俗称"绿油"）涂抹在"脱漆"的地方，待其稍干后，用烙铁将线路板的焊点点开便可焊上新的 CPU。另外，在市面上买的原装封装的 CPU 上的锡球都较大，容易造成短路，而我们用植锡板做的锡球都较小。可将原来的锡球去除，重新植锡后再装到线路板上，这样就不容易发生短路现象。

4）焊点断脚的处理方法：许多手机，由于摔跌或拆卸时不注意，很容易造成 BGA 集成电路下的线路板的焊点断脚。此时，应首先将线路板放到显微镜下观察，确定哪些是空脚，哪些确实断了。如果只是看到一个底部光滑的"小窝"，旁边并没有线路延伸，这就是空脚，可不做理会；如果断脚的旁边有线路延伸或底部有扯开的毛刺，则说明该点不是空脚，可按以下方法进行补救。

① 连线法。对于旁边有线路延伸的断点，可以用小刀将旁边的线路轻轻刮开一点，用上足锡的漆包线（漆包线不宜太细或太粗，如太细的话重装 BGA 集成电路时漆包线容易移位）一端焊在断点旁的线路上，一端延伸到断点的位置；对于往线路板夹层去的断点，可以在显微镜下用针头轻轻地到断点中掏挖，挖到断线的根部亮点后，仔细地焊一小段线连出。将所有断点连好线后，小心地把 BGA 集成电路焊接到位。

② 飞线法。对于采用上述连线法有困难的断点，首先可以通过查阅资料和比较正常板的办法来确定该点是通往线路板上的何处，然后用一根极细的漆包线焊接到 BGA 集成电路的对应锡球上。焊接的方法是将 BGA 集成电路有锡球的一面朝上，用热风枪吹热后，将漆包线的一端插入锡球，接好线后，把线沿锡球的空隙引出，翻到集成电路的反面用耐热的贴纸固定好准备焊接。小心地焊好，集成电路冷却后，再将引出的线焊接到预先找好的位置。

③ 植球法。对于那种周围没有线路延伸的断点，在显微镜下用针头轻轻掏挖，看到亮点后，用针尖掏少许植锡时用的锡浆放在上面，用热风枪小风轻吹成球后，如果锡球用小刷子轻刷不会掉下，或对照资料进行测量证实焊点确已接好。注意板上的锡球要做得稍大一点，如果做得太小在焊上 BGA 集成电路时，板上的锡球会被集成电路上的锡球吸引过去而前功尽弃。

5）电路板起泡的处理方法：有时在拆卸 BGA 集成电路时，由于热风枪的温度控制不好，结果使 BGA 集成电路下的线路板因过热起泡隆起。一般来说，过热起泡后大多不会造成断线，维修时只要巧妙地焊好上面的 BGA 集成电路，手机就能正常工作。维修时可采用以下三个措施：

① 压平线路板。将热风枪调到合适的风力和温度轻吹线路板，边吹边用镊子的背面轻压线板隆起的部分，使之尽可能平整一点。

② 在集成电路上面植上较大的锡球。不管如何处理线路板，线路都不可能完全平整，需要在集成电路上植成较大的锡球便于适应在高低不平的线路板上焊接，可以取两块同样的植锡板并在一起用胶带粘牢，再用这块"加厚"的植锡板去植锡。植好锡后会发现取下集成电路比较困难，这时不要急于取下，可在植锡板表面涂上少许助焊膏，将植锡板架空，集成电路朝下，用热风枪轻轻一吹，焊锡熔化集成电路就会和植锡板轻松分离。

③ 为了防止焊上 BGA 集成电路时线路板原起泡处又受高温隆起，可以在安装集成电路时，在线路板的反面垫上一块吸足水的海绵，这样就可避免线路板温度过高。

4 手工拆装 BGA 芯片的注意事项

1）焊接温度的调节与掌握：

① 焊接参数的设定。热风焊台最佳焊接参数实际是焊接面温度、焊接时间和热风焊台的热风风量三者的最佳组合。设定此 3 项参数时主要应考虑印制板的层数（厚度）、面积、内部导线的材料、BGA 器件的材料（陶瓷封装的 BGA 器件 CBGA 与塑料封装的 BGA 器件 PBGA）及尺寸、焊锡膏的成分与焊锡的熔点、印制板上元器件的多少（这些元器件要吸收热量）、BGA 器件焊接的最佳温度及能承受的温度、最长焊接时间等。一般情况下，BGA 器件面积越大（多于 350 个焊球），焊接参数的设定越难。

② 温度区段的掌握。焊接中应注意掌握以下四个温度区段。

a）预热区。预热的目的有二：一是防止印制板单面受热变形，二是加速焊锡熔化，对于面积较大的印制板，预热更重要。由于印制板本身的耐热性能有限，温度越高，加热时间应越短。

普通印制板在 150℃ 以下是安全的（时间不太长）；常用 1.5mm 厚小尺寸印制板，可将温度设定在 150～160℃，时间在 90s 以内。

BGA 器件在拆开封装后，一般应在 24h 内使用，如果过早打开封装，为防止器件在返修时损坏（产生"爆米花"效应），在装入前应烘干。烘干预热温度宜选择 100～110℃，并将预热时间选长些。

b）中温区。印制板底部预热温度可以和预热区相同或略高于预热温度，喷嘴温度要高于预热区温度、低于高温区温度，时间一般在 60s 左右。

c）高温区。喷嘴的温度在本区达到峰值。温度应高于焊锡的熔点，但最好不超过 350℃。除正确选择各区的加热温度和时间外，还应注意升温速度。一般在 100℃ 以下时，升温速度最大不超过 6℃/s，100℃ 以上最大的升温速度不超过 3℃/s；在冷却区，最大的冷却速度不超过 6℃/s。

CBGA（陶瓷封装的 BGA 器件）与 PBGA 芯片（塑料封装的 BGA 器件）焊接时上述参数有一定的区别：CBGA 器件的焊球直径比 PBGA 器件的焊球直径应大 15% 左右，焊锡的组成是 90Sn/10Pb，熔点较高。这样 CBGA 器件拆焊后，焊球不会粘在印制板上。CBGA 器件的焊球与印制板连接的焊锡可以用 PBGA 器件相同的焊锡（组成是 63Sn/37Pb），这样，BGA 器件起拔后，焊锡球仍然依附于器件引脚，不会依附于印制板。

d）对温度曲线的应用。在实际的工作当中，会遇到不同大小、不同厚度的 PCB 和不同大小的 BGA，有采用无铅焊接（不超过 320℃）的也有采用有铅焊接（不超过 280℃ 的）。它们采用的温度曲线也不同。因此，不可能用一种温度曲线来焊接所有的 BGA。如何根据条件的不同来设定不同的温度曲线，是 BGA 焊接过程中的关键。

BGA 设备设定测试温度曲线时，都是在空调环境下进行的，即不是常温。夏天和冬天空调造成温度和常温不符合，因此在设定 BGA 温度曲线时会偏高或偏低。所以在每次进行焊接的时候，都要测试实际温度是否符合所设定的温度值。温度设定的原理就是首先根据有铅焊接或者无铅焊接设定相应温度，用温度计（或者热电偶）测试实际温度，然后根据实际温度调节设定的温度，使之达到最理想的温度进行焊接。

2）焊接风量的调节与掌握：热风枪的喷嘴可按设定温度对集成电路等吹出不同温度的热风，以完成焊接。喷嘴的气流出口设计在喷嘴的上方，口径大小可调，不会对 BGA 器件邻近的元器件造成热损伤。风量也不宜过大，否则锡球会被吹在一起，造成植锡失败，一般选择风量 2～3 档。

3）焊接距离的调节与掌握：热风枪垂直芯片加热，风嘴距离芯片 2～3cm，应采用从中心按照顺时针或者逆时针均匀加热的方法。

4）焊接时间的调节与掌握：小 BGA 芯片拆卸时间为 30s 左右，大 BGA 芯片拆卸时间为 50s 左右。

5）焊膏选用：在焊接的过程中，焊膏最好用配套的免清洗无铅焊膏，不要选用其他助焊剂。

6）平台选择：一定要保证 BGA 返修工作时，PCB、BGA 在同一水平线上不倾斜，焊接过程中不能发生震动，不然会使锡球熔化的时候发生桥接，造成短路。

7）BGA 芯片起拔时机的选择：BGA 器件在起拔前，所有焊球均应完全熔化，如果有一部分焊球未完全熔化，起拔时容易损坏这些焊球连接的焊盘；同样，在焊接 BGA 器件时，如果有一部分焊球未完全熔化，也会导致焊接不良。

8）植锡网的选择：植锡网的孔径、目数、间距与排列应与 BGA 器件一致。孔径一般是焊盘直径的 80%，且上边小、下边大，以利焊锡在印制板上的涂敷。

（二）用红外 BGA 返修焊台修理和更换 BGA 芯片

1　认识设备

1）红外 BGA 返修焊台的认识，返修焊台的功能如图 6-4-19 所示。

a) 返修焊台前视图

b) 返修焊台焊嘴调整机构

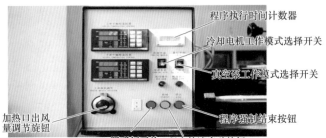

c) 返修焊台前面板说明

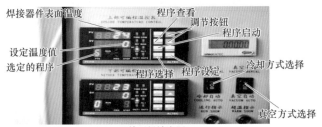

d) 前面板放大图

图 6-4-19　返修焊台的功能认识

2）植株加热台（铁板烧），其功能如图 6-4-20 所示。

a) 植株加热台前视图

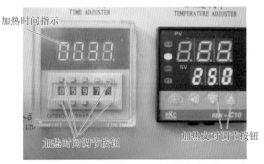

b) 植株加热台前面板放大图

图 6-4-20　植株加热台的功能认识

3）植锡钢网，采用专用钢网，如图 6-4-21 所示。

4）辅助工具，实物如图 6-4-22 所示。

2 BGA 芯片焊接

1）芯片摘取：常用的计算机南桥及显卡芯片可以用这种方式摘取。将电路板固定到焊台上，利用下部的电路板支撑装置，把电路板支撑平整，做到用手轻按电路板不弯曲，操作如图 6-4-23a 所示，选择正确的焊嘴（焊嘴以能覆盖芯片为合

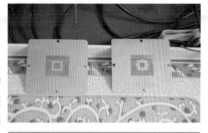

图 6-4-21　植锡钢网

适），用铁皮将不该加热的 BGA 芯片隔开，放下回流焊头，使焊嘴最下边距芯片表面距离 2 ~ 3mm，设定好程序，启动焊接程序。或者一直加热等此芯片附近的电容可以来回移动，则表明这个 BGA 芯片可以取下了，操作如图 6-4-23b 所示。待程序结束后，用真空笔把芯片吸下来。待主板冷却后再将板取下。注意合金（锡铅）焊锡，不同的锡铅比例焊锡的熔点温度不同，一般为 180 ~ 230℃，无铅焊锡，锡的熔点是 231.89℃。

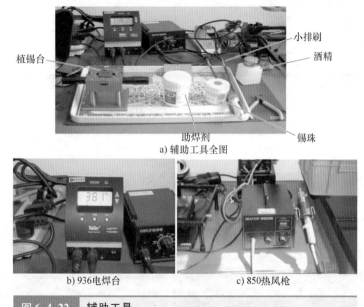

植锡台

小排刷

酒精

助焊剂

锡珠

a) 辅助工具全图

b) 936电焊台

c) 850热风枪

图 6-4-22　辅助工具

a) 固定线路板，调整焊头　　　　　b) 真空笔取下芯片

图 6-4-23　芯片摘取过程

2）芯片的热处理：

① 均匀加热芯片，计算机芯片温度不超过 400℃ 是不会损坏的。

② BGA 芯片的不同部位加热时温差不能超过 10℃。

279

③ BGA 芯片加热温度上升不能高于 6℃/s。

④ 目前大部分的 BGA 芯片是塑料封装的，简称 PBGA，因塑料材质容易吸潮，拆封后须立即使用，否则在加热过程中易产生"爆米花"效应，损坏芯片，与空气接触时间较长的芯片，可以用铁板烧先低温去潮处理后再使用。

⑤ PCB 的温度不能超过 280℃，否则极易变形。

3）芯片复位：新的芯片（植完锡球）直接把芯片按照正确的位置和方向放在主板上加热，线路板上都有比 BGA 芯片略大点的白色方框，再把芯片和主板上的白色方框相对应，芯片摆放到正中间，摆放整齐（四个面距离大致相同），允许有芯片长度千分之五的误差，在高温下焊锡的张力会把芯片复位。然后把所要焊的芯片摆到 BGA 焊机的中央部位加热，一段时间后，用摄子或细钢丝轻轻触碰一下 BGA 芯片，如果芯片轻微移动之后仍会移动到原来的位置，表明这个芯片的锡已经和主板焊到一起了，操作过程如图 6-4-24 所示。

a) 刚摘取下芯片后线路板和芯片状况

b) 芯片安装定位方法

c) 放大图

图 6-4-24　芯片复位过程

4）芯片焊接、摘取注意事项：

① 电路板在高温状态下极易弯曲，在固定电路板后一定要使支撑装置将电路板支撑平整。如果电路板弯曲，内部的导线有可能断开，BGA 芯片锡珠不能与电路板上焊盘焊接。这两种情况电路板都会报废。

② 芯片摘取、焊接过程中，焊嘴附近元器件上的焊锡都处在熔化状态，焊台不能振动、摇晃，不能有风，否则元器件会移位、丢失，造成电路板报废。

③ 在清理电路板和芯片的过程中，选用好的吸锡线和专用助焊剂，使用合适的方法，注意不要把芯片和电路板上的焊盘拉脱落。

④ 设定合适的加热程序，不合理的加热程序会使芯片或电路板损坏。

3　BGA 芯片植锡过程

对于由于虚焊、断脚故障取下的 BGA 芯片或者从别的主板上取一个同种型号的芯片，可以植锡后重新焊接使用。植锡过程如下：

1）清理：

① 清理芯片。把待植锡的芯片固定到植锡台上，将芯片上的残存焊锡和杂物清理干净，用酒精或者洗板水清洗，如图 6-4-25 所示。

 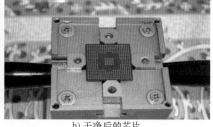

a) 清理芯片锡渣　　　　　　　　　　　　b) 干净后的芯片

图 6-4-25　清理芯片

② 清洗钢网。选择合适的钢网，钢网一定清洗干净，钢网表面和孔内一定不能有焊膏或杂物，用酒精或者洗板水反复清洗、冲刷，晾干备用。

③ 清理主板。取下之后需把主板上多余的锡给处理干净，方法如下：

a）先涂一层焊膏。

b）用烙铁把主板上大部分的锡都给刮掉，但还会剩余一部分。

c）用烙铁带着吸锡线在主板上轻轻地移动（由于有些小厂或杂牌主板的焊点做的较松，移动吸锡线时一定得缓慢移动，以免把焊点托下），吸完之后，把剩余助焊膏清洗干净，否则表面会特脏，如果不擦干净，芯片焊完之后会出现虚焊或接触不良的情况。

2）涂抹助焊剂：用小排刷把助焊剂均匀涂抹到芯片表面，越薄越好，如图 6-4-26 所示。如果涂抹过厚，加热时锡珠会随助焊剂流动，造成植锡失败。

图 6-4-26　涂抹助焊剂

3）四角放锡球：在芯片的四个角放上大小合适的锡球，如图 6-4-27 所示。

a) 四角放锡球　　　　　　　　　　　　b) 植锡专用锡球

图 6-4-27　四角放锡球

4）加热：把热风枪风量开到最小，温度设置到恒温 360℃，均匀加热芯片四周，使锡球熔化到芯片焊盘上，如图 6-4-28 所示。

5）贴钢网：选择合适的钢网，将芯片与钢网贴紧，如图 6-4-29 所示。

图 6-4-28　加热四角锡球

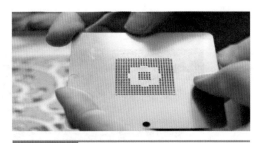

图 6-4-29　贴钢网

6）摆放锡球：用纸片或小铁勺把锡球撒在钢网上，由于芯片上涂上一层焊膏且焊膏带有一定的粘性，每一个钢网孔的下面都有一小部分焊膏，所以每个孔内都会均匀的粘上一个锡球，这样就把锡球给放在芯片上了，摆放好的锡珠，不能多也不能少，如图 6-4-30a、b 所示。

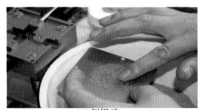

a) 倒锡球

b) 摆放锡球

图 6-4-30　摆放锡球

7）校准锡球：把芯片放到不容易散热的平台上，取下钢网，如图 6-4-31a 所示，核对锡球是否都在芯片焊盘上，位置是否正确，少锡球用镊子补齐。移位的需要校正。确保锡球与焊盘一一对应，如图 6-4-31b 所示。

a) 取下钢网

b) 校准锡球

图 6-4-31　校准锡球

8）加热植球：把热风枪的小风嘴取下，由一角均匀给锡球加热，速度相对要慢，芯片到一定温度时，锡球会自然熔化到芯片焊盘上，如图 6-4-32 所示，加热过程中，助焊剂熔化，锡球有可能会移位，用镊子校正再次加热即可。待锡球全部排列整齐之后（注：孔下无焊点的不会排列整齐，其他匀会排列整齐）这个芯片的植球已经植得差不多了，待锡冷却之后，就可以把钢网取下，把不需要的锡球抹掉，这个芯片的锡球就完全植上了。

9）整形：待锡球都熔化到焊盘上，冷却后，再次涂抹焊锡膏，用热风枪均匀加热。这样做的目的是使锡球更圆润光滑，都能准确地熔化到焊盘上，整形过程和效果如图 6-4-33 所示。植好锡球的芯片就可以按照之前的焊接程序焊接到主板上使用了。

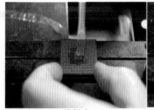

a) 涂锡膏　　　　　　　b) 完成好的芯片

| 图 6-4-32 | 加热植球 |

| 图 6-4-33 | 锡球整形 |

10）批量生产：批量植锡使用铁板烧，摆放锡球的流程相同，把温度设定到280℃，首次使用把时间设为600s左右，把植好锡球的芯片放到左侧金属板上，待锡球都熔化到焊盘上后，用镊子拖动石棉布到右侧冷却，涂抹焊锡再次用热风枪加热，如图6-4-34所示。

11）应用举例：戴尔笔记本计算机，有时能开机，有时不开机，经检查，南桥芯片坏，实物如图6-4-35所示，重新植锡后恢复正常。

a) 笔记本电脑南桥芯片　　　　b) 植锡后的南桥芯片

| 图 6-4-34 | 批量生产 |

| 图 6-4-35 | 南桥芯片的植锡 |

（三）课堂训练

用热风枪拆装BGA芯片1次，要求不能损坏PCB和芯片，仔细掌握各步骤的操作要点。

三、任务小结

1）按照"13S"管理自己的日常练习，保持工作场地整洁有序，有效地控制生产余料造成的危害。

2）BCA的焊接只要仔细、认真耐心，还是很容易成功的，要自信。

3）拆装时热风枪温度要适合，不可太高，防止损板芯片。

4）勤用手机对芯片四周拍照，以便对比，是否有元器件被吹跑或者移位。

5）焊盘整平时要动作轻盈，避免伤及焊盘和"绿漆"。

6）定位芯片时要有耐心，多次检查四面，必要时动用放大镜、显微镜进行观察。

7）清洗后要仔细检查有无焊连的地方，发现问题，及时解决，再次检查。

8）确认无误后可上机通电。

四、课后任务

写出使用热风枪拆装BGA芯片的步骤、心得体会、注意事项。

任务 5　贴片元器件焊接质量的检查

【任务目标】

● 掌握贴片元器件焊接质量的检查内容和方法。

【任务重点】 掌握贴片元器件焊接质量的检查内容和方法。
【任务难点】 掌握贴片元器件焊接质量的检查内容和方法。
【参考学时】 3 学时

一、任务导入

贴片元器件的封装体积减小，可以有效减少电路板的面积，使电子产品体积小、重量轻，布线密度高。但同时又对质量检查提出了更高的要求，本任务仅对贴片元器件焊接质量的目测检查做分析。

二、任务实施

(一) 合格焊点外观标准

总的说来，焊点成内弧形，形如弯月，说明润湿良好，如图 6-5-1 所示。

具体说，焊点要圆润、光滑、有亮泽、干净、无锡刺、无针孔、无空隙、无污垢、无松香渍、焊接牢固，锡将整个上锡位及零件脚包住。

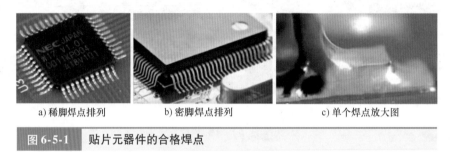

a) 稀脚焊点排列   b) 密脚焊点排列   c) 单个焊点放大图

图 6-5-1 贴片元器件的合格焊点

(二) 合格焊点的质量分析和要求

1) 焊点有足够的机械强度：少锡、偏焊和虚焊达不到足够的机械强度。

2) 焊接可靠，保证导电性能：虚焊不能保证导电性能。

3) 焊点表面整齐、美观：整齐、美观不是刻意塑造的，而是按照严格工艺操作而形成的自然美，合格焊点的工艺分析和要求如图 6-5-2 所示。

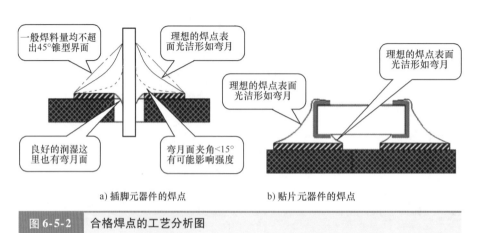

a) 插脚元器件的焊点   b) 贴片元器件的焊点

图 6-5-2 合格焊点的工艺分析图

（三）焊点的常见缺陷识别及原因分析

1　连焊（桥连）

1）定义：两个或以上的不同电位的相互独立的焊点，被连接在一起的现象，如图 6-5-3 所示。在不同电位线路上，连焊会造成短路，损坏元器件；在相同电位线路上，对于贴片元器件，同一铜箔间的连锡高度应低于贴片元器件本身高度。检查中要仔细分清两者的区别，分别作好相应处理。

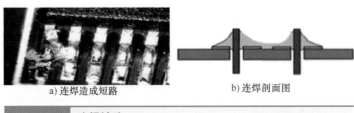

a）连焊造成短路　　　　　　　　b）连焊剖面图

图 6-5-3　连焊缺陷

2）原因：

① 焊锡用量过多；

② 电烙铁焊接时间过长；

③ 温度过高或过低；

④ 烙铁撤离角度不当，还会造成烙铁头上的焊锡脱落形成溅锡、锡珠、锡渣甚至造成短路故障等。

3）后果：导致产品出现电气短路、有可能使相关电路的元器件损坏，特别是大规模芯片。

4）补救措施：借助放大镜严格排查，发现桥接部位用烙铁头划开。

2　包焊（多锡、堆焊）

1）特征：贴片元器件密封端的焊锡接触元器件体，焊料面呈凸形。过多焊锡导致无法看到元器件引脚，甚至连元器件引脚的棱角都看不到，如图 6-5-4 所示。

2）原因：焊料撤离过迟。

3）后果：容易引起短路。用烙铁头带走部分焊锡料，特别是容易引起短路处。

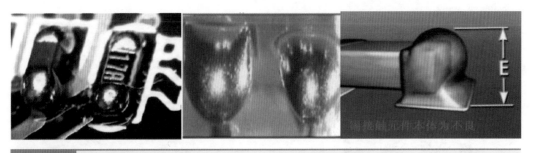

图 6-5-4　包焊缺陷

3　少锡（薄锡、偏焊、半焊）

1）特征：引脚、孔壁和可焊接区域焊点润湿太小，或者焊脚未形成弯月形的焊缝角或者焊料未完全润湿。对于双面板的金属孔，金属孔内焊锡填充量不足一半，或者贴片元器件焊盘焊锡润湿面积不足一半。焊料四周不均匀，焊料未形成平滑的过渡面，出现不对称、偏焊和出现空洞，如图 6-5-5 所示。

图 6-5-5　少锡缺陷

2）原因：

① 焊锡流动性差或焊丝撤离过早；

② 助焊剂不足；

③ 焊接时间太短。

3）后果：导致产品机械强度变差，虚焊、裂焊可能性增加。

4）补救措施：仔细检查并补焊。

4 "立碑"

1）特征：立碑是贴片小元器件固有的焊接特征，根据立起的程度特征表现不一，如图6-5-6所示。

2）原因：

① 小元器件焊接过程中没压紧。

② 焊接前没放平焊接过程中两边焊锡不均，应力不同，根据不同时间段，有的立碑，有的断裂，极难查找缺陷点。

③ 烙铁头撤离时机和角度不对。

3）后果：导致开焊、裂焊、元器件断裂可能性增加，甚至把焊盘掀起。

4）补救措施：仔细检查并重焊，把元器件放平压紧，先撤烙铁头，等焊锡固化后再撤走镊子。

图 6-5-6　"立碑"缺陷

5 锡珠、锡渣

1）特征：未熔合在焊点的锡珠、锡渣，容易造成短路事故，不润湿导致焊料在表面上形成小球或者小珠，就像蜡面上的水珠。焊缝会凸起并且没有羽状边缘呈现，出现缩锡现象，如图6-5-7所示。

图 6-5-7　锡珠缺陷

2）原因：

① 主要是烙铁头带锡过多，撤离方向不正确导致焊锡脱落。

② 线路板固定不好，产生移动。

③ 焊接时间过长，温度过高，使焊锡沸腾。

3）后果：移动线路板或者运输过程中容易使锡珠、锡渣脱落，造成短路事故。

4）补救措施：生产线上靠气流吹走，维修中用毛刷刷净。

6　元器件错位（装翻装倒、方向装反等）

1）特征：元器件位置装错、上下面装反、位置偏离焊盘、极性装反，如图 6-5-8 所示。

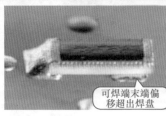

图 6-5-8　错位缺陷

2）原因：

① 对元器件特征掌握不熟练，缺乏培训；

② 责任心不到位；

③ 镊子没压紧元器件，或者与烙铁头撤离时机没配合好。

3）后果：使电路出现断路、短路故障，发现不及时导致烧毁元器件和线路板。

4）补救措施：借助放大镜逐一严格排查，发现问题立马修整，力避故障扩大。

7　拉尖（锡尖、拖焊）

1）特征：拉尖是焊锡面上或者元器件引脚端出现的尖锥状焊锡，或者说焊点表面有尖角、毛刺的现象，如图 6-5-9 所示。

2）原因：

① 焊料过多，助焊剂过少。

② 焊接时间过长。

③ 烙铁撤离角度不当（烙铁头离开焊点的方向应为 45°，方向过高或者过低都会造成拉尖）。

④ 电烙铁离开焊点太慢。

⑤ 钎料质量不好，钎料中杂质太多。

⑥ 焊接时的温度过低等。

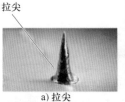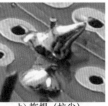

a）拉尖　　　　b）拖焊（拉尖）

图 6-5-9　拉尖缺陷

3）后果：外观不佳、易造成桥接现象；对于高压电路，有时会出现尖端放电的现象。

4）补救措施：严格排查，对重点部位重焊，或者用偏口钳剪掉尖端。

8　印制板铜箔起翘、焊盘脱落

1）特征：铜箔从印制电路板上翘起，甚至脱落。

287

2）原因；

① 焊接时间过长；

② 温度过高、反复焊接造成的；

③ 在拆焊时，焊料没有完全熔化就掀走元器件造成的；

④ 焊盘上金属镀层不良。

3）后果：使电路出现断路或元器件无法安装的情况，甚至整个印制板损坏。

4）补救措施：借助放大镜严格排查，发现起翘、焊盘脱落部位用烙铁重焊或者修整，力避故障隐患。

9 冷焊

1）特征：焊接表面粗糙的现象，表面可能出现结霜、结晶、甚至龟裂，无金属光泽，如图6-5-10所示。

2）原因：烙铁头温度不够；

3）补救措施：用烙铁重新加热加锡后解决。

图6-5-10 冷焊缺陷

10 开路（脱焊、空焊、虚焊）

1）开路：铜箔线路断或者焊锡无连接。

2）脱焊：由于外力等因素已经焊接好的焊点端部焊锡与焊盘部分或完全脱离。

3）空焊：元器件的铜箔焊盘无法粘连。

4）虚焊：表面形成完整的焊盘但实质因元器件引脚氧化等原因造成的焊接不良。

贴片元器件的这些焊接缺陷和插脚元器件对应缺陷在特征、产生原因、可能出现的后果和补救措施等方面都是相通的，具体内容请参阅相关内容。

（四）克服焊点缺陷的措施

1 烙铁头的选择

由于贴片元器件体积小，烙铁头应尽量采用长寿命烙铁头，不仅耐高温，而且具有良好沾锡性能，烙铁头上焊锡传热效率比其他的烙铁头要高，且可以根据焊接对象变换配套的烙铁头型号。

2 材料（钎料与焊剂）的选择

焊锡丝的直径有0.5～2.4mm的8种规格，应根据焊点的大小选择焊丝的直径。根据焊件和焊丝选择配套的助焊剂。

3 操作者的素质提高

在材料（钎料与焊剂）和工具（烙铁、夹具）一定的情况下，操作者的焊接技能技巧、采用什么样的焊接方法，以及操作者是否有责任心就起决定性的因素了。

（五）焊接后的检验方法

1 焊点检验要求

1）电气接触良好：良好的焊点应该具有可靠的电气连接性能，不允许出现虚焊、桥接等现象。

2）机械强度可靠：保证使用过程中，不会因正常的振动而导致焊点脱落，球焊和焊锡过少都会导致机械强度不可靠。

3）外形美观：一个良好的焊点应明亮、清洁、平滑，焊锡量适中并呈裙状拉开，焊锡与被焊件之间没有明显的分界，这样的焊点才是合格、美观的。

2　目视检查

从外观上检查焊接质量是否合格，有条件的情况下，建议用 3～10 倍放大镜进行目检，如图 6-5-11 所示。

a) 目视检查　　　　　　　　　　　　　　　b) 上电检测

图 6-5-11　焊点的检测

目视检查的主要内容有：
1）是否有错焊、漏焊、虚焊。
2）有没有连焊、焊点是否有拉尖现象。
3）焊盘有没有脱落、焊点有没有裂纹。
4）焊点外形润湿是否良好，焊点表面是不是光亮、圆润。
5）焊点周围是否有残留的焊剂，如果有要用酒精等清洗剂清洗干净。
6）焊接部位有无热损伤和机械损伤现象。

3　手触检查

在外观检查中发现有可疑现象时，采用手触检查。是用手指触摸元器件有无松动、焊接不牢的现象，排除漏焊、虚焊、假焊、铜箔起翘、焊盘脱落等故障隐患。用镊子轻轻拨动焊接部位或夹住元器件引线，轻轻拉动观察有无松动现象。

4　上电检测

通过万用表、示波器、信号发生器等仪器对板子的功能特性进行检测，如图 6-5-11b 所示。

（六）课堂训练

在万能板上练习焊接，有目的的按照错误方法焊接出有缺陷的焊点，并结对子互相检查，仔细体会缺陷焊点的"病理分析"，达到有效"防治"的目的。

三、任务小结

焊接缺陷小部分是由于焊接材料不良而导致的，大部分是由于操作者没有严格按照操作规范进行操作而造成的，只有严格训练、刻苦训练，才能练出"手感"，练就"技高一筹"。

四、课后任务

在万能板上反复练习焊接，仔细分析焊点缺陷的部位和原因，研究改变的过程和方法，多给自己鼓励，练出自己的水平，练出自己的信心，大国工匠是练出来的！

参考文献

［1］张金华. 电子技术基础与技能［M］. 2 版. 北京：高等教育出版社，2014.

［2］杨国贤. 电子技术基础与技能实训指导［M］. 2 版. 北京：高等教育出版社，2013.

［3］韩雪涛. 电子技术速成全图解［M］. 北京：化学工业出版社，2011.

［4］韩雪涛. 电子元器件检测技能［M］. 北京：机械工业出版社，2012.